GEOLOGIE
UND
RADIOAKTIVITÄT

DIE RADIOAKTIVEN VORGÄNGE ALS GEOLOGISCHE UHREN UND GEOPHYSIKALISCHE ENERGIEQUELLEN

VON

GERHARD KIRSCH
PRIVATDOZENT AN DER UNIVERSITÄT WIEN
II. PHYSIKALISCHES INSTITUT

MIT 48 ABBILDUNGEN

WIEN UND BERLIN
VERLAG VON JULIUS SPRINGER
1928

ISBN-13: 978-3-642-89944-7 e-ISBN-13: 978-3-642-91801-8
DOI: 10.1007/978-3-642-91801-8

GEWIDMET

MEINEN FREUNDEN IN DEN WIENER

GEOLOGISCHEN UND MINERALOGISCHEN INSTITUTEN

DENEN DIESE ARBEIT SO MANCHE FÖRDERUNG VERDANKT

Vorwort.

Das vorliegende Büchlein ist aus den Aufzeichnungen zu einer im Jahre 1926/27 gehaltenen Vorlesung entstanden. Das Ziel, das mit seiner Herausgabe verfolgt wird, ist, für das hier behandelte, in den Anfängen seiner Entwicklung befindliche Gebiet Interesse zu werben.

In der Einleitung wird soviel von den radioaktiven Erscheinungen gebracht, daß sich wohl auch für den Nichtphysiker ein Zurückgreifen auf andere Darstellungen erübrigt, wenn er sich mit dem für das Verständnis des Folgenden unbedingt Nötigen begnügen will. Für solche, die sich eingehender mit dem Gegenstande beschäftigen wollen, sei auf das Lehrbuch der Radioaktivität von HEVESY und PANETH (Verlag AMBROSIUS BARTH, Leipzig) hingewiesen. Die „Radioaktivität" von MEYER und SCHWEIDLER (Verlag B. G. TEUBNER, Leipzig) ist ein Handbuch mit nahezu vollständigen Literaturangaben.

Die Wahl des im ersten Abschnitt Gebotenen geschah von dem Gesichtspunkt, ein soweit vollständiges Bild von der Verbreitung der radioaktiven Substanzen in Gesteinen zu geben, daß dem Leser die Bildung eines eigenen Urteils über die Tragfähigkeit dieser Grundlagen für die im zweiten Abschnitt dargestellten Theorien ermöglicht werde. Diese letzteren als die jüngsten Kinder aus der Ehe zwischen Geologie und Radioaktivität weisen naturgemäß mehr Hypothetisches auf als die radioaktiven Altersbestimmungsmethoden. Wir haben daher den zweiten Abschnitt mehr chronologisch und referierend gestaltet, allerdings ohne unsere eigenen Anschauungen ganz zurückzuhalten.

Im dritten Abschnitt, der die geologische Zeitmessung betrifft, liegt das Hauptgewicht auf der Kritik der Methoden. Sowohl was sie heute leisten können, aber auch was sie noch nicht leisten können, wurde herauszuarbeiten versucht. Denn besonders, wo den Ergebnissen *einer* Disziplin von den Forschern einer *anderen* wegen innigerer Berührung der Gebiete ein begründetes Interesse entgegengebracht wird, kann es für ein junges Forschungsgebiet kaum etwas Schädlicheres geben, als zeitweise Überschätzung seiner Leistungsfähigkeit, die zu Rückschlägen führen muß. Die „Heliummethode" und das Erscheinungsgebiet der Verfärbungshöfe wurden in kurze Anhangskapitel verwiesen, um einerseits den Umfang des Büchleins möglichst zu beschränken und andererseits auch schon äußerlich zum Ausdruck zu bringen, daß sie *derzeit* als Meßmethoden der „Bleimethode" keinesfalls ebenbürtig sind.

Ein Zeugnis dafür, daß das Gebiet für eine intensivere — systematische — Bearbeitung reif ist, liegt auch in dem Umstand, daß sich in Amerika vor ein paar Jahren ein aus Chemikern, Physikern und Geologen bestehender „Ausschuß für geologische Zeitmessung durch die Radioaktivität" (Committee on the measurement of geological time by atomic disintegration) gebildet hat, dem durchwegs führende Männer der genannten Disziplinen angehören. Sein Zweck ist, die Ergebnisse der verschiedenen Fächer miteinander in Einklang zu bringen und die Zusammenarbeit aller an diesem Gebiete Interessierten zu fördern. Vorsitzender ist Prof. A. C. LANE, Tufts College, Boston, P. O. MASS. U. S. A., dem auch Verfasser für viele wertvolle Informationen zu großem Danke verpflichtet ist, die ihm sonst nur schwer und mit großer Verspätung oder gar nicht zugänglich gewesen wären.

Daß wir auf die einzelnen Ergebnisse, die bereits durch die Arbeit des genannten Ausschusses gefördert wurden, nicht näher eingehen, geschieht aus demselben Grunde, aus dem wir z. B. darauf verzichten, eine möglichst vollständige Übersicht über die bisher gewonnenen Daten überhaupt oder eine geologische Zeittafel zu geben. Die Zeit dünkt uns nicht reif dafür, denn die Methoden sind noch zu unfertig. Wir hoffen zu dem Ziel eine geologische Geschichtstabelle mit zuverlässigen absoluten Zeitangaben aufzustellen, auch ein wenig mit der vorliegenden Arbeit beizutragen.

Wien, am 20. Mai 1928

Der Verfasser.

Inhaltsverzeichnis.

Tabellenverzeichnis.

Einleitung.

Kurzer Abriß der Radioaktivität.

1. Einige grundlegende Tatsachen.

Wenn wir ein Stück Pechblende auf eine in schwarzes Papier gewickelte photographische Platte legen und nach einigen Tagen die Pechblende wegnehmen und die Platte entwickeln, so erhalten wir an der Stelle, wo die Pechblende lag, eine deutliche Schwärzung. Eine Pechblendestufe mit einer plangeschliffenen Fläche auf die Platte gelegt, liefert so ein genaues Abbild aller Adern und Partien der Stufe, die Pechblende enthalten (Abb. 2). Die Uranpechblende muß daher eine schwarzes Papier durchdringende Strahlung aussenden, die ähnlich auf die photographische Platte wirkt, wie die Röntgenstrahlen: *Die Pechblende ist radioaktiv.*

Ein Elektroskop, das — etwa mit einer geriebenen Hartgummistange — auf eine Spannung von 100—200 Volt geladen wurde, so daß seine Blättchen divergieren, verliert im allgemeinen infolge einer geringen elektrischen Leitfähigkeit der Luft in einer Viertelstunde einige Prozent seiner Ladung, so daß die Blättchen ganz langsam zusammenfallen. Man nennt dies die „natürliche Zerstreuung" der Ladung. Bringen wir nun ein Stück Pechblende in die Nähe des Ladeknopfes des geladenen Elektroskops, so zerstreut sich die Ladung desselben mit der 10—100fachen Geschwindigkeit. Die von der Pechblende ausgehende Strahlung hat also auch, ebenso wie die Röntgenstrahlen, die Eigenschaft, die durchstrahlte Luft elektrisch leitend zu machen.

Diese für radioaktive Substanzen eigentümlichen Eigenschaften wurden 1896 von H. Becquerel, der durch die Entdeckung der Röntgenstrahlen zu seinen Untersuchungen angeregt worden war, an Uranverbindungen entdeckt. Man nennt deshalb die unsichtbaren, von manchen Körpern spontan ausgesendeten Strahlen auch Becquerelstrahlen. Sowohl zur qualitativen Feststellung wie auch zur quantitativen Messung derselben wird meistens ihre eben beschriebene elektrische Wirkung benutzt. Um verschiedene radioaktive Substanzen unter den gleichen Bedingungen messen zu können, kann man z. B. folgende Anordnung verwenden (Abb. 3): Statt des Ladeknopfes wird auf dem Elektroskop ein kleines Tischchen von einigen Zentimetern Durchmesser angebracht, auf welchem sich das zu messende Präparat in einem flachen Metallschälchen befindet. Darüber gestülpt wird ein Metalltopf, der mit dem Gehäuse des Elektroskops und mit der Erde leitend verbunden ist, um alle diese Teile sicher auf der Spannung Null zu haben. Der Raum innerhalb des Topfes heißt die Ionisationskammer, weil die Luft in demselben von dem radioaktiven Präparat ionisiert wird, d. h. durch die Becquerelstrahlung geladene Moleküle und Atome, sog. Ionen, erzeugt werden und so die Luft elektrisch leitend gemacht wird. Das durch den Bernstein- oder Ebonitstopfen B isolierte Tischchen samt den Blättchen Bl wird durch den Draht D geladen

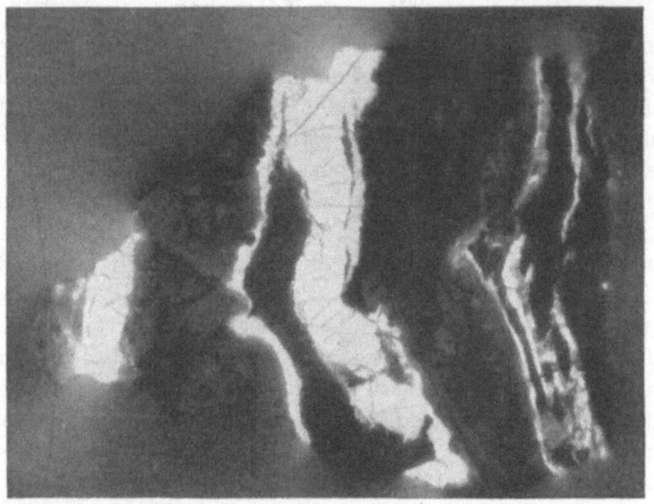

Abb 2. Wirkung dieses Gangstuckes, 3 Tage auf eine photographische Platte gelegt; die hellen Teile sind die bestrahlten.

Abb. 1. Photographie eines angeschliffenen Pechblendegangstuckes.

und die Geschwindigkeit, mit welcher die Blättchen zusammenfallen, gemessen. Der Ionisationsstrom, d. h. die durch die erzeugten Ionen transportierte Elektrizitätsmenge ist der gemessenen Geschwindigkeit proportional und ein Maß der radioaktiven Strahlungswirkung.

Die ersten Untersuchungen BECQUERELS wurden an künstlichen

Uranverbindungen ausgeführt und ergaben bald, daß die Radioaktivität derselben ihrem Gehalt an Uran proportional war, so daß es sich hier um eine Eigenschaft des *Elementes Uran*, resp. *seiner Atome* handeln mußte, die von dem chemischen Bindungszustand unabhängig war und auch sonst sich als vollkommen unbeeinflußbare, unter allen Umständen konstante Atomeigenschaft der Uranatome erwies.

Eine Aktivität gleicher Art fand sich auch beim *Thorium*. Bei der Prüfung einer großen Zahl von Mineralien zeigten sich alle die und nur die aktiv, welche Uran oder Thorium in genügender Menge enthielten, so daß zunächst zu schließen war, dies seien die beiden einzigen radioaktiven Elemente. Es fiel schon G. C. SCHMIDT und den CURIES, den ersten Autoren, die sich nach BECQUEREL mit diesem Gegenstande beschäftigten, auf, daß dies die beiden Elemente mit den höchsten Atomgewichten also wahrscheinlich mit den am kompliziertesten gebauten Atomen sind, deren Atomgewichte (238 und 232) überdies von den nächst niedrigeren (Wismut 209, Blei 207) durch eine abnorm große Lücke getrennt sind. Mit einer verfeinerten elektrischen Meßvorrichtung fand sodann M. CURIE, daß Pechblende und auch manche andere Uranmineralien 3—4mal so stark radioaktiv waren als metallisches Uran. Da sich bei allen künstlichen Uranverbindungen die Aktivität stets nur von der Uran*menge* und nicht von deren chemischer Bindungsweise abhängig gezeigt hatte, so mußte sich in den Uranmineralien noch ein sehr stark aktives Element in sehr kleinen Mengen befinden. Sorgfältige chemische Analysen an Pechblenden, Carnotit usw. führten denn auch zur Gewinnung zweier weiterer radioaktiver Elemente, dem *Polonium*, das sich im Analysengang dem Wismut anschloß, und dem *Radium*, das mit dem Barium ging. Seit der Entdeckung dieser beiden Elemente im Jahre 1898 wurden noch viele radioaktive Elemente, bis auf Kalium und Rubidium alle in Uran- oder Thormineralien, entdeckt, und heute kennen wir im ganzen deren 40.

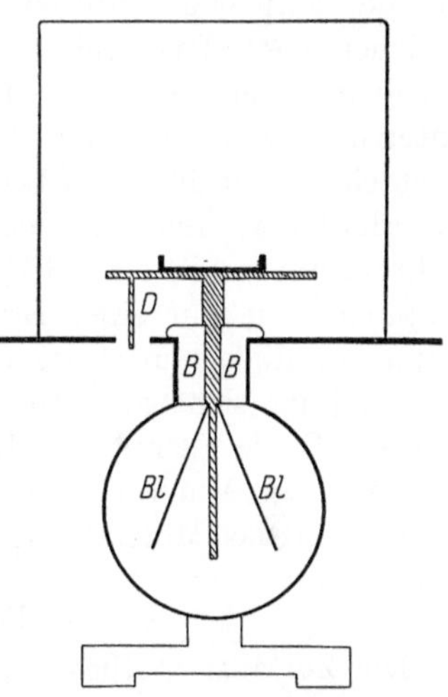

Abb. 3. Messung radioaktiver Praparate in einem Elektroskop.

Diese Elemente geben Becquerelstrahlungen verschiedener Art ab, von denen noch ausführlicher die Rede sein wird. Eine solche dauernde, spontane Aussendung von Strahlen bedeutet eine dauernde Abgabe von Energie. Da jede Energie prinzipiell in Wärme übergeführt werden kann, so muß dies auch bei den Becquerelstrahlen der Fall sein. Tatsächlich sind auch radioaktive Präparate stets etwas wärmer als ihre Umgebung, denn der größte Teil der Strahlung wird im Präparat selbst (und in dessen allernächster Umgebung) absorbiert und tritt schließlich als entsprechende Wärmeenergie in Erscheinung.

Wenn wir ein DEWARsches Gefäß, wie es wegen seiner besonders hohen Wärmeisolation zum Aufbewahren von flüssiger Luft und als „Thermophor" überhaupt verwendet wird, mit gepulverter Pechblende füllen und die Umgebung auf konstanter Temperatur halten, so zeigt ein in der Pechblende steckendes Thermometer um tausendstel Grade mehr als ein außerhalb des Gefäßes befindliches. Auch bei der relativ schwach aktiven Pechblende ließ sich also durch Messung ihrer spontanen Wärmeproduktion nachweisen, daß sie eine ständige Energiequelle darstellt.

Aber nicht nur Energie wird von den radioaktiven Stoffen dauernd abgegeben, sondern auch neue Stoffe werden von ihnen produziert. Die Identität der größten Teilchen, die die radioaktiven Elemente ausschleudern, der sog. α-Teilchen mit Heliumatomen (genauer Heliumatomkernen) wurde direkt und indirekt nachgewiesen, indem diese Teilchen nach Passieren einer dünnen Glaswand abgetrennt von der produzierenden Substanz für sich gesammelt und spektroskopisch untersucht wurden. Auch Versuche die Bildung von Helium in Pechblendelösungen direkt zu beobachten, wurden mit Erfolg durchgeführt. So erhält man aus 1 kg Pechblende, die ca. $^2/_3$ Uran enthält, in einem Jahre rund $7 \cdot 10^{-5}$ cm^3 Helium, eine Menge, deren Volumen in einer Kapillare, die nur einen Bruchteil eines Millimeters Durchmesser hat, unter vermindertem Druck gemessen werden kann. Ferner wurde auch die Bildung sichtbarer Mengen Blei in alten Radiumlösungen beobachtet. Beide Elemente, Helium und Blei, finden sich auch stets in radioaktiven Mineralien in um so größerer Menge, einer je älteren Formation das Mineral angehört.

2. Das Zerfallsgesetz.

Die Zerfallshypothese von RUTHERFORD und SODDY gibt die einheitliche Erklärung aller oben angeführten und vieler anderer Beobachtungen. Nach dieser Hypothese — man darf sie heute wohl als Theorie bezeichnen — sind die Atome radioaktiver Elemente nicht vollkommen stabil, sondern haben eine gewisse Neigung spontan zu zerfallen. Dieser Zerfall besteht in der Ausschleuderung eines Teilchens aus dem Atom, und geht unter Energieentwicklung vor sich. Die Energie, die zunächst als kinetische (Bewegungs-)energie des ausgeschleuderten Teilchens und des natürlich auch seinerseits durch den Rückstoß bei der „Explosion" in Bewegung versetzten Mutteratoms erscheint, ist vorher im Mutteratom aufgespeichert gewesen. Die ausgeschleuderten Teilchen selbst, entweder ein Elektron oder ein Teilchen von Atomgröße (Helium), waren vor dem Zerfall des Mutteratoms gleichfalls Bestandteile desselben. Die Produkte des Zerfalls sind also 1. ein Restatom, 2. ein kleineres Teilchen, 3. Energie.

Der Zerfall eines radioaktiven Elementes, also *einer bestimmten radioaktiven Atomart,* ist von dem Gesetze beherrscht, *daß der Bruchteil aller Atome, der in einer bestimmten Zeit zerfällt, konstant ist.* Für jedes Radioelement ist dieser konstante Wert ein anderer.

Dieses Gesetz kann auch auf verschiedene andere Arten ausgedrückt werden: die in der Zeiteinheit zerfallende Menge eines radioaktiven Elementes ist der vorhandenen Gesamtmenge desselben proportional; oder: Die Zeit, in der sich die Menge eines radioaktiven Elementes auf einen bestimmten Bruchteil vermindert, ist eine ganz bestimmte und für jedes Radioelement charakteristische. So wird oft die Zeit, in der sich die radioaktive Substanz halbiert, nach der sie auf die Hälfte „abgeklungen" ist, als die sog. Halbierungszeit oder Halbwertszeit zur Angabe der Zerfallsgeschwindigkeit benutzt (im Französischen und Englischen „Periode") und nach allgemeinem Übereinkommen mit T bezeichnet. Manchmal wird auch die sog. mittlere Lebensdauer des Elementes angegeben und mit τ bezeichnet; das ist die Zeit, die man erhalten würde, indem man die Lebensdauern aller Atome addiert und durch die Zahl der Atome dividiert. Es ist das diejenige Zeit, in der sich die Gesamtmenge auf den Bruchteil $1/e$ vermindert, wobei e die Basis der natürlichen Logarithmen $= 2.718\ldots$ bedeutet. Ist dieses τ z. B. in Sekunden gegeben, so ist $\frac{1}{\tau}$ derjenige Bruchteil der Substanz, der in einer Sekunde zerfällt; derselbe wird gewöhnlich mit λ bezeichnet und heißt die Zerfallskonstante des betreffenden Elementes. Dieselbe muß nicht gerade auf Sekunden bezogen angegeben werden; sie kann z. B. auch auf Jahre als Zeiteinheiten, oder auf Jahrmillionen bezogen gegeben werden, gerade wie man auch die Halbierungszeit oder die mittlere Lebensdauer in Sekunden oder Jahren ausdrücken kann.

Von einer gewissen Menge eines radioaktiven Elementes ist nach der Zeit T noch die Hälfte übrig; ist die doppelte Zeit $2\,T$ verstrichen, so ist nur noch die Hälfte von der Hälfte also $\frac{1}{4}$ übrig, nach der Zeit $3\,T$ nur noch ein $\frac{1}{8}$ usw. nach der Zeit nT nur noch der Bruchteil $\frac{1}{2^n}$; die nach gleichen Zeiträumen jeweils noch vorhandenen Mengen bilden also eine geometrische Reihe (sie können mathematisch nach der Zinseszinsrechnung ausgewertet werden). Die Glieder dieser Reihe werden wohl immer kleiner, aber sie werden niemals Null. Wohl aber läßt sich in jedem Falle eine Zeit angeben, innerhalb deren die Menge eines Radioelementes auf einen beliebig kleinen Bruchteil ihres Anfangswertes abgenommen hat, so daß sie *praktisch* (für eine Messung oder zum Zwecke einer Rechnung) Null geworden ist. Für Überschlagsrechnungen ist es praktisch, sich zu merken, daß nach etwas über 3 Halbierungszeiten ein Zehntel, nach etwas weniger als 7 Halbierungszeiten ein Hundertstel, nach 10 Halbierungszeiten nur noch rund ein

Tausendstel von einer gegebenen Menge eines radioaktiven Elementes übrig ist.

Wir wollen die Form des Zerfallsgesetzes noch näher ins Auge fassen. Wir haben es oben in der Form ausgesprochen: Die in einer bestimmten Zeit zerfallende Menge ist der Gesamtmenge proportional. D. h. die Änderung der betrachteten Größe ist ihrem jeweiligen Werte porportional. Viele Naturvorgänge spielen sich in dieser Form ab und es ist daher nicht schwer, anschauliche Gleichnisse für den quantitativen Verlauf des Zerfallsvorganges zu finden. Nach demselben Gesetz zerstreut sich eine Elektrizitätsmenge, die sich auf einem gut leitenden Körper befindet, durch eine schlechte Isolation hindurch; denn, was die Elektrizität hinwegtreibt, ist ihre Spannung; dieser ist der Ladungsverlust also die *Änderung der Ladung* proportional, und ebenso ist auch die *Ladung selbst* der Spannung *proportional.* Ebenso vermindert sich die Wassermenge, die aus einem zylindrischen Gefäß durch ein Loch im Boden nur unter dem Einfluß ihres eigenen hydrostatischen Druckes ausfließt, nach demselben Gesetz. Denn der *vorhandenen* Menge proportional ist die Höhe der drückenden Wassersäule und dieser proportional ist auch die *sekundlich ausfließende* Wassermenge. Dies gilt insoweit genau, als die Dimension des Loches im Boden noch klein ist gegen die Höhe der Wassersäule, also gegen diese vernachlässigt werden kann. Mit dem Loche zu vergleichen wäre die Zerfallskonstante im Falle des radioaktiven Elementes; je größer diese, um so rascher verschwindet das Element. Wir werden beim Begriff des radioaktiven Gleichgewichtes mehrerer Substanzen auf das Gleichnis von dem ausfließenden Wasser zurückgreifen.

Das eben besprochene Zerfallsgesetz ist unmittelbar aus der Erfahrung gewonnen, ohne daß bekannt gewesen wäre, warum es gilt und unter welchen Umständen es gültig ist. Etwas tiefer in das Wesen des radioaktiven Zerfalls führt es uns hinein, wenn wir sehen, daß dieses Gesetz auch theoretisch sich ergibt aus der Annahme, daß die Explosion eines Atoms ein rein zufälliges Ereignis sei im Sinne der Wahrscheinlichkeitsrechnung, d. h. daß für jedes Atom eines bestimmten Radioelementes die *Wahrscheinlichkeit*, daß es in der nächsten Sekunde zerfällt, denselben bestimmten Wert hat unabhängig von seiner Vorgeschichte, also vor allem davon, wie lange es bereits existiert. Das Zerfallsgesetz erhält damit den Charakter eines statistischen Gesetzes, das zwar nichts Bestimmtes über ein individuelles Atom auszusagen vermag, auch wenn alle äußeren Bedingungen gegeben sind, das aber für eine genügend große Zahl von Atomen mit entsprechender Genauigkeit gilt.

Für den Geologen von besonderem Interesse ist die Frage, ob man aus unserem vor allem zeitlich so sehr beschränkten Erfahrungsbereiche auf die Gültigkeit des Zerfallsgesetzes auf Millionen oder gar Milliarden von Jahren und unter sehr stark veränderten physikalischen Bedingungen schließen dürfe. Da ist denn schon die Ableitbarkeit dieses Gesetzes auf Grund der Annahme des Atomzerfalles als etwas rein Zufälligem, von äußeren Bedingungen überhaupt Unabhängigem, ein starker Hinweis auf die Berechtigung zu einem solchen Vorgehen. Der zweite Punkt, der uns praktisch wohl schon die Gewißheit gibt, daß der radioaktive Zerfall unter allen in Betracht kommenden Umständen in gleicher Weise verläuft, wie wir ihn beobachten, ist der, daß wir bis heute durch keinerlei Änderung der äußeren Umstände mit allen zu Gebote stehenden Mitteln imstande waren, auch nur die geringste meßbare Beeinflussung des radioaktiven Zerfalles zu erzielen. Die Änderung der Temperatur von der der flüssigen Luft bis zu der des elektrischen Lichtbogens, die stärksten elektrischen Felder, Funkenentladungen, hochfrequente Wechselfelder, die stärksten magnetischen Felder, Drucke bis 20000 Atmosphären, Messung auf Bergspitzen oder im Simplontunnel unter einer Gesteinsdecke von 2000 m Mächtigkeit oder Beschleunigungsfelder von 20000 g, hergestellt durch schnellaufende Zentrifugen blieben alle wirkungslos. Der dritte und wichtigste Punkt aber ist die Größenordnung des Energieumsatzes und die Lokalisierung des Zerfallsvorganges im Kern des Atoms, also die moderne Erkenntnis über den Atombau.

3. Etwas vom Atombau.

Wir lernen den Aufbau der Atome kennen, indem wir ihr Verhalten verschiedenen äußeren Einwirkungen gegenüber beobachten. Dieses Verhalten ist sehr mannigfacher Art. So konnte etwa die kinetische Theorie der Gase Bewundernswertes leisten in der Erklärung aller an Gasen beobachteten Erscheinungen, indem sie auf der Annahme fußte, daß die Moleküle (um so mehr also auch deren Bestandteile, die Atome) undurchdringliche Körper seien, deren Zusammenstöße vollkommen elastisch verlaufen. Dagegen müssen die Atome als durchlässig angesehen werden für sehr schnell bewegte Teilchen, denn sonst wäre es undenkbar, daß feste Körper wie z. B. Metallfolien, die aus Tausenden von Atomschichten bestehen, Kathodenstrahlen hindurchlassen. LENARD kam auf Grund seiner Untersuchungen über den Durchgang von Kathodenstrahlen — das sind raschbewegte Elektronen oder Elektrizitätsatome — durch Materie sogar zu dem Schlusse, daß das Atominnere im großen und ganzen leer sein müsse und nur ein sehr geringer Bruchteil desselben von widerstandsfähigen Körpern erfüllt sein könne. Ein noch mächtigeres Hilfsmittel zum Sondieren des Atominneren erwuchs den Forschern in den α-Strahlen aus manchen radioaktiven Elementen. Wollte man die künstlich erzeugten Elektronenstrahlen mit Gewehrgeschossen vergleichen, so wären dagegen, was Masse und Wucht anbelangt, die α-Teilchen etwa Geschützgranaten vergleichbar. Schickt man solche wuchtige Geschosse gegen Materie in irgendeiner Form, so treten nur sehr selten Reflexionen der α-Teilchen um große Winkel auf; vielleicht einmal unter einer Milliarde von Begegnungen eines α-Teilchens mit einem Atom kommt es zu einer Ablenkung um mehr als einen rechten Winkel, in allen anderen Fällen wird das Atom nahezu widerstandslos durchflogen. RUTHERFORD, dem Meister der modernen Atomphysik, war es vergönnt, uns das Bild vom Bau des Atoms in seinen Hauptzügen zu enthüllen, wie es heute noch am besten all unseren Erfahrungen entspricht. Nach ihm besteht das Atom aus einem Kern, der die Hauptmasse des Atoms in sich vereinigt und dabei sehr klein ist. Er ist, kraft seiner Masse, allein imstande, die Wucht einer stoßenden α-Partikel aufzunehmen. Nur eine Begegnung mit diesem Atomkern führt zu einer Ablenkung der begegnenden Partikel um einen großen Winkel. Die Seltenheit solcher Begegnungen gibt ein Maß für die Kleinheit des Kernes. Nur ein Milliardstel, also 10^{-9} aller Zusammenstöße von α-Teilchen mit Atomen führt zu Kernstößen. Der Querschnitt eines Atomkernes mag daher zum Querschnitt eines Atomes rund im Verhältnis $1 : 10^9$ stehen und der Kerndurchmesser kleiner als ein Zehntausendstel des Atomdurchmessers sein. Wie die Sonne von den Planeten, ist dieser Atomkern umgeben von Elektronen, die ihn umkreisen und die eine vieltausendmal kleinere Masse haben als er. Abgesehen von den seltenen Kernstößen führen alle Treffer eines α-Teilchens auf ein Atom einfach zur Durchquerung seiner Elektronenhülle. Zusammengehalten werden die elektrisch negativen Elektronen durch eine starke positive Ladung des Atomkerns, die ebenso groß ist, wie die negative Ladung aller Elektronen zusammen. Die gelegentliche Entfernung eines Elektrons, also eines negativen Elektrizitätsatoms, einer negativen Elementarladung aus einer Elektronenhülle, bedeutet 1. die Erzeugung eines negativen Ions, nämlich des Elektrons, 2. die Erzeugung eines positiven Ions, nämlich des Restatoms, in dem ja nun die positive Ladung des Kerns um eine Einheit größer ist, als die aller noch vorhandenen Elektronen, und das daher positiv geladen erscheint. In solchen Abtrennungsvorgängen von Planeten aus den Sonnensystemen, welche die Atome darstellen, besteht das Wesen der „Ionisation" der Materie.

Die verschiedenen Atomarten, die wir kennen, Kupferatome, Eisenatome, Sauerstoffatome usw., unterscheiden sich durch die Zahl der Elektronen pro Atom sowie durch Kernladung und Kernmasse voneinander. Innerhalb einer Atomart ist jedoch die Kernladung, damit auch die Gesamtladung aller Elektronen und auch die Anzahl der Elektronen im Atom konstant. Die Elektronenzahl im Atom sowie seine Kernladung ist also das eigentliche Charakteristische für ein chemisches Element. Beim Wasserstoff ist die positive Ladung, die der Kern trägt, gleich der eines Elektrons[1]. Ein neutrales Wasserstoffatom besteht

[1] Die kleinste, durch Beobachtung sichergestellte, elektrische Ladung,

daher aus dem Atomkern und einem Elektron, das ihn umkreist. Der Kern des Heliumatoms trägt die doppelte Ladung wie der des Wasserstoffatoms oder, wie man auch kurz zu sagen pflegt, die Kernladung (Kernladungszahl) des Heliums ist 2. Im neutralen Atom ist der Kern von 2 Elektronen umgeben. Die Kernladung des Eisens z. B. ist 26. Die Elektronenhülle von neutralen Eisenatomen besteht demnach aus 26 Elektronen. Kraft der Harmoniegesetze, welche diese Elektronenwelten beherrschen, und die sich uns durch die Spektren, sowohl optische als auch kurzwellige, dem Auge direkt nicht sichtbare, offenbaren, nimmt die einem Atom eigentümliche Elektronenzahl unter dem Einfluß der Kernladung stets ganz bestimmte Anordnungen an und bestimmt damit das Verhalten dieser Atomart gegen die Außenwelt, vor allem ihre chemischen und auch viele physikalischen Eigenschaften. Die chemischen und die meisten physikalischen Eigenschaften sind also direkt *Eigenschaften der Elektronenhülle* der Atome und nur *indirekt* durch die Kern*ladung* bestimmt. *Kerneigenschaften* der Atome sind dagegen vor allem solche Eigenschaften, die von der *Masse* der Atome abhängen, wie Atomgewicht, Diffusionsgeschwindigkeit u. dgl.

Da nach der Zerfallstheorie durch den radioaktiven Zerfall Atome einer Gattung in solche eines anderen chemischen Elementes übergehen — wir beobachten ja das Verschwinden einer Atomart und die Bildung neuer, vor dem Zerfall nicht nachweisbarer, chemischer Individuen — so muß es sich beim *radioaktiven Zerfall um Vorgänge im Atomkern* handeln. Da die ausgeschleuderten Teilchen überdies zum Teil positiv geladen sind, so können sie auch schon darum nur aus dem Kern stammen. Also auch die Radioaktivität ist eine Kerneigenschaft.

Daraus folgt, daß die Frage der Beeinflußbarkeit der radioaktiven Vorgänge durch äußere Bedingungen aufs engste verknüpft ist mit der Erreichbarkeit des Kernes durch Eingriffe von außen. Eine Partikel, die, mit einer gewissen kinetischen Energie begabt, in das Innere eines Atomes eindringt, gerät, je näher sie dem Kern kommt, in immer stärkere Kraftfelder. Nach außen erscheint das Atom neutral, weil die Wirkung der Kernladung durch die entgegengesetzte Ladung der umgebenden Elektronen kompensiert, abgeschirmt ist. Diese Schirmwirkung wird gegen den Mittelpunkt des Atoms zu immer geringer, bis sich unsere Partikel nach Passieren der innersten Elektronenbahnen der vollen Wirkung des nackten Kernes aus größter Nähe ausgesetzt sieht. Es ist daher verständlich, daß nur Partikeln, die sehr schnell fliegen, in größerer Nähe am Kern vorbeikommen können, ohne stark abgelenkt zu werden. Partikeln mit geringer Energie werden schon in der äußersten Hülle des Atoms aufgehalten.

Erinnern wir uns an das Wesen der Wärme als Bewegungsenergie

---

also sozusagen das Elektrizitätsatom, eben die Ladung eines Elektrons, bezeichnet man auch als elektrisches Elementarquantum.

der kleinsten Teilchen. Wenn auch Atome von Zimmertemperatur Geschwindigkeiten von mehreren hundert Metern pro Sekunde besitzen, so verhalten sich doch diesen gegenüber die begegnenden Atome wie undurchdringliche Körper, wenn nicht chemische Vorgänge, Wechselwirkungen zwischen den äußersten Elektronen, stattfinden. Zimmertemperatur bedeutet, nach der absoluten Temperaturskala gemessen, ungefähr 300°. Bei Temperaturen, die um einige tausend Grad liegen und denen mittlere Atomgeschwindigkeiten von Kilometern pro Sekunde entsprechen, sind die meisten chemischen Verbindungen nicht mehr stabil. Ebenso ist bei einem chemischen Prozeß, der Energie freimacht, etwa bei einer Verbrennung, höchstens so viel Wärme zu gewinnen, daß damit die Verbrennungsprodukte auf einige tausend Grad erhitzt werden können, also atomare Geschwindigkeiten von Kilometern pro Sekunde erreichen. Die beim radioaktiven Zerfall freiwerdende Energie erteilt dagegen einem ausgeschleuderten α-Teilchen Geschwindigkeiten bis 20000 km pro Sekunde. Heliumgas, dessen Atome im Mittel diese Geschwindigkeit besitzen, würde die Temperatur von 60 Milliarden Grad[1] haben und von dieser Größenordnung müßte daher auch eine Temperatur sein, die den radioaktiven Zerfall merklich beeinflußt.

Ein ungefähres Maß für die Größenordnung der umgesetzten Energiemengen, daher auch für die zur Beeinflussung eines Vorganges nötige Energiekonzentration, erhalten wir, wenn wir nicht wie eben Geschwindigkeit oder Energie pro Partikel, sondern per Gramm Substanz in Betracht ziehen. So entwickelt z. B. ein Präparat, das 1 g Radium enthält, ca. 138 kleine Kalorien in der Stunde. Da das Radium eine Halbwertszeit von ungefähr 2000 Jahren hat, so liefert es bei seinem vollständigen Zerfall über 3 Milliarden Kalorien per Gramm. Vergleichen wir damit die bei einer chemischen Umsetzung als Reaktionswärme freiwerdende Energie, etwa die Wärmetönung, die der Auflösung von 1 g Zink in verdünnter Schwefelsäure entspricht und die 500 kleine Kalorien beträgt!

Fassen wir zusammen:

Die radioaktiven Zerfallsprozesse betreffen den Atomkern. Die umgesetzten Energiemengen pro Atom sind millionenfache gegenüber denen, die bei den energiereichsten chemischen Prozessen auftreten (Knallgasexplosion u. dgl.). Keine der im Laufe der geologischen Geschichte der Erde möglicherweise wirksamen Bedingungen liefern auch nur annähernd Energiekonzentrationen — und auf die *Konzentration* kommt es an — die eine merkliche Beeinflussung der radioaktiven Prozesse als möglich erscheinen lassen.

[1] Die Energie eines rasch bewegten Teilchens ist $\frac{mv^2}{2}$, die *Temperatur* eines Körpers ist (in einem genügend engen Bereich genau) seinem Energiegehalt, daher dem Quadrat der Geschwindigkeit proportional.

4. Die Becquerelstrahlen.

Die Bezeichnung „radioaktiv“ verdanken die radioaktiven Substanzen dem Umstand, daß sie spontan Strahlen aussenden. Diese Becquerelstrahlen sind dreifacher Natur. Die drei verschiedenen Arten wurden von RUTHERFORD α-, β- und γ-Strahlen genannt, eine Bezeichnungsweise, die heute allgemein angewendet wird. Die α-Strahlen führen positive elektrische Ladung, die β-Strahlen negative; diese beiden Strahlungen sind also materieller Natur, ist doch der Aufbau der Materie aus elektrischen Ladungen heute als ihr Wesen enthüllt. Die γ-Strahlen zeigen Polarisation und Interferenz wie Röntgenstrahlen und optisches Licht, sind daher als elektromagnetische Wellenstrahlung, also als reine Energie an sich im Gegensatz zur Materie aufzufassen.

Die Teilchen, aus denen die α-Strahlen bestehen, sind identisch mit Heliumatomkernen. Mit 14000—20000 km pro Sekunde Geschwindigkeit verlassen sie das radioaktive Atom und vermögen einige hunderttausend Atome zu durchqueren, was in Luft einem Weg von einigen Zentimetern, in festen Substanzen einigen hundertstel Millimetern entspricht. Da sie die durchquerten Atome ionisieren, und bei diesem Prozeß Energie verbraucht wird, sinkt auf dem zurückgelegten Wege allmählich ihre Geschwindigkeit und, wenn sie sich der normalen gaskinetischen nähert, so daß die Zusammenstöße mit den begegneten Atomen weniger lebhaft werden, so tritt bald Neutralisierung des Heliumatomkernes zu einem gewöhnlichen Heliumatom ein, indem er zwei Elektronen „einfängt“, die ihn dann umkreisen. Wie schon im ersten Kapitel erwähnt, kann man die Heliumnatur der α-Teilchen dadurch nachweisen, daß man eine radioaktive Substanz in ein sehr dünnwandiges Gefäß hermetisch einschließt und die durch die Wand, die nicht stärker als ein Hundertstel Millimeter sein soll, austretenden α-Teilchen sich ansammeln läßt. Aus stark aktiven Substanzen erhält man auf diese Art meßbare Mengen Helium. Man kann aber auch ihre Natur schon im Fluge erkennen, indem man sie elektrische und magnetische Felder passieren läßt und deren ablenkenden Einfluß mißt. Das auf diese Weise gefundene Verhalten der α-Teilchen steht mit der Annahme, sie seien Heliumatomkerne, in vollem Einklang. Die α-Teilchen haben also die vierfache Masse wie ein Wasserstoffatom; sie haben das Atomgewicht 4. Ihre Ladung ist positiv und gleich 2 elektrischen Elementarquanten.

Eine Eigentümlichkeit der α-Strahlen *eines* Radioelementes besteht darin, daß sie — so genau wir das bis jetzt zu messen vermögen — alle ihr Mutteratom mit derselben Geschwindigkeit verlassen. Die α-Strahlung eines jeden α-strahlenden radioaktiven Elements ist (geschwindigkeits-)homogen. Der Weg, den die Teilchen eines solchen homogenen Bündels z. B. in Luft zurückzulegen vermögen, ehe sie ihre Wirkungsfähigkeiten eingebüßt haben und zu gewöhnlichen diffundierenden Gasatomen wurden, ist daher auch für alle nahezu derselbe, denn Streuung um große Winkel, die bei diesen schweren Geschossen nur durch in der Nähe der Flugbahn liegende Atom*kerne* hervorgerufen werden können, sind ja sehr selten. Nur eine α-Partikel unter vielen Tausenden erlebt sie. Die Wirkung eines homogenen α-Strahlenbündels, z. B. die Ionisation der durchstrahlten Materie, erreicht daher in einer recht genau definierten Entfernung von der Strahlungsquelle ziemlich plötzlich ihr Ende. Diese Entfernung von der Quelle, wo die Wirkung der Strahlung aufhört feststellbar zu sein, wird als ihre *Reichweite* bezeichnet. Abb. 4 stellt die Abnahme an Zahl der α-Teilchen gegen das Ende der Reichweite zu in einem homogenen Bündel dar. Abb. 5 gibt das Ionisationsvermögen eines homogenen α-Strahlbündels längs seiner Bahn in Luft wieder.

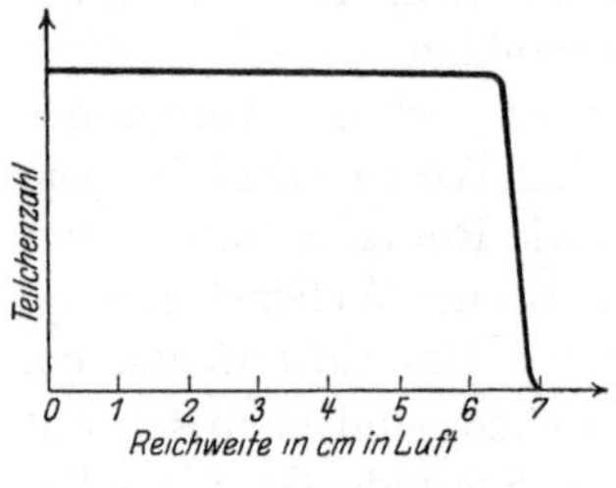

Abb 4. Abnahme der Zahl der α-Teilchen in einem α-Strahlbundel aus Ra C.

Die Reichweite wird gewöhnlich in Zentimetern für Luft als durchstrahlte Substanz angegeben bezogen auf 760 mm Hg Druck und 0° resp. 15° C und mit R_0 resp. R_{15} bezeichnet. Dieselbe hat für α-Strahlen aus einer bestimmten radioaktiven Substanz einen gewissen, für diese Substanz charakteristischen Wert. Jedes α-strahlende Element gibt aber α-Strahlen einer anderen Reichweite.

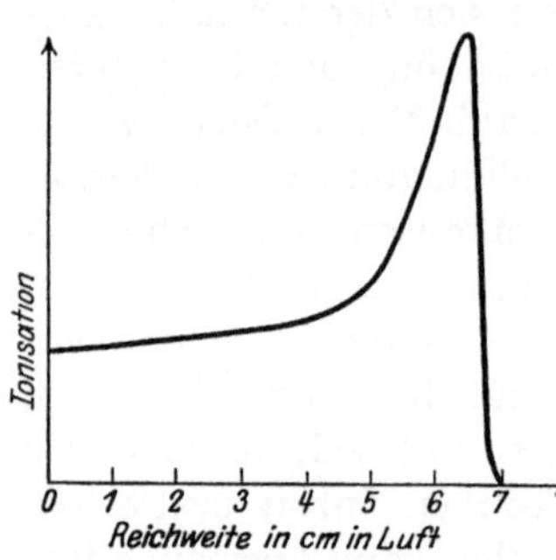

Abb. 5. Verlauf der Ionisation langs der Bahn eines α-Strahlbundels aus Ra C.

Wegen des Auftretens gewisser bleibender Wirkungen der α-Strahlen in Mineralien, Verfärbung und Pleochroismus, die die Reichweiten der wirkenden Substanzen oft sehr genau abzeichnen, ist es von einem gewissen Interesse auch auf das Bremsvermögen anderer Substanzen als Luft, insbesondere fester Substanzen, etwas einzugehen. Die experimentellen Untersuchungen haben darüber ergeben: 1. Das Bremsvermögen einer Schicht Materie bestimmter Dicke ist proportional der Dichte, also proportional dem Gewicht pro Quadratzentimeter. 2. Es hängt außerdem noch von der Art der Atome, also von dem chemischen Element ab, das von den Strahlen durchsetzt wird. Es bremst bei gleichem Gewicht pro Quadratzentimeter ein Element mit höherem Atomgewicht weniger als ein leichteres Element, und zwar ungefähr verkehrt proportional der Wurzel aus dem Atomgewicht. Zur überschlagsweisen Berechnung einer Reichweite eines α-Strahlers in irgendeiner Substanz leistet diese einfache Beziehung ganz gute Dienste, wenn man noch berücksichtigt, daß in chemischen Verbindungen oder Mischungen von Stoffen sich die Bremsvermögen additiv verhalten. Zum Zwecke einer genauen Berechnung tut man besser, zum Bremsvermögen pro Atom überzugehen, indem man das Bremsvermögen pro Gewicht pro Quadratzentimeter mit dem Atomgewicht multipliziert. Die Bremsvermögen verschiedener Atome verhalten sich recht genau wie die Wurzeln aus ihrer Stellenzahl im periodischen System, die ja zugleich ihre Kernladungszahl, also auch die Zahl der den Kern umgebenden Elektronen angibt. Wegen des additiven Verhaltens der Bremsvermögen von Atomen in Verbindungen und Mischungen kann man die atomaren Bremsvermögen einfach zu molekularen Bremsvermögen zusammensetzen und durch Division durch das Molekulargewicht zum Bremsvermögen pro Gewicht pro Quadratzentimeter übergehen. Für Mischungen sind fiktive Formeln (mit gebrochenen Atomzahlen) und Molekulargewichte verwendbar. Die Reichweiten sind dann einfach den Bremsvermögen umgekehrt proportional. Um z. B. die Reichweite R eines α-Strahlers in einer Verbindung vom Molekulargewicht M aus der Reichweite in Luft R_0 zu berechnen, hätte man

$$R = \frac{R_0 \varrho_0 M}{B \varrho A}$$

zu setzen, worin ϱ_0 und ϱ die Dichten von Luft resp. der fraglichen Verbindung bedeuten. B ist das molekulare Bremsvermögen der Verbindung und gleich der Summe der atomaren Bremsvermögen der Atome, die ein Molekül der Verbindung zusammensetzen; die Einheit in der diese Bremsvermögen ausgedrückt werden, ist dabei das atomare Bremsvermögen der Luft, die als Element mit dem fiktiven Atomgewicht $A = 14.4$ und der Kernladung $Z = 7.2$ aufgefaßt wird. Somit wäre

$$B = n\sqrt{\frac{Z_1}{7.2}} + m\sqrt{\frac{Z_2}{7.2}} + \cdots,$$

wenn ein Molekül der fraglichen Verbindung aus n Atomen mit der Kernladung Z_1, m Atomen mit der Kernladung Z_2 usw. besteht.

Die rasch bewegten Teilchen, welche als β-Strahlen bezeichnet werden, führen ein negatives elektrisches Elementarquantum als Ladung und besitzen nur eine ca. 7000mal kleinere Masse als die α-Teilchen. Sie sind identisch mit den Teilchen, welche die Kathodenstrahlen bilden, sind Elektronen. Die Wege, auf denen man sie identifiziert hat, sind im wesentlichen dieselben, wie bei den α-Strahlen, ihr Verhalten in elektrischen und magnetischen Feldern.

Setzen die Elektronen in den durchschossenen Atomen den α-Teilchen keinen nennenswerten Widerstand entgegen, sondern müssen sie einfach infolge deren überlegener Masse weichen, so treten sie im Gegensatze hierzu den β-Strahlen, die aus Teilchen gleicher Art bestehen, als ebenbürtige Stoßpartner gegenüber. Infolgedessen ist auch die Bahn der β-Teilchen fast nie geradlinig, sondern fast jedes erleidet mehrfach große Ablenkungen und sie verlieren oft bei einem Zusammenstoße einen namhaften Bruchteil ihrer Energie, besonders gegen Ende ihrer Flugbahn. Ihre Anfangsgeschwindigkeit ist stets bedeutend höher als die der α-Strahlen, oft nahezu Lichtgeschwindigkeit. Deshalb haben sie weniger Zeit beim Durchfliegen eines Atoms mit den Ladungen, aus denen es besteht, in Wechselwirkung zu treten. Sie ionisieren daher, abgesehen vom letzten Ende ihrer Bahn, sehr viel seltener und kommen viel weiter als die α-Teilchen. *Wenn* sie ionisieren, so kostet sie das allerdings aus den oben angeführten Gründen meist vielmehr Energie. Diese, man könnte sagen unregelmäßige Lebensweise der β-Teilchen bringt es mit sich, daß ein anfangs homogenes Bündel von ihnen sehr bald inhomogen wird und auch die Zahl der Teilchen sich von Anfang an verringert. Andererseits legen manche von ihnen, die zufällig weniger von den relativ seltenen, aber ausgiebigen Energieverlusten erlitten haben, recht weite Wege zurück, die in Luft von Atmosphärendruck nach Metern, in festen Substanzen nach Millimetern zählen. Eine Reichweite, wie bei den α-Teilchen kann es bei den β-Strahlen natürlich nicht geben. Wohl aber kann man hier, wo der Zufall ausgiebig mitspielt, statistische Begriffe anwenden. So wie bei den instabilen Atomen, die mit der Zeit zerfallen, eine Halbierungszeit und eine Zerfallskonstante definiert werden konnte, so kann man hier, wo in einem Teilchenbündel beim Durchdringen von Substanzschichten Geschwindigkeit *und* Zahl verändert werden, eine Halbierungsdicke (eines bestimmten Materials natürlich) angeben, nach der die Wirkung eines Bündels pro Wegzentimeter auf die Hälfte gesunken ist, oder einen Absorptionskoeffizienten, der den Bruchteil angibt, um den die Strahlung beim Zurücklegen der Weglängeneinheit in einem bestimmten Material geschwächt wird.

Diese Bemerkungen über die Unterschiede zwischen β- und α-Strahlen gelten zum Teil in noch höherem Grade für den Vergleich der γ-Strahlen mit α-Strahlen. Ihre Energie ist zwar etwa die der β-Strahlen, aber ihre Durchdringungsfähigkeit ist noch um eine Größenordnung höher, und dieselbe ist ebenfalls nur durch Halbierungsdicke und Absorptionskoeffizient charakterisierbar.

Für die Wirkung, etwa die Ionisation pro Wegzentimeter von α-, β- und γ-Strahlbündeln, kann man die Faustregel aufstellen, daß sie sich vergleichsweise etwa wie 10000 zu 100 zu 1 verhält. Dies mag für ziemlich durchdringende, sog. harte β- und γ-Strahlen gelten. Weiche β- und γ-Strahlen ionisieren auch relativ stark.

Nicht alle Strahlen, die von radioaktiven Strahlungsquellen ausgehen, stammen direkt aus dem Atomkern. Wo Strahlen durch Materie hindurchgehen, erregen sie immer Sekundärstrahlen, die ihre Energie auf Kosten der Primärstrahlen erhalten. Aus einem Atomverband durch Stoß entfernte Elektronen treten als sekundäre β-Strahlen in Erscheinung, die sich in keiner Hinsicht von gleich schnellen primären β-Strahlen unterscheiden. Wird in einem Atom ein β-Teilchen vollständig abgebremst — dieser Vorgang kann auf verschiedene Art vor sich gehen, worauf wir hier nicht näher eingehen wollen — und tritt kein Korpuskularstrahl, kein rasch bewegtes materielles Teilchen als Träger der Energie auf, so entsteht eine elektromagnetische Wellenstrahlung, eine sekundäre γ-Strahlung, die sich gleichfalls in keiner Weise von primärer γ-Strahlung gleicher Wellenlänge, d. i. gleicher Energie unterscheidet. Auch die Energie von γ-Strahlen, primären sowohl, wie sekundären, kann zur Erzeugung eines sekundären β-Strahls verwendet werden oder auch zur Entstehung sekundärer γ-Strahlen Anlaß geben.

Weil bei den Zerstreuungsvorgängen der Becquerelstrahlen ihre Wechselwirkung mit der Elektronenhülle der Atome fast allein wirksam ist und in der Elektronenhülle nur Elektronen und Energie als Rohmaterial für Umsetzungen zur Verfügung stehen, so spielen unter den Sekundärstrahlen β- und γ-Strahlen die Hauptrolle, während man positiv geladene Sekundärstrahlen anfangs überhaupt nicht kannte. Erst die verfeinerte Meßtechnik des letzten Jahrzehntes lehrte uns auch solche seltene Strahlen näher kennen, die den seltenen Kernstößen entspringen. Aus solchen elastisch verlaufenden Stößen resultieren unter Umständen in rasche Bewegung versetzte Atomkerne; aus unelastisch verlaufenden resultieren aus den getroffenen Atomkernen stammende Wasserstoffkerne, die also das Ergebnis einer künstlichen, einer erzwungenen „Atomzertrümmerung" sind.

5. Wirkungen der Becquerelstrahlen.

Fast alle Wirkungen der Becquerelstrahlen können letzten Endes auf ihre Fähigkeit zu ionisieren, d. h. Elektronen aus dem Atomverband zu entfernen, zurückgeführt werden. An solchen Wirkungen seien angeführt:

1. Mechanische Wirkungen. Gläser werden unter dem Einfluß intensiver α-Beschießung rissig. Vielleicht gehören auch die Zertrümmerungszonen in manchen Zirkonen, wie sie W. C. Brögger beobachtete, hierher, vielleicht sind sie auch auf Elektrostriktion, die Wirkung starker elektrischer Kräfte seitens der in das Krystallgitter hineingeschossenen elektrischen Ladungen zurückzuführen.

2. Die Zerstörung von Krystallgitterstrukturen, besonders wo es sich um schwache Ionen handelt, denen die Fähigkeit sich zu regenerieren bei tieferen Temperaturen nicht mehr eigen ist. Der von Brögger so genannte metamikte Zustand vieler radioaktiver Mineralien, die

glasartig amorph geworden sind, kann auf die Wirkung der Becquerelstrahlung zurückgeführt werden. Das Aufglühen, unter dem bei einer gewissen Temperatur diese metamikten Mineralien ihren Wassergehalt abgeben und wieder krystallisieren, zeigt an, daß Energie in ihnen aufgespeichert wurde.

3. Die Wirkung der Becquerelstrahlen auf die photographische Platte. Die Bromsilberkörner in der Emulsion werden durch die Strahlen entwickelungsfähig gemacht.

4. Verfärbungserscheinungen und zum Teil in engstem Zusammenhang mit ihnen

5. Leuchterscheinungen verschiedener Art.

Da das Zustandekommen von Verfärbungserscheinungen durch Becquerelstrahlen zum Teil in gewisser Weise von Druck und Temperatur abhängt, ist es nicht ausgeschlossen, daß das Studium dieser Erscheinungen einmal Schlüsse auf die Vorgeschichte mancher Gesteine ermöglicht. Darum sei hier kurz auf einige interessante Zusammenhänge hingewiesen.

Färbungen, die ihre Ursache in der Einwirkung von Becquerelstrahlen haben, sind ziemlich verbreitet. Im folgenden seien einige Beispiele gegeben, bei denen die Annahme, daß es sich um radioaktive Einwirkung handle, durch künstliche Verfärbungsversuche mit Radiumstrahlen gestützt werden konnte:

Rauchquarz wird unter Einwirkung von durchdringender β- und γ-Strahlen braun bis schwarzbraun, erhält also die Farbe des Morions.

Heller *Amethyst* wird dunkler violett. Die natürliche Färbung in Drusen zeigt auch die gleiche Intensitätsverteilung, wie die künstliche; die Spitzen der Krystalle sind am tiefsten gefärbt. Vielleicht ging die Wirkung in der Natur von dem Hohlraum der Kluft oder Druse aus, der mit aktivem Gas oder aktiver Lösung erfüllt war.

Ähnlich liegen die Verhältnisse beim violetten *Flußspat.* Beim bekannten Wölsendorfer Stinkflußspat, der auch mit hochaktiven Uranglimmern vergesellschaftet vorkommt, ist die Zertrümmerung des Gefüges bei den am stärksten zersetzten, fast schwarzen Partien so weit vorgeschritten, daß beim Zerreiben das freigewordene Fluor sich dem Geruchsinne bemerkbar macht.

Die in der Natur vorkommenden gelben *Calcit*varietäten (z. B. von Nieder-Rabenstein), die ihre Farbe beim Erhitzen verlieren, erhalten ihre gelbe Färbung durch Radiumbestrahlung bald wieder.

Auch durch Erhitzen ausgebleichter *Hyacinth* erhält auf diese Weise wieder seine natürliche rote Farbe.

Ob die rötliche Färbung des Dolomits, der in St. Joachimstal die Pechblende vielfach begleitet, radioaktiven Ursprungs ist, muß einstweilen dahingestellt bleiben. Dagegen zeigt der *Feldspat* in Pegmatitgängen unter Einwirkung in der Nähe befindlicher Pechblendeeinsprenglinge eine typische rote Farbe, die für den Kenner nicht mit Färbung durch Eisen oder Mangan zu verwechseln ist.

Am besten studiert dürften die Verhältnisse beim *Steinsalz* sein. Das natürliche Steinsalz zeigt manchmal (von Färbungen durch Fremdkörper abgesehen) blaue bis violette Töne. Mit Radium bestrahltes wird gelb. Aber durch Erhitzen sowohl als auch durch einseitigen Druck schlägt die Farbe in blau um, wenn die Gelbfärbung intensiv genug war. Allseitiger Druck ist ohne Wirkung. Dieses künstlich blaugefärbte Steinsalz zeigt genau dieselben Eigenschaften, wie das natürliche; beide werden z. B. bei 200° entfärbt.

Nach den theoretischen Vorstellungen über diese Erscheinungen sind dieselben an das Vorhandensein von Störungsstellen im normalen Gitter gebunden. Zum Teil scheinen spurenweise Zusätze fremder Substanzen erforderlich zu sein, um einen Krystall für Verfärbungswirkungen empfänglich zu machen, zum Teil zeigen auch reine Substanzen solche Erscheinungen. Zu den letzteren gehört das Steinsalz. Man stellt sich vor, daß die Becquerelstrahlen an den Störungsstellen Ionen zu entladen vermögen. Die so entstandenen neutralen Atome erteilen dem Krystall entweder eine ähnliche Farbe, wie sie das Metall als Dampf zeigt; oft aber ist diese Farbe der Atome, weil sie ja nicht frei sind, wie im Gas, durch den Einfluß der benachbarten Teile des Krystallgitters verändert. Solche entladene Natriumatome sind es z. B. die die Gelbfärbung bestrahlten Steinsalzes verursachen. Das Erhitzen hat zur Folge, daß solche Natriumatome zu größeren Komplexen zusammentreten und sich so mehr dem Einfluß des Gitters entziehen. Ihre Farbe nähert sich daher mehr der des Natriumdampfes. Auch einseitiger Druck hat dieselbe Wirkung, wohl weil er die Störungsstellen vermehrt und so den Natriumatomen größere Bewegungsfreiheit schafft. Auch daß der Bestrahlung vorangehender Druck ähnlich wirkt, ist danach verständlich. Man erhält im letzteren Falle zunächst Grünfärbung, weil Blau- und Gelbfärbung nebeneinander auftritt. Die Drucke, von denen die Rede war, betragen einige 100 kg pro Quadratzentimeter. Bedeutend höhere Drucke (einige tausend Kilogramm pro Quadratzentimeter), vermindern wahrscheinlich die Zahl vorhandener Störungsstellen und erzwingen einen engeren Zusammenschluß des Gitters, denn nach ihrer Einwirkung bleibt die Blaufärbung stellenweise überhaupt aus.

Die von α-Strahlen erzeugten Verfärbungen weisen wegen der gut definierten Reichweite der α-Teilchen bei geeigneter Gestalt der Strahlungsquelle oft eine scharf begrenzte Gestalt auf und sind aus verschiedenen Gründen auch Gegenstand mehrerer eingehender Untersuchungen gewesen. Auf diese pleochroitischen und Verfärbungshöfe werden wir in Anhang II näher eingehen.

Auch mancherlei Leuchterscheinungen hängen mit der Wirkung radioaktiver Strahlungen zusammen. Viele Mineralien leuchten in bestimmten Farben unter Einwirkung von Becquerelstrahlen. Hört das Leuchten mit der Bestrahlung zugleich auf, so heißt die Erscheinung *Fluoreszenz*, bei Nachleuchten spricht man von *Phosphoreszenz*. Besonders stark leuchten: *Willemit* grün, *Kunzit* lachsrosa bis orange, *Diamant* blau, *Scheelit* blau, *Doppelspat* rosa, manche *Zirkone* weiß; ferner *Quarz, Feldspat, Zinkblende* und viele andere Mineralien schwächer. Die Leuchtenergie wird dabei von den radioaktiven Strahlungen geliefert.

Unter *Thermolumineszenz* versteht man die Eigenschaft mancher Körper beim Erwärmen Licht auszusenden. Durch Fortsetzung der Erhitzung durch längere Zeit verliert sich diese Eigenschaft zumeist. Bestrahlung mit Radium stellt sie wieder her. Dies legt die Annahme nahe, daß die meisten thermolumineszierenden Mineralien die Energie, die sie als Licht abzugeben vermögen, auch ursprünglich durch Becquerelstrahlung zugeführt bekamen. Auch manche Substanzen, die von Natur aus keine merkliche Thermolumineszenz zeigen, können sie durch β-Bestrahlung erhalten. Auch durch radioaktive Strahlen verfärbte Körper können einen Teil, der in ihnen aufgespeicherten Energie als Licht abgeben, wenn sie erwärmt werden. Besonders nahegelegt wird die Annahme einer inneren Verwandtschaft zwischen Verfärbungs- und Lumineszenzerscheinungen dadurch, daß z. B. im Falle des Steinsalzes die im ganzen durch Erwärmen zu erhaltende Lichtmenge dem Verfärbungsgrad ziemlich genau proportional ist.

Ein besonders schöner Lumineszenzeffekt ist das Leuchten von Sidotblende (künstlichem Zinksulfid) unter dem Einfluß von α-Strahlen. Unter einer mäßig vergrößernden Lupe schon löst sich dieses Leuchten in eine Anzahl einzelne Lichtblitze auf, deren jeder dem Auftreffen einer einzelnen α-Partikel entspricht. Man kann also gleichsam einzelne Atome sehen und zählen. Da die Ziffern und Zeiger einer Leuchtuhr mit Sidotblende unter Zusatz einer α-strahlenden, radioaktiven Substanz bestrichen sind, so besteht auch dieses Leuchten aus einem Geflimmer von einzelnen, momentan aufleuchtenden Punkten, die man *Szintillationen* nennt. Diese Szintillationen stellen auch ein sehr empfindliches Hilfsmittel zum Entdecken und gegebenenfalls auch Messen von sehr schwachen Aktivitäten dar.

Diese verschiedenen Wirkungen der Becquerelstrahlen, die in diesem Kapitel zur Erörterung kamen, bedeuten alle nur Etappen auf dem Wege der Zerstreuung der ursprünglich hochkonzentrierten Energie. Das endliche Resultat dieser Zerstreuung der Energie, ihrer immer weitergehenden Zersplitterung und Verteilung auf viele bewegte Elementarteilchen ist schließlich zum allergrößten Teile ihre Verwandlung in *Wärme*.

6. Die radioaktiven Substanzen.

Wir kennen heute mit Sicherheit 40 radioaktive *Stoffe*. Die Zerfallsprodukte derselben sind in der überwiegenden Mehrheit der Fälle einer der übrigen radioaktiven Stoffe. Daher bilden die Radioelemente zusammenhängende Zerfallsreihen oder Familien. Zwei dieser Reihen haben das Element Uran als Stammvater, eine das Thorium; diese drei Reihen umfassen zusammen 38 radioaktive Substanzen, die ausnahmslos zu den Elementen mit höchstem Atomgewicht gehören. Eine Ausnahmestellung unter den radioaktiven Elementen nehmen nur Kalium und Rubidium ein, die die einzigen mit relativ kleinem Atomgewicht sind. Die Tabellen 1—4 enthalten die 40 Radioelemente sowie ihre inaktiven Zerfallsprodukte nebst den wichtigsten Angaben über sie verzeichnet und sollen in den folgenden Seiten eingehend eörrtert werden.

Die erste und zweite Spalte enthalten die volle und abgekürzte Bezeichnung eines jeden Elements.

Von den in der dritten Spalte angegebenen Atomgewichten sind nur die von Uran, Ionium, Radium, Uranblei, Thorium, Thoriumblei, Kalium und Rubidium nach den in der Chemie üblichen Methoden experimentell bestimmt; größenordnungsmäßig ist das Atomgewicht der Radiumemanation durch Wägung und für etliche andere Radioelemente durch Diffusionsversuche kontrolliert worden; im übrigen sind die Angaben in dieser Spalte theoretisch berechnet, was folgendermaßen möglich ist: Die Aussendung einer α-Partikel, die viermal so schwer ist wie ein Wasserstoffatom, bedeutet für das zerfallende Atom den Verlust von vier Atomgewichtseinheiten. Das Folgeprodukt muß daher ein um diesen Betrag 4 gegenüber der Muttersubstanz erniedrigtes Atomgewicht besitzen. Die Ausstoßung eines Elektrons dagegen bedeutet praktisch keinen Massenverlust. Das Folgeprodukt eines β-Strahlers hat daher das gleiche Atomgewicht wie seine Muttersubstanz. So werden z. B. beim Zerfall des Radiums durch alle Stufen bis zum stabilen Endprodukt insgesamt fünfmal ein α-Teilchen und viermal ein β-Teilchen ausgesendet. Die ersteren machen zusammen 20 Atomgewichtseinheiten aus. Das Atomgewicht des Endprodukts ergibt sich daher aus dem des Radiums, das direkt als 226 bestimmt wurde, zu $226 - 20 = 206$. Der experimentell bestimmte Wert für das Atomgewicht des Uranbleis stimmt damit überein. Auf die kleinen Fehler in der Übereinstimmung, die da und dort, z. B. beim Uran, bestehen, und das, was sie uns lehren können, wird später eingegangen werden, ebenso auf die Frage der Atomgewichte der Actiniumreihe, von denen bisher kein einziges direkter Bestimmung zugänglich war.

In bezug auf die Bedeutung der in der vierten Spalte angegebenen Ordnungszahl der Elemente sei daran erinnert, daß sie nicht nur die Stellenzahl im Periodischen System der Elemente, sondern zugleich

Tabelle 1.
Die Elemente der Uran-Radiumreihe.
a bedeutet Jahre, d Tage, h Stunden, m Minuten, s Sekunden.

Element	Symbol	Atom-gewicht	Ordnungszahl	Strahlung	Halbie-rungszeit T	Zerfalls-konstante λ	Gleich-gewichts-menge	Zerfalls-produkt(e)
Uran I	UI	238.18	92	α	$4.5 \cdot 10^{9}$ a $1.4 \cdot 10^{17}$ s	$1.5 \cdot 10^{-10}$ a^{-1} $4.8 \cdot 10^{-18}$ s^{-1}	1.00	UX_1 UY? (ca. 3 %)
Uran X_1	UX_1	234	90	β	23.8 d $2.06 \cdot 10^{6}$ s	$2.90 \cdot 10^{-2}$ d^{-1} $3.37 \cdot 10^{-7}$ s^{-1}	$1.5 \cdot 10^{-11}$	UX_2 (99.65 %) UZ (0.35 %)
Uran X_2	UX_2	234	91	β	1.17 m 70 s	0.59 m^{-1} $9.9 \cdot 10^{-3}$ s^{1}	$5 \cdot 10^{-16}$	UII
Uran Z	UZ	234	91	β	6.7 h $2.4 \cdot 10^{4}$ s	0.103 h^{-1} $2.87 \cdot 10^{-5}$ s^{-1}	$6 \cdot 10^{-16}$	UII
Uran II	UII	234	92	α	ca. 10^{6} a ca. $3.5 \cdot 10^{13}$ s	ca. $6 \cdot 10^{-7}$ a^{-1} ca. $2 \cdot 10^{-14}$ s^{-1}	ca. $2.5 \cdot 10^{-4}$	Io UY? (ca. 3 %)
Ionium	Io	230	90	α	$7.6 \cdot 10^{4}$ a $2.4 \cdot 10^{12}$ s	$9.1 \cdot 10^{-6}$ a^{-1} $2.9 \cdot 10^{-13}$ s^{-1}	$1.6 \cdot 10^{-5}$	Ra
Radium	Ra	226	88	α	1580 a $4.99 \cdot 10^{10}$ s	$4.38 \cdot 10^{-4}$ a^{-1} $1.39 \cdot 10^{-11}$ s^{-1}	$3.4 \cdot 10^{-7}$	RaEm
Radium-Emanation	RaEm	222	86	α	3.825 d $3.305 \cdot 10^{5}$ s	0.1812 d^{-1} $2.097 \cdot 10^{-6}$ s^{-1}	$2.2 \cdot 10^{-12}$	RaA
Radium A	RaA	218	84	α	3.05 m 183 s	0.227 m^{-1} $3.78 \cdot 10^{-3}$ s^{-1}	$1.2 \cdot 10^{-15}$	RaB
Radium B	RaB	214	82	β	26.8 m $1.61 \cdot 10^{3}$ s	$2.59 \cdot 10^{-2}$ m^{-1} $4.31 \cdot 10^{-4}$ s^{-1}	$1.02 \cdot 10^{-14}$	RaC
Radium C	RaC	214	83	α, β	19.7 m $1.18 \cdot 10^{3}$ s	$3.51 \cdot 10^{-2}$ m^{-1} $5.86 \cdot 10^{-4}$ s^{-1}	$7.5 \cdot 10^{-15}$	RaC′ (99.96 %) RaC″ (0.04 %)
Radium C′	RaC′	214	84	α	$8 \cdot 10^{-7}$ s	$9 \cdot 10^{5}$ s^{-1}	10^{-24}	RaD
Radium C″	RaC″	210	81	β	1.32 m 79.2 s	0.525 m^{-1} $8.7 \cdot 10^{-3}$ s^{-1}	$2 \cdot 10^{-19}$	RaD
Radium D	RaD	210	82	β	16 a $5.05 \cdot 10^{8}$ s	$4.33 \cdot 10^{-2}$ a^{-1} $1.37 \cdot 10^{-9}$ s^{-1}	$3.1 \cdot 10^{-9}$	RaE
Radium E	RaE	210	83	β	4.85 d $4.19 \cdot 10^{5}$ s	0.143 d^{-1} $1.66 \cdot 10^{-6}$ s^{-1}	$2.6 \cdot 10^{-12}$	RaF
Radium F (Polonium)	RaF (Po)	210	84	α	136.5 d $1.18 \cdot 10^{7}$ s	$5.08 \cdot 10^{-3}$ d^{-1} $5.88 \cdot 10^{-8}$ s^{-1}	$7.3 \cdot 10^{-11}$	RaG
Radium G (Uranblei)	RaG	206	82	—	—	stabil	—	—

die Kernladungszahl ist, deren Größe das Wesen des Atoms insoweit bestimmt, als sie die Anzahl der Elektronenplaneten im neutralen Atom und damit deren Anordnung und alle von der *Elektronenhülle* abhängigen Eigenschaften des Elements festlegt. Dies ist die weitaus überwiegende Mehrheit der chemischen und physikalischen Eigenschaften. Die Kern-

Tabelle 2.
Die Elemente der Actiniumreihe.

Element	Symbol	Atomgewicht	Ordnungszahl	Strahlung	Halbierungszeit T	Zerfallskonstante λ	Gleichgewichtsmenge*	Zerfallsprodukt(e)
Uran Y	UY	?	90	β	24.6 h $8.86 \cdot 10^5$ s	$2.82 \cdot 10^{-2}$ h^{-1} $7.81 \cdot 10^{-6}$ s^{-1}	ca. $2 \cdot 10^{-14}$	Pa
Protactinium	Pa	231 ? (233 ?)	91	α	$1.2 \cdot 10^4$ a $3.8 \cdot 10^{11}$ s	$6 \cdot 10^{-4}$ a^{-1} $1.9 \cdot 10^{-12}$ s^{-1}	ca. $7 \cdot 10^{-8}$	Ac
Actinium	Ac	227 ? (229 ?)	89	(β)	ca. 20 a $6.3 \cdot 10^8$ s	$3.4 \cdot 10^{-2}$ a^{-1} $1.08 \cdot 10^{-9}$ s^{-1}	$1.3 \cdot 10^{-10}$	Rd Ac
Radioactinium	Rd Ac	227 ? (229 ?)	90	α	18.9 d $1.63 \cdot 10^6$ s	$3.66 \cdot 10^{-2}$ d^{-1} $4.24 \cdot 10^{-7}$ s^{-1}	$3 \cdot 10^{-13}$	Ac X
Actinium X	Ac X	223 ? (225 ?)	88	α	11.2 d $9.7 \cdot 10^5$ s	$6.17 \cdot 10^{-2}$ d^{-1} $7.14 \cdot 10^{-7}$ s^{-1}	$2 . 10^{-13}$	Ac Em
Actinium-Emanation	AcEm	219 ? (221 ?)	86	α	3.92 s	0.177 s^{-1}	$8 \cdot 10^{-19}$	Ac A
Actinium A	Ac A	215 ? (217 ?)	84	α	$1.5 \cdot 10^{-3}$ s	474 s^{-1}	$3 \cdot 10^{-22}$	Ac B
Actinium B	Ac B	211 ? (213 ?)	82	β	36.0 m $2.16 \cdot 10^3$ s	$1.925 \cdot 10^{-2}$m^{-1} $3.21 \cdot 10^{-4}$ s^{-1}	$4 \cdot 10^{-16}$	Ac C
Actinium C	Ac C	211 ? (213 ?)	83	α, β	2.16 m 130 s	0.321 m^{-1} $5.35 \cdot 10^{-3}$ s^{-1}	$2.5 \cdot 10^{-17}$	Ac C′ (0.32%) Ac C″ (99.68%)
Actinium C′	Ac C′	211 ?) (213 ?)	84	α	ca. $5 \cdot 10^{-3}$ s	ca. 140 s^{-1}	ca. $2 \cdot 10^{-21}$	Ac D
Actinium C″	Ac C″	207 ? (209 ?)	81	β	4.76 m 286 s	0.146 m^{-1} $2.43 \cdot 10^{-3}$ s^{-1}	ca. $5 \cdot 10^{-17}$	Ac D
Actinium D (Actiniumblei)	Ac D	207 ? (209 ?)	82	—	—	stabil ?	—	—

* bezogen auf Uran.

ladungszahl oder Ordnungszahl der Radioelemente ist ebenso wie das Atomgewicht nur bei denjenigen direkt bestimmt worden, die in genügender Menge zugänglich sind, um ihr Röntgenspektrum aufzunehmen. Die im Röntgenspektrum gemessenen Wellenlängen oder Schwingungszahlen geben uns nämlich Auskunft über die Umlaufszahlen auch der innersten Elektronenplaneten und damit über die Größe der Kernladung, unter deren anziehendem Einflusse diese Elektronen ihre Bahnen beschreiben. Diese Kernladung kann man bei einem radioaktiven Element ebenso wie das Atomgewicht, aus der entsprechenden Größe des Mutterelements theoretisch unter Heranziehung der von diesem ausgesendeten Partikelgattung berechnen. Denn wenn ein α-Teilchen den Kern des Mutterelements verläßt, so muß, da das α-Teilchen zwei positive Elementarquanten elektrischer Ladung mit sich führt, die verbleibende (positive) Kernladung um diese zwei Einheiten kleiner

Tabelle 3.
Die Elemente der Thoriumreihe.

Element	Symbol	Atomgewicht	Ordnungszahl	Strahlung	Halbierungszeit T	Zerfallskonstante λ	Gleichgewichtsmenge	Zerfallsprodukt(e)
Thorium	Th	232.12	90	α	$1.65 \cdot 10^{10}$ a $5.2 \cdot 10^{17}$ s	$4.2 \cdot 10^{-11}$ a^{-1} $1.3 \cdot 10^{-18}$ s^{-1}	1.00	$MsTh_1$
Mesothor 1	$MsTh_1$	228	88	β	6.7 a $2.1 \cdot 10^{8}$ s	0.103 a^{-1} $3.26 \cdot 10^{-9}$ s^{-1}	$3.84 \cdot 10^{-10}$	$MsTh_2$
Mesothor 2	$MsTh_2$	228	89	β	6.13 h $2.21 \cdot 10^{4}$ s	0.113 h^{-1} $3.14 \cdot 10^{-5}$ s^{-1}	$4.03 \cdot 10^{-14}$	Rd Th
Radiothor	RdTh	228	90	α	1.90 a $6.0 \cdot 10^{7}$ s	0.365 a^{-1} $1.16 \cdot 10^{-8}$ s^{-1}	$1.07 \cdot 10^{-10}$	Th X
Thor X	ThX	224	88	α	3.64 · d $3.14 \cdot 10^{5}$ s	0.190 d^{-1} $2.20 \cdot 10^{-6}$ s^{-1}	$5.61 \cdot 10^{-13}$	Th Em
Thor-Emanation	ThEm	220	86	α	54.5 s	$1.27 \cdot 10^{-2}$ s^{-1}	$9.52 \cdot 10^{-17}$	Th A
Thor A	ThA	216	84	α	0.14 s	4.95 s^{-1}	$3.09 \cdot 10^{-19}$	Th B
Thor B	ThB	212	82	β	10.6 h $3.82 \cdot 10^{4}$ s	$6.54 \cdot 10^{-2}$ h^{-1} $1.82 \cdot 10^{-5}$ s^{-1}	$6.41 \cdot 10^{-14}$	Th C
Thor C	ThC	212	83	α, β	60.8 m $3.65 \cdot 10^{3}$ s	$1.14 \cdot 10^{-2}$ m^{-1} $1.90 \cdot 10^{-4}$ s^{-1}	$6.14 \cdot 10^{-15}$	Th C′ (65 %) Th C″ (35 %)
Thor C′	ThC′	212	84	α	ca. 10^{-11} s	ca. 10^{11} s^{-1}	ca. 10^{-30}	Th D
Thor C″	ThC″	208	81	β	3.20 m 192 s	0.217 m^{-1} $3.61 \cdot 10^{-3}$ s^{-1}	$1.11 \cdot 10^{-16}$	Th D
Thor D (Thoriumblei)	ThD	208	82	—	—	stabil	—	—

sein, als die der Muttersubstanz: *das Element rückt durch den α-Zerfall um zwei Stellen im periodischen System herunter*, es muß auch zwei Elektronen aus seiner äußeren Hülle verlieren. Analog bedeutet der Verlust eines β-Teilchens, also eines (negativen) Elektrons, aus dem Kern ein Wachsen der (positiven) Kernladung um eine Einheit: *das Element rückt durch β-Zerfall um eine Stelle im periodischen System hinauf*. Dies sind die sog. *Verschiebungsregeln*.

Da in den Zerfallsreihen mehrfach der Fall vorkommt, daß vor resp. nach einem α-Zerfall ein zweimaliger β-Zerfall eintritt, so kommt es auch öfters vor, daß nach den Verschiebungsregeln Elemente, die um drei Stufen in der Zerfallsreihe voneinander entfernt stehen, dieselbe Kernladung besitzen. Solche Elemente haben daher auch alle chemischen und die meisten physikalischen Eigenschaften (von minimalen Unterschieden abgesehen) gemeinsam; ihre Elektronenhüllen sind ja identisch; sie gehören an dieselbe Stelle im periodischen System, sie sind

Tabelle 4.

Die radioaktiven Alkalien.

Element	Symbol	Atomgewicht	Ordnungszahl	Strahlung	Halbierungszeit	Zerfallsprodukt
Kalium	K	39.10	19	β	ca. 10^{12} a	?
Rubidium	Rb	85.5	37	β	ca. 10^{11} a	?

isotop. Solche Isotope unterscheiden sich nur durch Kerneigenschaften; das bedeutet einmal Eigenschaften des Kernes selbst; ferner nennt man auch diejenigen Eigenschaften der Atome, die von Kerneigenschaften im engeren Sinne, vor allem von der Masse, abhängen, oft schlechtweg *Kerneigenschaften* im Gegensatz zu den sog. *Hülleneigenschaften* der Atome. Kerneigenschaften sind die radioaktiven Eigenschaften, Strahlung und Zerfallsgeschwindigkeit, sowie alle von der Atommasse wesentlich abhängenden Eigenschaften, wie Atomgewicht, Dichte u. dgl. Die Gesamtheit der Isotopen, die an eine Stelle des periodischen Systems gehören und chemisch identisch also durch chemisch-analytische Methoden prinzipiell nicht trennbar sind, heißt eine Plejade. Wo in der Natur die verschiedenen Isotopen einer Plejade in verschiedenen Verhältnissen vorkommen, werden auch die Verbindungsgewichte, die als Mittel aus den verschiedenen, in der Plejade vertretenen Atomgewichten resultieren, verschieden sein. Tatsächlich hat man im Falle der Thorium- und der Bleiplejade anläßlich Atomgewichtsbestimmungen von Thorium und Blei aus radioaktiven Mineralien je unter sich verschiedene Werte für das Atomgewicht (genauer Verbindungsgewicht) dieser Elemente erhalten. Ein weiterer Beweis für die Richtigkeit der Isotopentheorie liegt darin, daß verschiedene radioaktive Elemente, die nach den Verschiebungsregeln isotop sein sollen, auch wirklich allen chemischen Trennungsversuchen absolut trotzen. Schließlich ist es auch bei den meisten nicht radioaktiven Elementen gelungen, experimentell zu beweisen, daß sie nicht einheitlich, sondern aus Isotopen zusammengesetzt sind. Läßt man nämlich in einer Entladungsröhre, die Atome eines Elements als Kanalstrahlen (positive Atomstrahlen) sozusagen einzeln aufmarschieren und unterwirft sie in diesem Zustand als aufgelöstes Strahlenbündel der Ablenkung durch elektrische und magnetische Felder, dann werden sie infolge ihrer verschiedenen Masse, also verschiedenen Trägheit—ihre Ladung und damit die auf sie wirkende Kraft ist ja gleich —, verschieden stark abgelenkt und können so getrennt werden. Isotopie ist also eine allgemeine Eigenschaft und nicht auf die radioaktiven Elemente beschränkt.

Zur fünften Spalte, Strahlung, ist zu bemerken, daß in derselben, um den Leser nicht zu verwirren, nur die nachgewiesenermaßen aus dem Atomkern stammenden Korpuskularstrahlen angeführt sind. Die sekundären β- und γ-Strahlen wurden durchwegs weggelassen. Zur Entscheidung darüber, ob eine Strahlung Kernstrahlung oder sekundär ist, stehen uns quantitative Meßmethoden der Geschwindigkeit und Energie der Teilchen zur Verfügung, die zusammen mit anderen Erfahrungen über Atombau einen Schluß auf die Art der Entstehung der Strahlen zulassen. Vor allem aber ist ausschlaggebend das Vorhandensein oder Fehlen des dem Strahlungsprozesse entsprechenden Folgeproduktes. Das β beim Actinium ist eingeklammert, weil hier zwar die Existenz des Folgeproduktes Radioactinium mit um eine Einheit erhöhter Kernladungszahl beweist, daß ein β-Teilchen den Actiniumkern verlassen hat, aber diese β-Strahlung bisher experimentell nicht nachgewiesen werden konnte. Es ist möglich, daß das β-Teilchen aus dem Actiniumkern das Atom (die Elektronenhülle) gar nicht verläßt; das Radioactiniumatom benötigt ohnedies zur Neutralisierung der um eine Einheit höher gewordenen Kernladung auch ein Elektron mehr in der Hülle. Der Zerfall würde dann in diesem Falle gleichbedeutend sein mit einer Übersiedlung eines Elektrons aus dem Kern in die Hülle.

In einigen Fällen ist in der fünften Spalte angegeben — in jeder Zerfallsreihe einmal, beim C-Produkt —, daß sowohl α- als β-Emission stattfindet. Diese Stoffe haben sowohl eine α- als auch eine β-Zerfallstendenz und liefern dementsprechend zwei Zerfallsprodukte nebeneinander in solchem Verhältnis, wie es den beiden Emissionswahrscheinlichkeiten entspricht. Das *einzelne* z. B. Ra C-Atom kann natürlich nur *entweder* die eine *oder* die andere Zerfallsrichtung einschlagen. Das prozentische Verhältnis, in dem die beiden Zerfallsprodukte gebildet werden, ist in der letzten Spalte angegeben. In allen drei Fällen, wo α- und β-Zerfall miteinander konkurrieren, ist das durch α-Zerfall entstandene Produkt ein β-Strahler, das durch β-Zerfall entstandene ein α-Strahler, so daß das Zerfallsprodukt der nächsten Stufe wieder in beiden Zweigen dieselbe Kernladung und dasselbe Atomgewicht hat und, soweit wir heute wissen, auch in radioaktiver Hinsicht, also wohl überhaupt, identisch ist. Auch ein Fall, Uran X_1, liegt vor, indem zwei, wohl verschiedene, Arten von β-Zerfall konkurrieren und zu Produkten führen, die zwar in punkto Kernladung *und* Atomgewicht identisch sind, aber doch verschiedene Zerfallskonstanten besitzen; sie dürften sich in der Struktur des Kernes und im Energiegehalt unterscheiden.

In der sechsten Spalte ist die für jedes Element charakteristische Halbwertszeit T angegeben und zwar sowohl in der größtmöglichen Zeiteinheit zwecks Anschaulichmachung und in Sekunden, als der eigentlichen, physikalischen Zeiteinheit für Berechnungszwecke. Ein Blick in die Tabellen lehrt, daß alle Größenordnungen von 10 Milliarden Jahren bis Hundertmilliardstel Sekunden vertreten sind, von der Dauer kosmischer Entwicklungszeiten bis zur Dauer atomarer Schwingungsvorgänge. Auch das mag eine Ahnung von der Unabhängigkeit, man möchte sagen Erhabenheit der radioaktiven Vorgänge über alles sonstige, unserer Beobachtung und Untersuchung zugängliche Geschehen vermitteln.

Die Zerfallskonstante λ in der siebenten Spalte ist jeweils in analogen Einheiten angegeben, wie die Halbierungszeiten. Diese Größen hängen mit der mittleren Lebensdauer τ durch folgende Beziehungen zusammen:

$$\lambda = \frac{1}{\tau} = \log\mathrm{nat}\, 2 \cdot \frac{1}{T},$$

$$\tau = \frac{1}{\lambda} = \frac{T}{\log\mathrm{nat}\, 2},$$

$$T = \frac{\log\mathrm{nat}\, 2}{\lambda} = \log\mathrm{nat}\, 2 \cdot \tau,$$

$$(\log\mathrm{nat}\, 2 = 0.69315\ldots).$$

7. Das radioaktive Gleichgewicht.

Zum Verständnis der Angaben in der vorletzten Spalte, der Gleichgewichtsmengen, bedarf es einer etwas eingehenderen Erörterung des Begriffes: *radioaktives Gleichgewicht.*

Isolieren wir eine radioaktive Substanz z. B. Polonium (RaF) und verfolgen wir durch Messung seiner Aktivität längere Zeit hindurch seine Abklingung, so beobachten wir eine Abnahme nach dem auf S. 5 besprochenen Zerfallsgesetz. Nach 136 Tagen ist nur noch die Hälfte vorhanden, nach der doppelten Zeit noch ein Viertel usw.; Abb. 6 gibt in Kurvenform die Abhängigkeit einer einmal isolierten radioaktiven Substanzmenge von der Zeit. Nehmen wir für unseren Versuch etwa Th C″, so gilt dasselbe Gesetz, nur ist $T = 192$ Sekunden. Nach etwas über 3 Minuten ist nur noch die Hälfte da, nach der doppelten Zeit ein Viertel usw. Wir haben auf S. 6 den Vergleich gemacht mit einem cylindrischen Gefäß, aus dem Wasser durch ein am Boden befindliches Loch ausströmt. Die Wassermenge im Gefäß ist der Anzahl Atome des zerfallenden Radioelements zu vergleichen, die per Sekunde ausfließende Wassermenge den in der Zeiteinheit zerfallenden Atomen. Machen wir das Loch größer, so wird die Hälfte des Wassers in einer in umgekehrtem Verhältnis zur Lochgröße stehenden Zeit ausfließen. Ist bei einem Radioelement die Zerfallskonstante größer als bei einem anderen, so wird seine Halbierung ebenso in entsprechend kürzerer Zeit erfolgen.

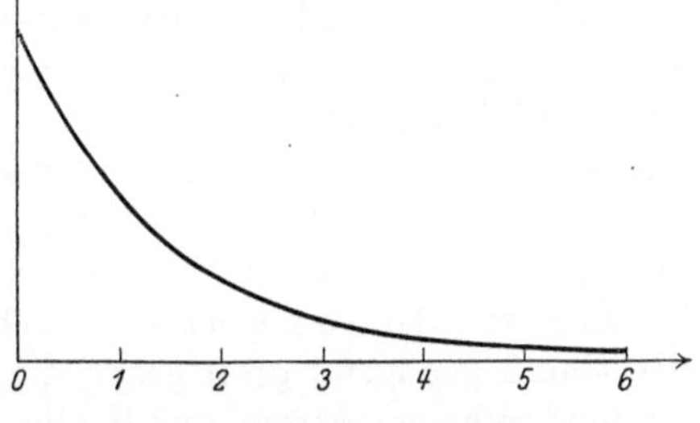

Abb. 6. Radioaktive Abklingungskurve.

Wenden wir uns nun zu dem Beispiel einer ganzen Zerfallsreihe. Die Stammsubstanz ist in jedem Fall sehr langlebig und muß es schon aus dem Grunde sein, weil sie heute noch vorhanden ist. Ein Stoff, der sich in einer Million Jahre halbiert, würde sich im Laufe der geologischen Geschichte der Erde wenigstens 1000mal halbiert haben; es wäre heute von der Anfangsmenge in diesem Fall noch der Bruchteil $\frac{1}{2^{1000}}$ vorhanden; 2^{1000} ist eine Zahl mit ungefähr 300 Nullen. Vor undenklichen Zeiten wäre schon das letzte Atom ausgestorben, auch wenn das ganze Sonnensystem vor einer Milliarde Jahre nur aus dem betreffenden Element bestanden hätte.

Solche und gar noch kurzlebigere Elemente können also nur existieren, wo sie nicht nur zerfallen, sondern auch nacherzeugt werden. Sind die radioaktiven Elemente einer Zerfallsreihe in einem abgeschlossenen Bereich, etwa in einem radioaktiven Mineral, dauernd sich selbst überlassen und ist jeder Substanzaustausch mit der Umgebung ausgeschlossen, so wird sich unabhängig von den anfänglichen Bedingungen ein gewisser Gleichgewichtszustand herausbilden, bei dem jedes Radioelement in einer ganz bestimmten Menge vorhanden ist. Dieses Gleichgewicht wird dann vorhanden sein, wenn von jeder Substanz in der Zeiteinheit ebensoviel Atome entstehen, wie in derselben Zeit zerfallen. Denn dann ändert sich die Menge jeder Substanz nicht. Analog zu dem Fall eines radioaktiven Minerals, wo die Atome von einer Atomart in die andere übergehen und Gleichgewicht herrscht, wenn die von A nach B zerfallende Atomzahl in der Sekunde gleich ist der von B nach C zerfallenden, diese wieder gleich der von C sich in D umwandelnden usf., herrscht Gleichgewicht unter mehreren untereinander gestellten, gleich weiten, cylindrischen Gefäßen mit verschieden großen Löchern im Boden dann, wenn die aus dem Gefäß A ins Gefäß B pro Sekunde fließende Wassermenge gleich ist der von B nach C fließenden usw. Bedingung für das Zustandekommen eines Gleichgewichts ist allerdings, daß das erste Gefäß genügend groß gegen die übrigen ist, um genügend lange Zeit hindurch den Strom durch alle Gefäße speisen zu können, resp. im Falle des radioaktiven Minerals, daß im Verhältnis zu der über jede Stufe pro Sekunde (oder Jahrmillion) zerfallenden Atomzahl, die ja aus der Muttersubstanz dauernd gespeist werden muß, genug von der Muttersubstanz da ist. Kurz gesagt, die Stammsubstanz muß langlebig sein, was in den bekannten Fällen, Thorium und Uran, ja zutrifft. Da das langlebigste Folgeprodukt des Urans (vom U II abgesehen) das Ionium mit 76000 Jahren Halbwertszeit ist, so ist praktisch in Uranmineralien die ganze Zerfallsreihe im Gleichgewicht. Das heißt *erstens*, daß von jedem in einem Stück Pechblende vorhandenen Element der Radiumreihe *gleichviel Atome pro Sekunde zerfallen.* Weil aber die Zerfallskonstanten der Elemente der

Reihe verschieden sind, so muß *zweitens von jedem Element um so mehr da sein,* je kleiner seine Zerfallskonstante oder *je größer seine Halbierungszeit ist,* damit auch von einem langsam zerfallenden Element die gleiche Atomzahl pro Sekunde in die nächste Stufe übergeht wie von einem rasch zerfallenden. Die im Gleichgewicht mit einer Stammsubstanz vorhandenen Atomzahlen der verschiedenen Folgeprodukte sind daher den Halbierungszeiten dieser Folgeprodukte proportional (den Zerfallskonstanten umgekehrt proportional). Im Falle unseres Gleichnisses von stufenförmig übereinandergestellten, gleich weiten Wassergefäßen entspricht dem, daß die jeweils in einem Gefäß befindliche Wassermenge, wenn Gleichgewicht herrscht, der Größe des Loches umgekehrt proportional (der Halbierungszeit proportional) ist. Will man von dem Verhältnis der Gleichgewichts*atomzahlen* auf Gleichgewichts*mengen* (in Gewichtseinheiten ausgedrückt) übergehen, so muß man noch mit den Atomgewichten multiplizieren. Die in der Tabelle gegebenen Werte sind so berechnet. Wenn man sich vor Augen hält, daß ein Gramm gleich 10^{-6} von einer Tonne ist, und die Ziffern der vorletzten Spalten vergleicht, so sieht man sofort, daß nur von den wenigsten, langlebigsten, radioaktiven Elementen wägbare Mengen gewinnbar sind.

Es verhalten sich also, wenn man Gleichgewichtsmengen von Folgeprodukten vergleicht, die Atomzahlen wie die Halbwertszeiten; die Wirkungen der Becquerelstrahlen dagegen, die Aktivität von Gleichgewichtsmengen verhält sich so wie die Aktivität pro Atom, das zerfällt, weil ja die pro Zeiteinheit zerfallenden Atomzahlen gleich sind.

Zwei radioaktive Elemente, die *genetisch miteinander verknüpft* sind, von denen das eine direkt oder über Zwischenprodukte in das andere übergeht, müssen also in Mineralien stets in einem *konstanten Mengenverhältnis* zueinander vorhanden sein (von ganz jungen Bildungen abgesehen, seit deren Bildung noch nicht die zur Herstellung des Gleichgewichtszustandes erforderliche Zeit verstrichen ist). Umgekehrt darf man aus einem ausnahmslosen Zusammenvorkommen radioaktiver Elemente in konstantem Verhältnis auf einen genetischen Zusammenhang derselben schließen. So hat man das Verhältnis von Ionium und Radium zu Uran in Mineralien konstant gefunden und die Vermutung eines genetischen Zusammenhanges dieser Elemente damit gestützt, während die Beobachtung der direkten Bildung dieser Elemente aus Uran, wegen ihrer sehr großen Halbwertszeit auf große Schwierigkeiten stieß. Ebenso hat man auch das Verhältnis der Elemente der Actiniumreihe zum Uran und damit auch zu den Elementen der ganzen Radiumreihe unter den verschiedensten Bedingungen konstant gefunden. Die Abstammung der Actiniumreihe von „Uran" kann damit als gesichert betrachtet werden. Ob diese Reihe aber von demselben Uranisotop (U I oder U II) abstammt, wie die Radiumreihe, also eine Verzweigung stattfindet, oder von einem im „Uran" enthaltenen Isotop Actinouran, darüber sind die Meinungen noch geteilt und darauf soll in diesem einleitenden Abriß der Radioaktivität nicht näher eingegangen werden. Darum ist auch U Y als Zerfallsprodukt von U I oder U II in der Tabelle 1 mit einem ? versehen (vgl. S. 134ff.).

8. Einige praktisch wichtige Einzelheiten.

Im folgenden soll das Verhalten der radioaktiven Elemente und Elementgruppen, wie sie besonders häufig bei radioaktiven Untersuchungen einem entgegentreten, in einigen Beispielen näher charakterisiert werden. Dabei müssen zwei Punkte besonders im Auge behalten werden; erstens, daß infolge der Isotopie gewisse, zwar radioaktiv wohl unterschiedene Elemente chemisch absolut untrennbar sind, zweitens, daß zufolge der unhemmbar weiterlaufenden, radioaktiven Prozesse prinzipiell keine Trennung reine Produkte liefern kann, denn jede Trennungsoperation erfordert Zeit, und während dieser Zeit ist auch der radioaktive Zerfall am Werk. Wie wir sehen werden, ist es in vielen Fällen günstig, gerade durch die sofort neugebildeten Substanzen die Anwesenheit des Mutterelements festzustellen.

Uran kann aus radioaktiven Mineralien nach den dem Analytiker wohlbekannten Methoden abgetrennt werden. Es enthält, wie uns Tabelle 1 lehrt, wenigstens 2 Isotope U I und U II, vielleicht noch mehrere, von denen eins die Muttersubstanz der Actiniumreihe sein kann, wenn diese nicht aus dem U I oder U II entsteht. *Gewichtsmäßig* überwiegt das U I sicher das U II bei weitem, so daß letzteres das Atomgewicht höchstens in der vierten Stelle beeinflußt. Das U I entwickelt dauernd U X_1 (und U Y?), das U II produziert dauernd Ionium. Wegen der Langlebigkeit des Urans, von dem in 100 Millionen Jahren nur ca. 1.5% zerfallen, ist seine Aktivität, also auch seine Fähigkeit, seine Folgeprodukte hervorzubringen, praktisch konstant. Die Gleichgewichtsmenge des U X_1, das zu einer gewissen Uranmenge gehört, ist daher auch praktisch konstant. Wegen der Unbeeinflußbarkeit des radioaktiven Zerfalls kann sich daran nichts ändern, wenn wir eine (chemische) Trennung von Muttersubstanz und Folgeprodukt vornehmen, also etwa von U und U X_1. Es muß das radioaktive Gleichgewicht insofern erhalten bleiben, als auch jetzt noch ebensoviel U X_1-Atome in der Sekunde gebildet werden wie zerfallen. Der Zerfall des abgetrennten U X_1 geht nach dem in Abb. 6 dargestellten Zerfallsgesetz mit der Halbwertszeit von ca. 24 Tagen vor sich. Die jeweilige Neigung dieser Kurve, die auch in Abb. 7 wiedergegeben ist, gibt die Zerfallsgeschwindigkeit wieder. Die Bildung des U X_1, die natürlich nur beim Uran stattfinden kann, dessen Atome zu U X_1 zerfallen, muß mit dem Zerfall Schritt halten, die Bildungsgeschwindigkeit also immer die gleiche sein wie die Zerfallsgeschwindigkeit. Es werden also in dem vom U X_1 befreiten Uran ebensoviele Atome U X_1 nacherzeugt, wie vom abgetrennten UX_1 verschwinden, so daß die Summe der beiden UX_1-Mengen konstant bleibt. Das Anklingen des UX_1 beim Uran muß also durch die zur Abklingungskurve komplementäre dargestellt werden (Abb. 8), die aus derselben (Abb. 7) durch Spiegelung an einer horizontalen Achse erhalten werden kann. Rechnerisch erhält man also den Betrag, der nach vollständiger Abtrennung eines Folgeproduktes von der Muttersubstanz nach einer gewissen Zeit nacherzeugt worden ist, indem man von der Gleichgewichtsmenge, die nach derselben Zeit seit erfolgter Abtrennung noch vorhandene Menge subtrahiert. Von einer nach der Abtrennung nachwachsenden Substanz ist also nach der Halbwertszeit T der nachwachsenden Substanz die Hälfte, nach der Zeit $2\,T\ {}^3/_4$, nach der Zeit $3\,T\ {}^7/_8$ usf. vorhanden. Theoretisch erfordert die Einstellung des vollkommenen Gleichgewichts unendlich lange Zeit, ebenso wie das vollkommene Verschwinden einer isolierten, abklingenden Substanz. Praktisch ist nach einer gewissen Zeit die Gleichgewichtsmenge vorhanden.

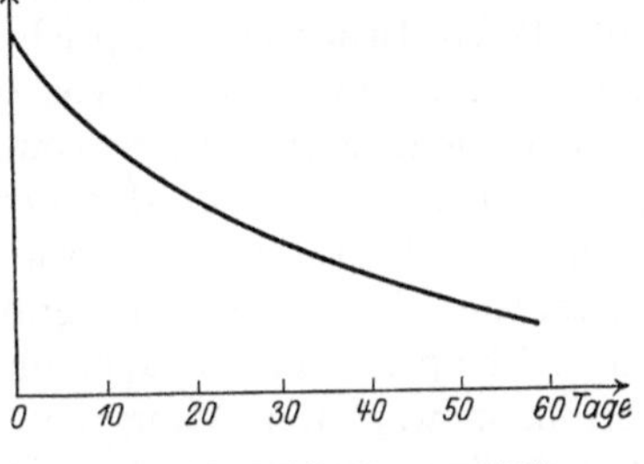

Abb. 7. Die Abklingung von U X.

Nach 10 Halbierungszeiten fehlt bloß noch etwa 1‰. Die durch Abtrennung des UX_1 unterbrochene Erzeugung von U II ist also praktisch nach einigen Monaten wieder voll im Gange. Von dem Zwischenprodukt zwischen UX_1 und U II, dem UX_2 haben wir nicht gesprochen. Wir konnten es mit Recht vernachlässigen, denn, weil die Atome in diesem Stadium durchschnittlich nur etwas über eine Minute verweilen, ist die (sehr geringe) Gleichgewichtsmenge UX_2, die zum UX_1 gehört, praktisch in 10 Minuten da. Chemische Trennungsoperationen dauern gewöhnlich länger; wir finden daher die zum UX_2 gehörige Aktivität immer beim UX_1. Für die Aufnahme von Abklingungs- und Anklingungskurven von UX_1, die Tage und Wochen dauert, spielt dieselbe keine Rolle; sie ist praktisch stets der UX_1-aktivität proportional. Das Ionium kann uns wieder aus dem Grunde nicht stören, weil es zu langlebig ist. In 50 Jahren wäre erst ein Promille nacherzeugt und seine Aktivität wäre auch erst ungefähr ein Bruchteil dieser Größenordnung von der des erzeugenden Urans (die Zahl in der Sekunde zerfallender Atome bei Gleichgewichtsmengen ist gleich!).

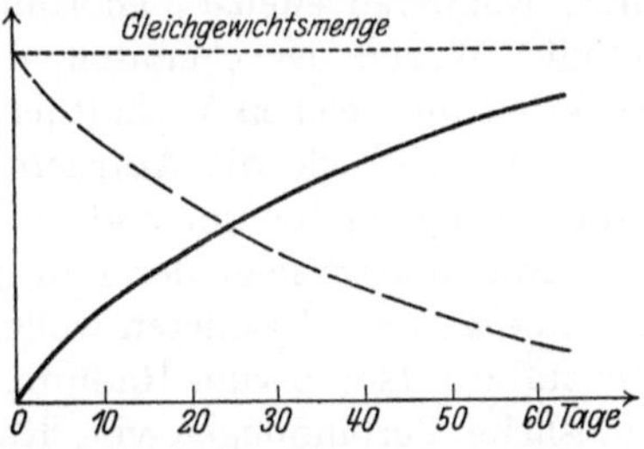

Abb. 8. Die Anklingung (das Nachwachsen) von U X aus Uran.

Analog wie beim UX_1 gelten aber die gleichen Beziehungen für das Anklingen von *Ionium,* nur daß es eben mit der Halbwertszeit von 76000 Jahren stattfindet. Ist also etwa bei der Bildung eines Uranminerals kein Ionium mit aufgenommen worden, so wird doch nach etwa einer Million Jahre praktisch die Gleichgewichtsmenge Ionium vorhanden sein. Wo wir sie bei der Analyse nicht finden, sondern nur einen Bruchteil, da kann das Mineral nicht älter sein, als eben dem vorhandenen Bruchteil entspricht, — ein seltener Fall, der aber bei sekundären Uranmineralien vorkommt.

Die Gleichgewichtsmenge von Ionium, die zu einer Uranmenge gehört, ist nicht groß. Bei der Verarbeitung von Hunderten von Kilogrammen sind Gramme zu erwarten, also bei einer gewöhnlichen Mineralanalyse nicht einmal Milligramme. Mit solch kleinen Mengen kann man nicht operieren. Ist aber in der Ausgangssubstanz (dem Mineral) Thorium in wägbaren Mengen vorhanden, so erhalten wir das Ionium mit dem Thorium zusammen; eine chemische Trennung der beiden ist aber, weil sie isotop sind, prinzipiell nicht möglich. Man könnte daher reines Ionium nur aus thoriumfreien Mineralen, ebenso ioniumfreies Thorium nur aus uranfreien Thormineralien gewinnen. Beides gibt es nur in gewissem Grade. Wohl aber kann man Uran vollkommen von allen Spuren UX_1 und Io befreien, indem man diese Thorisotopen mit einer wägbaren Menge Thorium als „Schleppsubstanz" vom Uran trennt. Wegen der chemischen Untrennbarkeit gehen sie ja in jede Reaktion im gleichen Verhältnis ein. Leistet uns also eine analytische Trennungsmethode die Abtrennung des Thoriums bis auf ein ‰, so kann auch vom Ionium und UX_1 nicht mehr zurückbleiben.

Etwas anders liegt der Fall, wenn wir unwägbare Mengen *Radium* aus einem Mineral isolieren wollen. Wir kennen kein langlebigeres oder gar stabiles Isotop zum Radium. Die Erfahrung hat aber gezeigt, daß unlösliche Verbindungen von Radioelementen mit irgendeinem Säurerest von ebenfalls unlöslichen Verbindungen anderer Elemente mit dem gleichen Säurerest sehr gut adsorbiert, bei der Fällung mitgerissen werden. Radium ist nun in chemischer Hinsicht ein Erdalkalimetall und gehört in die Reihe Ca, Sr, Ba; es ist das nächst höhere Homologe zum Baryum und bildet wie dieses ein unlösliches (genauer schwerlösliches) Sulfat. Es wird daher aus einer Lösung mit jeder Sulfatfällung mitgerissen und kann also mit Ba als Schleppsubstanz chemisch behandelt werden. Baryum und Radium sind aber nicht isotop, sie haben eine verschiedene Kernladung. Eine Trennung ist hier prinzipiell möglich, wenn auch wegen der großen Ähnlichkeit der beiden Elemente praktisch sehr langwierig. Sie gelingt durch fraktionierte Krystallisation der Chloride oder Bromide. Infolgedessen war es möglich, Radium chemisch rein darzustellen und auch sein Atomgewicht zu bestimmen.

Eine besondere Stellung in der Uran-Radiumreihe nimmt die *Emanation* ein. Sie hat als nullwertiges Element keine Tendenz chemische Verbindungen einzugehen und gehört in die Gruppe der Edelgase. Ihre Abtrennung von den Muttersubstanzen, vom Radium oder aus einem Mineral oder Gestein gelingt unschwer, indem man diese in flüssige Form, Lösung oder Schmelze, überführt und durch Erhitzen die Emanation austreibt. Die Halbwertszeit von ca. 4 Tagen ermöglicht ein bequemes Arbeiten und die Wiederholung von Versuchen über den Emanationsgehalt von Mineralien wenige Tage nach eventueller Abtrennung der Emanation mit der nachgewachsenen Menge. Hat man aus einer Radiumlösung die Emanation entfernt, so wächst sie mit ihrer charakteristischen Halbwertszeit von 3.8 Tagen ebenso nach, wie das UX_1 im Uran. Nach ca. einem Monat besteht praktisch Gleichgewicht.

Für die Messung einer Emanationsmenge, etwa durch Bestimmung ihres Ionisationsvermögens in einem Ionisationsgefäß, fällt ins Gewicht, daß die nächsten Folgeprodukte sehr kurzlebig sind. Man muß bei solchen Messungen den Eintritt des Gleichgewichts mit den Folgeprodukten Ra A, Ra B und Ra C abwarten. Für die Geschwindigkeit, mit der sich dasselbe einstellt, ist in erster Linie, wie immer bei einer Reihe von Folgeprodukten die Halbierungszeit des langlebigsten Elementes maßgebend. In 3—4 Stunden besteht praktisch Gleichgewicht (T von Ra B = 27 Minuten). In der gleichen Zeit klingt auch nach Entfernung der Emanation ihr „*aktiver Niederschlag*" bis auf einen unwesentlichen Bruchteil ab. Den Namen „aktiver Niederschlag" erhielten diese Elemente, weil sie nach ihrer Bildung aus der gasförmigen Emanation sich als ihrer Natur nach eigentlich feste Körper (Polonium-, Wismut- und Bleiisotope) auf die Gefäßwände u. dgl. niederschlagen.

Prüft man aus einem Uranmineral abgeschiedenes Ra G, das bleiisotope Endprodukt der Uranradiumreihe auf Aktivität, so findet man es immer mehr oder weniger aktiv. Dies rührt von der Beimischung des aktiven Isotops Ra D her, das selbst zwar keinen nennenswerten Strahlungseffekt gibt, aber mit seinen relativ kurzlebigeren Folgeprodukten Ra E und Polonium sich alsbald ins Gleichgewicht setzt. Erst nach Menschenaltern wäre dieses Ra D samt seiner Gefolgschaft ausgestorben, denn es hat ca. 16 Jahre Halbwertszeit.

Auf die Actiniumreihe wollen wir hier nicht näher eingehen, denn sie kann als wärmeerzeugender Faktor in Gesteinen höchstens als kleines Zusatzglied in Betracht kommen, das überdies nicht gesondert gemessen zu werden braucht, da ja die Actiniumreihe in konstantem Verhältnis zur Radiumreihe auftritt.

Die Thoriumreihe zählt einige Glieder weniger als die Radiumreihe, und die Verhältnisse liegen zum Teil einfacher. Weil keine Produkte von größerer Halbierungszeit als einige Jahre, vom Thorium selbst abgesehen, vorkommen, so ist der Fall, daß wir ein Mineral finden, in dem noch nicht radioaktives Gleichgewicht eingetreten ist, praktisch ausgeschlossen. Im allgemeinen sei nur bemerkt, daß ebenso wie übrigens auch die Actiniumreihe auch die Glieder der Thoriumfamilie in dieselbe Gegend des periodischen Systems fallen, wie die der Uran-Radiumreihe. Zu jedem Element der ersteren gibt es daher in der letzteren auch ein oder mehrere Isotope. Die Thoremanation ist aber viel kurzlebiger als die Radiumemanation, ihr aktiver Niederschlag dagegen viel langlebiger (Th B, $T = 11$ Stunden). Erst nach Tagen ist er im Gleichgewicht mit den langlebigen Stammsubstanzen und klingt auch ebenso langsamer ab. Das bedeutet u. a. eine Unterscheidungsmöglichkeit.

Von den beiden Elementen Kalium und Rubidium ist das letztere einstweilen für geologisch-radioaktive Probleme ohne Interesse. Betreffs Bestimmungsmethoden des Kaliums muß auf andere Quellen verwiesen werden. Seine Aktivität ist, ebenso wie die des Rubidiums, gering im Vergleich mit Th und U, doch spielt es wahrscheinlich keine geringere Rolle für geologische Vorgänge wie diese infolge seiner viel größeren Menge, in der es auftritt.

Auf weitere Einzelheiten wird dort, wo es die Sache gerade erfordert, näher eingegangen werden.

I. Die Verbreitung der radioaktiven Substanzen.

1. Über die Bestimmungsmethoden radioaktiver Substanzen in Gesteinen.

Von den 40 heute bekannten radioaktiven Substanzen sind 38 genetisch vom Uran und Thorium abhängig und finden sich im wesentlichen mit diesen, ihren Stammsubstanzen vereinigt vor. Nur ein sehr geringer Bruchteil der gasförmigen Emanationen diffundiert von seiner Erzeugungsstelle hinweg und kann samt den aus ihm gebildeten aktiven Niederschlägen dank der großen Empfindlichkeit der elektrischen Untersuchungsmethoden so gut wie überall nachgewiesen werden. Schon dieser Umstand, daß wir die Emanationen, deren langlebigste, die Radiumemanation, nur 4 Tage Halbwertszeit hat, fast überall finden, in der Luft, im Wasser und in der Erde, bildet ein wichtiges Zeugnis dafür, wie allverbreitet die radioaktiven Elemente sind. Daß auch die Luft und das Wasser mitten auf den weitesten Ozeanen aktiv sind, zeigt uns an, daß auch das Meerwasser die Muttersubstanzen der kurzlebigen Emanationen enthalten muß. Schließlich sind auch die jedem Mineralogen wohlbekannten, ungeheuer verbreiteten, pleochroitischen und anderen Verfärbungshöfe, die kleine, radioaktive Mineraleinschlüsse in anderen verfärbungsfähigen Mineralien umgeben, ein Zeugnis für die große Verbreitung von Uran und Thor auf der Erde.

Die Kenntnis des Vorkommens dieser beiden Elemente sowie des Kaliums — vom Rubidium brauchen wir wegen der geringen Menge, in der es sich findet, nicht weiter zu reden — bildet die Grundlage, auf der sich die Erörterung der Rolle der radioaktiven Substanzen als Wärme- und Energiequelle aufbauen muß. Die Methoden, mit denen wir die Anwesenheit und den Prozentsatz von Kalium in einer Substanz feststellen, sind die gewöhnlichen, chemisch-analytischen. Auf dieselben brauchen wir daher nicht näher einzugehen. Kann es doch wegen seiner geringen Aktivität nur dort neben Uran und Thorium eine Rolle spielen, wo es in analytisch erfaßbaren Mengen auftritt.

Anders steht es mit Uran und Thorium. Diese beiden Elemente überschreiten im allgemeinen nicht die Tausendstel Prozente in Gesteinen, ein Mengenverhältnis, das den analytischen Chemiker von heute in den meisten Fällen vor ein nahezu unlösbares Problem stellt. Wohl wurde für Uran gelegentlich eine kolorimetrische Bestimmungsmethode für so kleine Mengen angewendet, aber ihre Sicherheit läßt sehr zu wünschen übrig, und Thorium ist schon in etwas größerer Menge kaum mit Sicherheit erfaßbar, während doch unser Zweck eine quantitative Bestimmung erfordert, deren erste Ziffer wenigstens zuverlässig ist.

Die eigenartigen Verhältnisse unter den radioaktiven Elementen ermöglichen aber noch andere Bestimmungsarten als die rein chemischen. Zum Zwecke quantitativer Bestimmung durch Messung der Aktivität, die infolge ihrer Empfindlichkeit unbedingt die nötige Genauigkeit erreicht, müssen wir allerdings ein radioaktives Element möglichst rein, ohne zuviel Ballast an inaktiver Substanz zur Messung bringen. Aber weil das Verhältnis der Folgeprodukte einer Zerfallsreihe zur Stammsubstanz konstant ist, so genügt es, irgend*ein* Element aus der Reihe quantitativ zu isolieren; die Stammsubstanz der Reihe muß auf jeden Fall in einer dazu proportionalen Menge vorhanden sein. Die am einfachsten zu isolierenden Elemente jeder Reihe sind nun die Emanationen. Darum sind auch die in erster Linie zur Bestimmung des Uran- und Thoriumgehaltes in Gesteinen verwendeten Methoden die der *Emanationsmessung*.

a) Die Bestimmung des Radium- resp. Urangehaltes von Gesteinen. Das Prinzip der Emanationsmessung, durch die diese Bestimmung bewerkstelligt wird, ist folgendes: Die Emanation wird aus dem aufgeschlossenen Gestein ausgetrieben, mit Luft gemischt — ihr eigenes Volumen ist ja unmeßbar klein — in ein Ionisationsgefäß übergeführt und ihr Einfluß auf die elektrische Leitfähigkeit des Gasinhaltes gemessen. Eine solche Methode wurde zuerst von H. MACHE, ST. MEYER und E. SCHWEIDLER (1) angegeben. Wir beschreiben gleich das Verfahren von R. J. STRUTT (2), dem jetzigen Lord RAYLEIGH, in der zweiten von ihm angegebenen Form (2a):

Handelt es sich um ein Carbonatgestein, so wird es einfach in HCl gelöst. Kieselige Gesteine werden erst in einem Eisenmörser zertrümmert und eine Probe von ca. 50 g in einer Achatschale ziemlich fein zerrieben. 250 g wasserfreies Kaliumnatriumcarbonat werden in einem entsprechend geräumigen Platintiegel geschmolzen und das Pulver langsam eingetragen. Nach Aufhören jeder sichtbaren Reaktion (Kohlensäureentwicklung) wird noch eine Stunde erhitzt. Die Schmelze wird nach Erkalten mit Wasser ausgelaugt, der Rückstand in HCl gelöst und beide Lösungen, die alkalische und die saure getrennt aufgehoben. Bei letzterer bleibt gewöhnlich noch etwas Kieselsäure zurück. Macht man den Aufschluß mit HF, so erhält man zwar nur eine Lösung, aber man muß bedeutend feiner pulverisieren. Die auf Radiumgehalt zu prüfenden Lösungen, im Falle eines Aufschlusses mit Carbonatschmelze also zwei, die getrennt gemessen werden, läßt man gut verschlossen 1—3 Wochen stehen, um der Emanation Zeit zu lassen, sich wieder mit dem Radium ins Gleichgewicht zu setzen, oder wenigstens zum größten Teile nachzuwachsen. Das Zerfallsgesetz erlaubt uns aus der verstrichenen Zeit und der bekannten Zerfallsgeschwindigkeit der Emanation, den jeweils nachgebildeten Prozentsatz der Gleichgewichtsmenge zu berechnen. Bei der Aufschlußoperation wurde ja die Emanation vollständig vertrieben.

Zum Zwecke der Messung wird der von der Lösung so ziemlich erfüllte Kolben *a* entkorkt und möglichst rasch — um keine Emanation zu verlieren — an die Apparatur (Abb. 9) angeschlossen und die Lösung bis zum Kochen erhitzt. Über der Lösung im Gasraum sammelt sich die Emanation und gelangt zum Teil auch durch den Hahn *b* in den Gasbehälter. Hat man genügend lange gekocht, so läßt man das Kühlwasser aus dem Rückflußkühler auslaufen, so daß der entstehende Dampf die etwa noch in der Rohrleitung befindliche Emanation in den Gasbehälter spült, schließt dann bei *b* und stellt gleichzeitig die Heizung unter *a* ein. Als Sperrflüssigkeit im Gasbehälter dient destilliertes Wasser, das bei jedem Versuch zu erneuern ist, da es Spuren von Emanation aufnimmt. Das Elektrometer, ein Goldblattelektroskop, das zugleich auch Ionisationsgefäß ist, wird evakuiert und durch den Hahn *c*

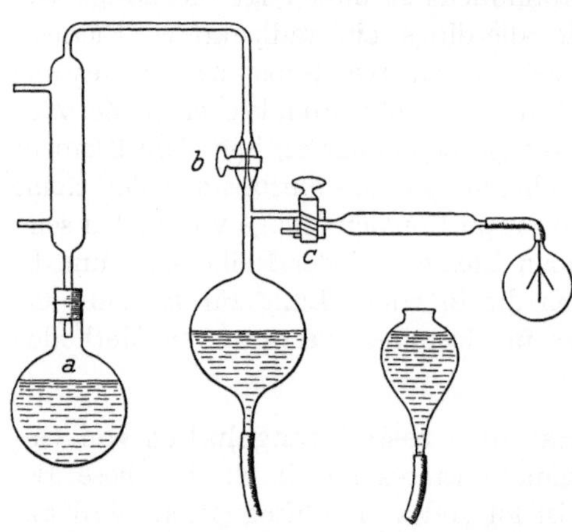

Abb. 9. Strutts Apparatur zur Emanationsmessung an Gesteinen. (Proc. roy. Soc. (A) **77**, 472; **78**, 150.)

die Emanation eingeführt, die dabei eine Trockenröhre mit P_2O_5 zu passieren hat. Zuletzt läßt man noch soviel Luft nachströmen, daß das Elektrometer mit Luft von normalem Druck gefüllt ist. Nach ca. 3 Stunden hat sich der aktive Niederschlag ungefähr bis zur Gleichgewichtsmenge entwickelt. Dann kann gemessen werden. Geeicht wird das Elektroskop mit einer Radiumlösung von bekanntem Gehalt, etwa mit einer Lösung von ein paar Milligramm Pechblende. Auf diese Weise kann man den absoluten Gehalt der angewendeten Gesteinsprobe, also auch die Konzentration an Radium per Gramm Gestein in derselben bestimmen.

J. Joly, der anfangs auch nach der *Lösungsmethode* (3) gearbeitet hatte, hielt dieselbe für nicht ganz zuverlässig wegen der Möglichkeit, daß das Radium in den Lösungen zum Teil in unlöslicher Form ausfallen könnte und dann nicht die ganze Emanation abgibt. Er stellte darum mannigfache Versuche an, die Emanation direkt aus der Schmelze in das Elektrometer zu überführen. Eine solche Methode stellt jedenfalls auch eine bedeutende Zeitersparnis dar, die sehr ins Gewicht fällt, wenn es gilt, größere Versuchsreihen auszuführen. Die Bedenken Jolys gegen die Lösungsmethode werden zwar von den wenigsten Autoren geteilt, weil aber Joly (4) zum Teil gemeinsam mit J. H. J. Poole (5) eine große Menge wichtiges Beobachtungsmaterial nach seiner *Schmelzmethode* geschaffen hat, so sei sie auch hier beschrieben. Nach verschiedenen Vorversuchen, Aufschluß in Platinretorte, Schmelzen der Gesteinsprobe ohne Zusätze im elektrischen Lichtbogen, die wenig befriedigten, wurde die endgültige Methode in folgender Form verwendet:

Die feingepulverte Probe wird mit der 3—4fachen Menge Kaliumnatriumcarbonat in einem Platinbehälter im elektrischen Ofen erhitzt. Meistens wurde ein Platinschiff von 20 cm Länge und 3 cm Breite in einem Heräusschen Röhrenofen dazu verwendet, so daß die Schmelze in nicht zu dicker Schicht und mit großer Oberfläche leicht ihren Gasgehalt abgeben kann. Man muß nichtsdestoweniger langsam und vorsichtig erhitzen, denn bald nach dem Schmelzen beginnt die Masse zu kochen wegen lebhafter CO_2-Entwicklung; nach ca. 20 Minuten Verweilen bei Rotglut kann man die Temperatur weiter steigern bis zu heller Gelbglut. Beim Aufschluß basischer Gesteine, der weniger stürmisch verläuft, empfiehlt es sich, etwas Borsäure zuzusetzen, was das Kochen steigert; dies ist nämlich erwünscht, weil es die Emanationsabgabe aus der Schmelze fördert. Die aus der Schmelze freiwerdenden Gase werden durch einen Kolben (Waschflasche oder dgl.) geleitet um evtl. Wasser Gelegenheit zur Kondensation zu geben, und nach Passieren von Natronkalk schließlich in einer Gummiblase gesammelt die nicht zu dünn sein soll und groß genug, um ca. 600 cm^3 zu fassen ohne einen merklichen Gegendruck zu entwickeln. Nach ca. einstündi gem Erhitzen wird der Inhalt der Blase in das evakuierte Elektroskop entleert und dieses mit Luft auf Atmosphärendruck aufgefüllt, die zwecks Auswaschung der letzten Emanationsspuren durch den elektrischen Ofen und die übrige Apparatur langsam eingelassen wird. Bei diesen Versuchen erhält man die volle Gleichgewichtsmenge der Emanation.

Folgende Vorsichtsmaßregeln sind zu beachten: Basische Gesteine geben in Carbonatschmelze leicht eine schwerere und zähflüssigere untere Schicht; Boraxglas gibt in diesen Fällen eine gleichmäßige leichtflüssige Schmelze. Man darf nicht zu fein pulverisieren, weil sonst infolge der enormen Oberflächenvergrößerung der festen Substanz Emanationsverluste zu befürchten sind. RUTHERFORD und GEIGER konstatierten bei Pechblende Verluste bis 6.2%, BOLTWOOD bis 14% in solchen Fällen. Die Eichung des Elektroskops erfolgt mit einer kleinen Menge Pechblende bekannten Urangehaltes. Um so kleine Mengen, wie sie zu diesem Zwecke geeignet sind, genau genug wägen zu können (es handelt sich um Bruchteile eines Milligramms), setzt man etwa 10 mg Pechblende zu einer Schmelze von 30 g Borax und wägt die zur Eichung benötigten Mengen von dieser Schmelze ein. Um bei der Eichung genau dieselben Bedingungen wie beim Versuch zu haben, wird die Pechblende einer Gesteinsschmelze zugesetzt von einem Gestein, das auch für sich allein geprüft wird. Die Differenz der gemessenen Effekte wird als von der Pechblende herrührend angenommen und liefert die Konstante des Elektroskops, d. h. die Gewichtsmenge Radium, deren Emanation im Elektroskop einen Ladungsabfall von 1 Skalenteil pro Stunde bewirkt. Diese Konstante muß wiederholt kontrolliert werden. Von einer Verunreinigung der beim Aufschluß verwendeten Chemikalien mit Spuren von Radium kann man sich dadurch schützen, daß man die Chemikalien *unmittelbar vor* ihrer Verwendung durch Lösen und Wiedereindampfen von Emanation befreit. Dadurch ist evtl. vorhandenes Radium unschädlich gemacht. In der Natronkalkröhre kann möglicherweise auch etwas Emanation absorbiert werden. Überhaupt jeder Umstand, der irgendwie die quantitative Überführung der Emanation in das Elektroskop behindert, wird aber wohl durch die Eichmethode eliminiert. Deswegen soll man freilich zur Eichung keine größeren Emanationsmengen verwenden, als sie bei einem Versuch auftreten. Feuchtigkeitsspuren im Elektroskop können durch die Absorption, die sie auf die Strahlung des aktiven Niederschlags ausüben, der sich ja auf die Wände niederschlägt, das Ergebnis fälschen. Ein solcher Effekt muß sich durch eine nicht normale Anklingungskurve während der Wartezeit bis zur Herstellung des radioaktiven Gleichgewichts bemerkbar machen. Jeder Versuch, bei dem diese Anklingung nicht normal erfolgt, ist daher zu verwerfen.

Etwas modifiziert hat diese Methode E. EBLER (6), indem er den

Gummiballon als Sammelraum vermeidet wegen evtl. Absorption der Emanation in demselben und ihn durch eine Quecksilberpumpe ersetzt.

Schließlich sei noch erwähnt, daß auch W. F. SMEETH und H. E. WATSON (7) nach einer recht gefälligen Schmelzmethode arbeiten, indem sie mit KOH unter vermindertem Druck aufschließen.

E. H. BÜCHNER (8) verwendet wiederum die Lösungsmethode. Er bemängelt an JOLYS Verfahren einmal auch die Verwendung eines Gummibehälters sowie, daß auch in einer Schmelze eine Okklusion von Emanation möglich sei. Bei der Arbeitsweise von STRUTT will er Wasser als Sperrflüssigkeit im Gasbehälter vermieden wissen, wegen der beträchtlichen Löslichkeit von Emanation in reinem Wasser und empfiehlt die Verwendung gesättigter Kochsalzlösung, die siebenmal weniger Emanation löst. Das Auskochen der Lösung allein erscheint ihm nicht als Gewähr für die vollständige Austreibung der Emanation. Er läßt darum während des Kochens zuletzt noch einen schwachen Luftstrom durch die Lösung perlen.

H. MACHE und M. BAMBERGER (9) arbeiteten ebenfalls nach der Lösungsmethode, die sie vorziehen, weil zur Prüfung eines Gesteines auch auf Thorium ohnedies eine Lösung hergestellt werden muß. Sie machten auch eine Reihe Versuche, um nachzuweisen, daß der von ihnen beschrittene Weg zuverlässige Resultate liefert. Die drei von ihnen geprüften Aufschlußmethoden sind folgende: A. Natriumcarbonataufschluß im Nickeltiegel, der schließlich eine alkalische und eine saure Lösung liefert; evtl. bei dieser verbliebene Kieselsäure wird in der üblichen Weise durch Eindampfen abgeschieden und der alkalischen Lösung hinzugefügt, in der sie sich in der Hitze löst. B. Vollständige Vertreibung der Kieselsäure durch wiederholtes Abrauchen mit HF in einer Platinschale; der Rückstand wird zweimal mit konzentrierter Salzsäure zur Trockne eingedampft und mit verdünnter Salzsäure aufgenommen. C. Auslaugung der Gesteinsproben mit konzentrierter HCl; die Probe wurde mit 500 cm^3 konzentrierter HCl bis auf das halbe Volumen eingekocht, verdünnt, filtriert, gewaschen und mit dem Rückstand die Operation so lange wiederholt, bis die in Lösung gehenden Mengen vernachlässigt werden konnten. Radiumgehaltsbestimmungen an Lösungen derselben Gesteinsproben nach den verschiedenen Aufschlußmethoden ergaben

für	nach der Aufschlußmethode		
	A	B	C
porphyrartigen Granitgneis	2.9	2.9	—
glimmerreiche Partie in Forellengneis	5.8	5.3	—
Granitgneis	3.1	2.7	3.2
Biotitschiefer	5.5	—	6.6
porphyrartigen Granitgneis	4.7	—	2.1
Granit aus Tannbach	0.4	—	0.3
Granit von Raspenau	2.3	—	2.0

Die Resultate der ersten beiden Aufschlußmethoden stimmen gut miteinander überein, was beweist, daß nicht etwa in der alkalischen, kieselsäurereichen Lösung von A Emanation okkludiert wird. Die Methode C scheint dagegen nicht immer zum Ziel zu führen, das ganze Radium in Lösung zu bringen. (Die fünfte Probe wurde mehrfach geprüft.) Vielleicht hängt dies damit zusammen, daß der Radiumgehalt in Gesteinen zum Teil an kleine Mengen akzessorischer Mineralien gebunden ist, von deren Aufschließbarkeit mit Salzsäure dann natürlich das Ergebnis abhängt.

Für die Überführung der Emanation aus der Lösung in das Meßgefäß wurden zwei Methoden geprüft; einmal das Verfahren, die Lösung im partiellen Vakuum auszukochen und zweitens die Emanationsverteilung zwischen der Lösung und einem viel größeren Luftvolumen durch Schütteln der Lösung zu beschleunigen. Sich selbst überlassen verteilt sich die Emanation wie jedes Gas zwischen einem Flüssigkeits- und einem Gasvolumen mit der Zeit derart, daß ein ganz bestimmtes Konzentrationsverhältnis zwischen den beiden Phasen besteht (HENRYsches Gesetz). Dieses ist für jede Flüssigkeit ein bestimmtes und überdies von der Temperatur abhängig. Versuche von M. KOFLER (10) haben gezeigt, daß der Löslichkeitskoeffizient des Wassers für Radiumemanation auch beim normalen Siedepunkt noch 0.107 beträgt. Auch saure Gesteinslösungen, wie sie hier in Betracht kommen, haben beträchtliche Löslichkeitskoeffizienten für Emanation. Dadurch bewirkte Fehler fallen allerdings bei der Eichung unter identischen Bedingungen mit denen beim Versuch heraus. MACHE und BAMBERGER haben nach ihrer Schüttelmethode den Ausgleich zwischen der Lösung und einem mehrfach größeren Luftvolumen bewirkt. Der in der Lösung verbleibende Anteil der Emanation wird dadurch sehr klein. Für denselben wurde nach KOFLERS Ergebnissen eine Korrektur am Meßresultat eingeführt. Die Prüfung einiger Gesteine parallel nach dem Schüttel- und Auskochverfahren ergab dann gut übereinstimmende Werte für den Radiumgehalt, wenn im letzteren Falle auch für die in der kochenden Lösung verbleibende Emanation die entsprechende (ziemlich bedeutende) Korrektur angebracht wurde. MACHE und BAMBERGER überzeugten sich auch durch Zusatz bekannter Radiummengen zu Gesteinslösungen, daß keine Ausfällung von Radium in denselben stattfindet, noch eine Adsorption von Emanation an evtl. vorhandenen Spuren kolloider Kieselsäure. Sie sprechen der Lösungsmethode bei Einhaltung aller Vorsichtsmaßregeln unbedingte Zuverlässigkeit zu.

Der Vorgang bei der Messung war folgender: Die zu untersuchende Lösung wurde durch Kochen von Emanation befreit und in eine $1^1/_2$ bis 2 Liter fassende Waschflasche mit Hähnen eingefüllt. Nach 2 bis 8 Tagen Anreicherungszeit für die Emanation wurde die Waschflasche durch Schlauchverbindungen mit dem Meßraum des Elektrometers, der 5.4 Liter faßte, verbunden und die Luft durch ein eingeschaltetes Kautschukgebläse eine halbe Stunde lang durch Meßraum und Lösung circulieren gelassen, während letztere durch eine Schüttelmaschine in lebhafter Bewegung erhalten wurde. Ein Vorteil der Schüttelmethode ist der, daß die Lösungen eher klar bleiben als beim Kochen, das die Bildung von Niederschlägen begünstigt. Nach Einstellung des Gleichgewichts in der Emanationsverteilung, das im allgemeinen nach 15 Minuten vorhanden ist, werden die Hähne am Apparat geschlossen und nach $3^1/_2$ Stunden wird gemessen. Zur Messung diente ein Elster-Geitel-Einfadenelektrometer. Die Anordnung desselben und des Meßraumes ist dieselbe wie für die Thoriummessung und aus Abb. 11 zu ersehen.

Für die Messung sehr kleiner Emanationsmengen hat G. Halledauer (36) eine sehr elegante Modifikation des Vorgangs bei der elektrometrischen Messung ausgearbeitet, die sie auch bei der Bestimmung des sehr kleinen Radiumgehalts von Meteoreisen verwendete. Was nämlich der Möglichkeit weiterer Empfindlichkeitssteigerung praktisch vor allem im Wege steht, ist die sog. „natürliche Zerstreuung", die „natürliche" Leitfähigkeit eines jeden Luftvolumens, die in verschiedenen Faktoren, wie einem geringen Radiumgehalt des Apparatmaterials, einem gewissen Emanationsgehalt der Luft und durchdringender (γ-) Strahlung, ihre Ursache hat. Die letztere, von außen in den Apparat dringende γ-Strahlung, hat ihren Ursprung zum Teil in dem kurzlebigen aktiven Niederschlag, den die Emanationen bilden. Die Menge dieses Niederschlages hängt aber vom Emanationsgehalt der Luft außerhalb des Apparates ab, und dieser kann sehr rasch in unkontrollierbarer Weise wechseln; er hängt u. a. vom Barometerstand ab, nämlich von der Leichtigkeit, mit der Bodenluft in die freie Atmosphäre austreten kann. Die Bestimmung dieses natürlichen Effektes geschieht gewöhnlich vor und nach der Emanationsmessung. Da zwischen ihr und der Emanationsmessung stets mehrere Stunden liegen, so ist diese Bestimmung der abzuziehenden Korrektion naturgemäß etwas unsicher. G. Halledauer läßt nun erstens die Ionisationskammer während des Stromüberganges durch die emanationshaltige Luft vom Elektrometer getrennt und mißt die angesammelte Ladung in einem bestimmten Moment, in dem sie dann die Verbindung mit dem Elektrometer herstellt. Zweitens wird auch eine zweite mit der ersten Ionisationskammer möglichst gleichartige gleichzeitig mit dieser unter Spannung gehalten und unmittelbar nach der ersten die angesammelte Ladung gemessen und so die „natürliche" Leitfähigkeit *zur Zeit der Messung* bestimmt.

b) Die Bestimmung des Thoriumgehaltes von Gesteinen. Auch der Thoriumgehalt wird prinzipiell durch Emanationsmessung bestimmt. Die geringe Lebensdauer der Thoriumemanation ($T = 54$ Sekunden) bedingt dabei einige Änderungen gegenüber der Radiumbestimmungsmethode. Hier ist R. J. STRUTT (2) mit der Angabe des Prinzips und der ersten Anwendung der Methode vorangegangen. Das Prinzip der sog. *Strömungsmethode* besteht darin, daß man die rasch zerfallende und in der Lösung ebenso rasch ständig nacherzeugte Emanation durch einen Luftstrom, der durch die Lösung perlt, dauernd von dieser in das Meßgefäß führt.

STRUTT, JOLY (11, 12) und POOLE (13) kochen dabei die Lösung, während MACHE und BAMBERGER (9) auch hier nach der Schüttelmethode arbeiten. Abb. 10 stellt JOLYS Anordnung dar. Der Luftstrom durch dieselbe wird von einer Wasserstrahlsaugpumpe aufrechterhalten. Der Rückflußkühler *a* verhindert den Übergang von zuviel Dampf, der Hahn *b* dient zur Regulierung der Strömungsgeschwindigkeit und wurde später durch eine Kapillare als Strömungswiderstand ersetzt, das offene Manometer *c* dient zur Druck- und dadurch Geschwindigkeitskontrolle, die Absorptionsröhre dient zur Trocknung des Gasstromes. Für seine Apparatur hat JOLY die Strömungsgeschwindigkeit von 4 cm³ pro Sekunde für die günstigste gefunden, die den größten Effekt liefert. Zu kleine Strömungsgeschwindigkeit gibt eine kleinere Wirkung, weil unterwegs von der kurzlebigen Emanation zuviel zerfällt. Bei größerer Geschwindigkeit ist die Ausnützung der Emanation eine schlechtere, weil sie mit mehr Luft verdünnt ist und das Elektroskop zum Teil schon wieder verläßt ohne zerfallen zu sein. Der Lufteintritt in das Elektroskop erfolgt durch eine Metallhülse mit vielen kleinen Löchern nach allen Seiten, um Störungen des Goldblättchens durch Strahlbildung und turbulente Bewegungen der Luft hintanzuhalten. JOLY empfiehlt den Zusatz von etwas feingepulvertem Talk zur Lösung, um gleichmäßige Bildung von möglichst vielen und kleinen Dampfblasen zwecks besserer Entemanierung zu erzielen. Nach POOLE läßt seine Wirkung mit der Zeit nach, und man muß durch erneuerte Zugabe von Zeit zu Zeit nachhelfen. Er empfiehlt auch $KClO_3$-Zusatz um die Lösungen klar zu erhalten. Einen Einfluß dieser Maßregel auf die Ergebnisse konnte er nicht feststellen.

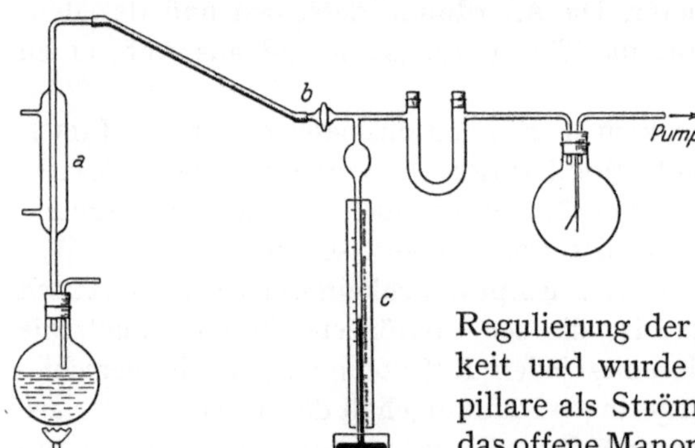

Abb. 10. JOLYS Anordnung zur Thoriumbestimmung in Gesteinen mittels Emanationsmessung (Phil. Mag. **17**, 760; **18**, 140).

Die Eichung erfolgt auch hier am besten mit einer Lösung bekannter Emanierungsfähigkeit, etwa durch Zugabe einer kleinen Menge Thorianit mit bekanntem Thorgehalt. Thorpräparate des Handels sind, wenn nicht ihr Herstellungsdatum bekannt ist, nicht verwendbar, weil sie viele Jahre brauchen, um wieder die Folgeprodukte Mesothor und Radiothor im Gleichgewicht nachzubilden. Wegen möglicher Verseuchung der Luft durch Thoremanation soll in einem Laboratorium, wo Thoriumbestimmungen ausgeführt werden, kein Gasglühlicht geduldet werden, da die Glühkörper, besonders wenn sie glühen, gar nicht so geringe Mengen Emanation abgeben.

Zum Zwecke von Thoriumbestimmungen genügt es im allgemeinen, die sauren Lösungen zu messen, da erfahrungsgemäß die alkalischen

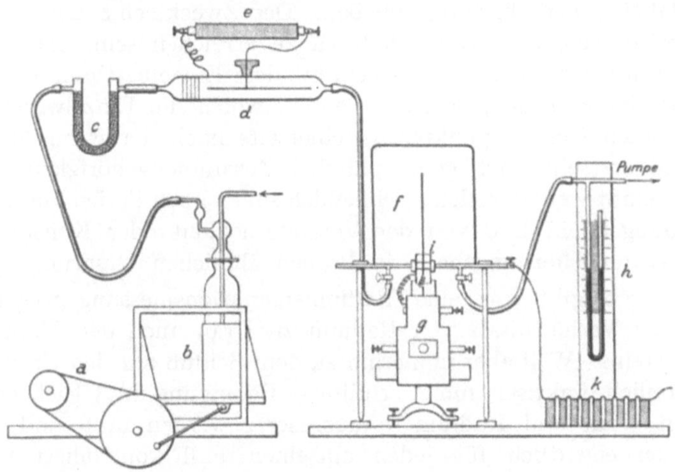

Abb. 11. Anordnung zur Emanationsmessung von MACHE und BAMBERGER (Wien. Ber. IIa **123**, 325). *a* Elektromotor, *b* Schuttelmaschine, *c* Chlorkalziumrohr, *d* Ionenfalle, *e* Trockensaule, *f* Ionisationskammer, *g* Elster-Geitel-Elektrometer, *h* Manometer, *i* Schutzring, *k* Batterie.

Auszüge der Schmelzen kein Thorium enthalten. Bei Durchführung der Versuche muß man zunächst die Lösung unter Luftdurchleitung eine halbe Stunde kochen oder schütteln, um die Radiumemanation gänzlich zu entfernen, ebenso natürlich auch bei einer Eichung mit einem Thormineral, das stets auch Uran enthält. Dann erst wird der Luftstrom durch das Elektrometer geleitet. Abb. 11 gibt die von MACHE und BAMBERGER verwendete Anordnung wieder. Es ist im wesentlichen dieselbe, wie sie von diesen Autoren auch für die Radiumbestimmung verwendet wurde, nur wird die Luft bei Thoriummessungen nicht durch ein Gebläse im Kreis getrieben, sondern von einer Pumpe durchgesaugt. Außerdem ist noch eine Ionenfalle eingeschaltet, d. i. ein Zylinderkondensator oder ein elektrisches Feld in sonst irgendeiner Gestalt, das den Luftstrom von Ionen vollständig befreit, ehe er ins Meßgefäß eintritt. Durch das Schütteln der Flüssigkeit wird nämlich die Luft ionisiert (LENARDS Wasserfallelektrizität), ein Effekt, der bei der Messung so kleiner Aktivitäten schon störend wirken kann.

In jüngerer Zeit hat u. a. noch H. HIRSCHI (84) wertvolle methodologische Angaben gemacht.

2. Der Gehalt der Erdkruste an radioaktiven Elementen.

Um ein Urteil darüber zu ermöglichen, mit was für Mengen an radioaktiven Substanzen als dauernden Wärmequellen wir in unserem Planeten zu rechnen haben, sei im folgenden ein Überblick über die bisherigen Resultate mit den vorstehend beschriebenen Methoden gegeben. Bloße Relativmessungen und Messungen qualitativer Art sollen dabei unberücksichtigt bleiben. Der Zweck, eine Übersicht zu geben, wird wohl am besten dadurch zu erreichen sein, daß im allgemeinen Mittelwerte von den vielen hundert Einzelbestimmungen, die heute bereits vorliegen, gegeben werden, wobei die Einzelwerte nach verschiedenen Gesichtspunkten — einerseits nach der Natur des Gesteins, andererseits nach geographischer Zusammengehörigkeit — zusammengefaßt werden sollen. Schließlich sollen auch Serien von Einzelbestimmungen ein Bild von der Veränderlichkeit oder Konstanz des Radium- und Thoriumgehalts in Proben ähnlichen Ursprungs geben.

Eigentlich gibt uns eine Radiumemanationsmessung wegen des konstanten Verhältnisses von Radium zu Uran auch den Urangehalt eines Gesteins. Weil aber immerhin zu dem Schluß auf den Urangehalt die — freilich praktisch immer erfüllte — Bedingung des Gleichgewichts zwischen Uran und Radium vorausgesetzt werden muß und streng genommen eigentlich für jeden einzelnen Fall kontrolliert werden sollte, ferner weil das Verhältnis Ra : U weniger genau gemessen ist, als die Radiumgehaltsbestimmungen sind, und infolgedessen evtl. angegebene Urangehalte bei jeder Neubestimmung dieses Verhältnisses umzurechnen wären, so ist es üblich als Messungsresultat nicht den Uran-, sondern den direkt bestimmten Radiumgehalt anzugeben. Der Urangehalt ist ziemlich genau 3 Millionen mal größer und im großen und ganzen von der gleichen Größenordnung wie der Thoriumgehalt. Ferner ist es üblich den Radiumgehalt in 10^{-12} g per Gramm Substanz anzugeben und diese Bezeichnung in Tabellen usw. nicht immer zu wiederholen. Ebenso wird Thorium in 10^{-5} g per Gramm gegeben.

Die Messungen von R. J. STRUTT (2), obwohl die ältesten und nicht sehr zahlreich, gehören noch immer zu dem Besten, was bisher auf diesem Gebiete zutage gefördert wurde. Sie mögen daher vollständig hier aufgeführt werden in der Form, wie sie von A. S. EVE und D. MC INTOSH (14) mit neueren Konstanten umgerechnet wurden.

Schon diese Messungen lassen erkennen, was alle späteren bestätigten, daß nämlich die Tiefen- und Ergußgesteine im Durchschnitt radiumreicher sind als die Sedimentgesteine, ferner daß unter den ersteren der Radiumgehalt im allgemeinen mit zunehmender Basizität

Tabelle 5.

Radiumgehalt von Tiefen- und Ergußgesteinen nach den Messungen von STRUTT, umgerechnet von EVE und MC INTOSH.

Gestein	Fundort	Radium-gehalt $\times 10^{12}$
Granit	Rhodesien	4.78
Granit	Cornwall	4.67
Zirkonsyenit	Norwegen	4.65
Granit	Cornwall	4.21
Granit	Kapland	3.57
Granit	Cornwall	3.45
Granit	Westmoreland	3.31
Syenit	Norwegen	2.44
Granit	Devon	1.84
Blaugrund	Kimberley	1.68
Leucitbasanit	Vesuv	1.66
Hornblendegranit	Ägypten	1.22
Pechstein	Insel Eigg	1.03
Hornblendediorit	Heidelberg	0.99
Augitsyenit	Norwegen	0.93
Peridotit	Insel Rum	0.68
Olivineuchrit	Insel Rum	0.64
Olivinbasalt	Skye	0.66
Basalt	Viktoriafälle	0.63
Hornblendegranit	Leicestershire	0.62
Dolerit	Insel Canna	0.62
Grünstein	Cornwall	0.57
Basalt	Antrim	0.52
Serpentin	Cornwall	0.50
Granit	Insel Rum	0.36
Olivinfels	Insel Rum	0.33
Dunit	Loch Scaivig	0.33
Basalt	Grönland	0.30

Tabelle 6.

Radiumgehalt von Sedimentgesteinen nach den Messungen von STRUTT, umgerechnet von EVE und MC INTOSH.

Gestein	Fundort	Radium-gehalt $\times 10^{12}$
Oolit	Bath	2.92
Oolit	St. Albans Head	2.02
Marmor	Ost-Lothian	1.93
Kimmeridge Ton	Ely	1.88
Ölsandstein	Galizien	1.52
Dachschiefer	Wales?	1.28
Sandschiefer (gritty slate)	Cornwall	1.25
Mergeliger Ton	Cambridge	1.01
Ton	Essex	0.86
Roter Sandstein	Ost-Lothian	0.84
Feiner Schotter	Essex	0.71
Roter Kalk	Hunstanton	0.53
Flint	Essex	0.53
Weißer Marmor	Indien	0.27
Marmor	Ost-Lothian	0.26
Kalk (Boden der Grube)	Cambridge	0.39
Kalk (ob. Rand ders. Grube)	Cambridge	0.12

abnimmt. Der Mittelwert der ersten Gruppe ergibt sich zu $1.7 \cdot 10^{-12}$ Radium, der der zweiten zu $1.1 \cdot 10^{-12}$.

JOLY erhielt anfangs auch nach der Lösungsmethode schon, noch mehr aber, als er zu seiner Schmelzmethode übergegangen war (4), zum Teil bedeutend höhere Werte als STRUTT, während dieser (15) bei einer Wiederholung mancher Messungen seine ersten Resultate bestätigen konnte. Neuere, sehr umfangreiche Messungen von JOLY und POOLE nähern sich wieder mehr den Werten von STRUTT. Es handelt sich bei diesen nicht übereinstimmenden Messungen in erster Linie um Basalte, die im Vordergrunde des Interesses stehen, weil von vielen Autoren ein Magma solcher Art als in gewisser Tiefe dominierend angesehen wird. In verschiedenen später zitierten Schriften von JOLY u. a. werden zum Teil recht verschiedene Werte für den Radiumgehalt dieser Schicht angenommen. Daher machen wir an dieser Stelle auf diese zeitweilig bestandenen Unstimmigkeiten aufmerksam, die sich vielleicht auf zufälliges extremes Verhalten der anfangs untersuchten Proben zurückführen lassen.

Die Bemühungen JOLYS und seiner Mitarbeiter waren vor allem darauf gerichtet, für Überlegungen betreffend die Rolle der radioaktiven Wärmeentwicklung in dem Wärmehaushalt der Erde quantitative Unterlagen zu schaffen. Die Untersuchung von Mischproben erschien für diesen Zweck als ein recht brauchbarer Weg. Es wurde beispielsweise von 63 Graniten möglichst verschiedener Herkunft je ungefähr die gleiche Gewichtsmenge fein gepulvert und alle diese Proben gut durchgemischt und von dieser Mischung eine Radiumgehaltsbestimmung gemacht, die den mittleren Gehalt von Graniten darstellen soll. Ebenso wurde mit anderen Gesteinsarten verfahren. Das entsprechend dem Anteil der verschiedenen Gesteinsarten am Aufbau der Erdkruste gebildete Mittel sollte als mittlerer Radiumgehalt der Oberflächenschichten der Erde angesehen werden. Abgesehen von der Unsicherheit unserer Kenntnisse bezüglich Beteiligung der verschiedenen Gesteine am Aufbau der Erdkruste liegt die Hauptschwierigkeit beim Zusammenstellen der einzelnen Proben darin, wirklich repräsentative Vorkommen und auch wirklich repräsentative Einzelstufen zu wählen. JOLY schloß darum auch prinzipiell bei diesen Bestimmungen alle Gesteine aus, die irgend als Differentiationsprodukte im engeren Sinne anzusehen waren, wie z. B. Aplite, Pegmatite u. dgl. In der Tabelle 7 sind JOLYS (16) Ergebnisse nach dem genannten Mischverfahren an Tiefen- und Ergußgesteinen betreffs Radiumgehalt mit denen von I. H. I. POOLE (13) an den gleichen Mischproben betreffs Thoriumgehalt zusammengestellt. Die erste Ziffernspalte gibt die Anzahl von verschiedenen Vorkommen an, die jeweils zur repräsentativen Gesamtmischung vereinigt wurden. Die ersten zwei Zeilen vertreten die ausgesprochen sauren Gesteine, die nächsten vier Gesteine von mittlerem Charakter; dann folgt die Gruppe der ausgesprochen basischen Effusiv- und Tiefengesteine. Die 18 Basalte sind dabei so gewählt, daß nach Möglichkeit die großen Basaltvorkommen nach ihrem Gewicht vertreten sind. Die letzten vier Zeilen enthalten ebenfalls Resultate an Mischproben erhalten, die von JOLY und POOLE zugleich mit den anderen untersucht wurden, jedoch mehr den Charakter von Kuriositäten tragen: Die Vesuvlaven mit ihrem abnorm hohen Radiumgehalt, die Gneise, die leider in punkto Entstehung nicht definiert waren, und die Hebridenbasalte mit ihrem abnormal niederen, sowie basische Gesteine von Dekkan und der Antarktis mit ihrem etwas übernormalen Radiumgehalt.

Um gleich hier von der grundlegenden Tatsache der Konzentration *aller* radioaktiven Elemente nach den saureren Gliedern unter den Gesteinen eine möglichst vollständige Anschauung zu geben, haben wir (in den zwei letzten Spalten) in Tabelle 7 gleich die mittleren Kaliumgehalte der verschiedenen Gesteinsklassen zumeist nach R. A. DALY (17) hinzugefügt. Der parallele Gang zwischen Radium-, Thorium- und Kaliumgehalt ist geradezu verblüffend.

Tabelle 7.
Mittlerer Radium-, Thorium- und Kaliumgehalt verschiedener typischer Gesteine.

Gesteinsart	Zahl der Proben	Ra-Geh. $\times 10^{12}$	Th-Geh. $\times 10^{5}$	Zahl der Analysen	K_2O Geh. %
Granit	63	2.7	2.00	236	4.10
Quarzporphyr usw.	23	3.9	2.20	50	4.65
Syenit	12	2.4	1.7*	50	4.99
Diorit	8	1.6	0.99	89	2.1
Trachyt	18	3.0	1.79	48	5.74
Porphyrite	10	2.8	1.54	7**	5.29
Gabbro und Norit	5	1.3	0.50	48	0.88
Diabas }	8	1.0	0.22 {	20	1.38
Dolerit }				9	0.84
Basalt	18	1.4	0.56	198***	1.52
Vesuvlava	7	12.6	2.36	2†	7.77†
Gneis	14	2.1	0.87	—	—
Hebridenbasalt	11	0.5	0.38	—	—
Basalt und Melaphyr (Dekkan u. Antarktis)	14	2.0	0.84	—	—

* Einige Werte waren mehr als doppelt so hoch.
** Keratophyr.
*** Inkl. Dolerit.
† Leucittephrit vom Vesuv (nach ROSENBUSCH: Elemente der Gesteinslehre).

Die Angaben in dieser Tabelle werden ergänzt durch die systematischen Untersuchungen JOLYS (18) und A. L. FLETCHERS (19) über den Thorium- resp. Radiumgehalt der Sedimentgesteine, deren Ergebnisse in Tabelle 8 kurz zusammengefaßt sind. Zu der Angabe über den Thoriumgehalt der Kalke und Dolomite ist zu bemerken, daß bei diesen der in

HCl unlösliche Teil manchmal bedeutend reicher an Thorium ist, als der lösliche.

Tabelle 8.
Mittlerer Radium- und Thoriumgehalt der Sedimentgesteine.

Gesteine	Radiumgehalt $\times 10^{12}$	Thoriumgehalt $\times 10^5$
Sandsteine	1.5	0.6
Tone	1.3	1.3
Kalke	0.5	< 0.05

Um den Überblick über die Verteilung der radioaktiven Elemente in den Oberflächenmaterialien unseres Planeten zu vervollständigen, sei noch der Radiumgehalt einiger Tiefseebodenproben der Challengerexpedition nach JOLY (3) angeführt (Tabelle 9). Es scheint, daß der Radiumgehalt um so höher ist, je geringer der Kalkgehalt und je geringer die Bildungsgeschwindigkeit dieser Sedimente ist. Wie man sieht, sind die wirklich abyssischen Sedimente um ein bis zwei Größenordnungen radiumreicher als küstennahe Bildungen. Allerdings betrachtet JOLY (16) selbst spätere, nach der Schmelzmethode erhaltene Werte, die bedeutend niedriger ausfielen, als zuverlässiger. Verschiedene Proben, darunter auch Globigerinenschlamm lieferten Radiumgehalte von 1.5—3.3, Radiolarienschlamm 13.1 und roter Ton 11.0. H. PETTERSSON erhielt bei einer (noch nicht veröffentlichten) Untersuchung größeren Umfangs Gehalte bis 40, die also auch mit JOLYs älteren, höheren Werten gut verträglich erscheinen.

Tabelle 9.
Radiumgehalt einiger Tiefseebodenproben.

Bezeichnung	Radiumgehalt $\times 10^{12}$	$CaCO_3$ %
Globigerinenschlamm	6.7	92.54
Globigerinenschlamm	7.4	64.34
Roter Ton	15.4	12.00
Roter Ton	52.6	28.28
Radiolarienschlamm	22.8	10.19
Radiolarienschlamm	50.3	3.89

Tabelle 10.

	Ra $\times 10^{12}$	Th $\times 10^5$	% K_2O	% SiO_2
Saure Erstarrungsgesteine	3.01 (2.17)	2.05	4.2	74
Mittlere Erstarrungsgesteine	2.57 (1.28)	1.64	3.8	60
Basische Erstarrungsgesteine	1.28 (0.58)	0.56	1.4	48
Sedimente	1.4	1.16	—	—

Stellen wir die Ergebnisse aus den Tabellen 7 und 8 noch einmal in konzentriertester Form zusammen, so erhalten wir die in Tabelle 10 gegebenen Werte. Zu denselben ist zu bemerken, daß die Mittelbildung auf verschiedene Weise erfolgte. Und zwar ist den Ziffern für die

Radium- und Thoriumgehalte der Erstarrungsgesteine mit JOLY das Gewicht proportional der Zahl der für die Mischproben angewandten Einzelproben zuerkannt worden, während wir für die Kaliumwerte die Gewichte proportional den Zahlen der von DALY für seine Mittelzahlen herangezogenen Analysen angenommen haben. Die Mittelwerte für Sedimentgesteine sind die von JOLY angegebenen und so gebildet, daß den Werten für die verschiedenen Sedimentklassen Gewichte proportional ihrer Beteiligung an der Gesamtmenge der Sedimente nach den Schätzungen von F. W. CLARKE (20) gegeben wurden. Die eingeklammerten Ziffern sind von JOLY aus den Messungen anderer Autoren, hauptsächlich STRUTT, FARR und FLORANCE und BÜCHNER, berechnete Mittelwerte.

Wenn nun auch eine weitere Zusammenziehung der Radiumgehalte aller Erstarrungsgesteine zu einem Generalmittel eine recht unsichere, vielleicht überhaupt nicht berechtigte und gar nicht erforderliche Sache ist, wie wir sehen werden, so geht jedenfalls auch aus diesen Untersuchungen JOLYS und seiner Mitarbeiter hervor, daß die Sedimente im Durchschnitt einen geringeren Radiumgehalt haben, als die Erstarrungsgesteine und daß das Verhältnis beider ungefähr die schon von STRUTT gefundene Größe 1.7 : 1.1 hat. JOLY knüpft daran einige interessante Überlegungen (16) betreffs der Wanderung des Radiums resp. seines Stammelements Uran bei der Abtragung der Erstarrungsgesteine und Sedimentbildung: Die Sedimentgesteine, soweit sie uns zugänglich sind, enthalten durchschnittlich nur 60% der Radiummenge wie die *gleiche* Menge Erstarrungsgesteine; dazu stellen diese Sedimente nur ungefähr zwei Drittel der ursprünglichen Substanz der Erstarrungsgesteine dar, aus denen sie entstanden sind. Das restliche Drittel, das heute zum Teil im Ozeanwasser gelöst, zum größeren Teil auf dem Ozeanboden niedergeschlagen ist, muß also einen bedeutend höheren Radiumgehalt aufweisen als den mittleren der Erstarrungsgesteine. Da die im Seewasser gelösten Mengen zu geringfügig sind ($0.017 \cdot 10^{-12}$ Ra), um im Gesamthaushalt eine Rolle zu spielen, so muß die Gesamtmenge, die überhaupt bei den Denudationsprozessen in Lösung ging, sich praktisch in den Tiefseesedimenten wiederfinden, was die hohe Aktivität derselben erklärt. Auf zum Teil wohl noch ungenügenden Unterlagen hat JOLY in seinem Buche „Radioactivity and Geology" S. 56ff. diese Verhältnisse in Verbindung mit dem Natronhaushalt der Erdoberfläche quantitativ diskutiert.

Da es sich für uns darum handelt, eine Unterlage für eine womöglich quantitative Untersuchung über die Folgen der radioaktiven Wärmeentwicklung für die Vorgänge an der Oberfläche unseres Planeten zu gewinnen, so müssen wir an Hand der bisherigen Messungen der Radioaktivität von Gesteinen noch einige Punkte einer näheren Diskussion unterwerfen. Einmal ist die Frage von Interesse, wie die

Radioaktivität in einem Gesteinskörper verteilt ist, innerhalb welcher Grenzen einer solchen tektonischen Einheit entnommene Proben schwanken und welche Gewähr wir haben, daß wir auf Grund einer Untersuchung bestimmten Umfanges den mittleren Gehalt eines Gesteinskörpers oder einer Gegend an radioaktiven Elementen wirklich kennen. Zweitens fragt es sich, ob wir durch Untersuchung bestimmter Gebirge, Länder usw., wie sie bisher vorliegen, den mittleren Gehalt der Erdkruste schon so genau kennen, um auf Grund des bisher Bekannten Überlegungen über die Zeit zwischen zwei Gebirgsbildungsperioden u. dgl. anstellen zu können. In gewissem Zusammenhang mit diesen Fragen steht das Problem der Geochemie der radioaktiven Elemente überhaupt und die Frage nach der Konzentration derselben in gewissen Mineralkomponenten im besonderen.

Zunächst wollen wir noch einige Messungsresultate über Radium- und Thoriumgehalte von Gesteinen zitieren, die sich geographisch oder geologisch auf ein gewisses Gebiet beschränken und auf die beiden oben formulierten Fragen teilweise Antwort geben.

C. C. Farr und D. C. H. Florance (21) haben den Radiumgehalt einiger typischer Gesteine von der Aucklands-Insel (die ersten vier) sowie von der Campbells-Insel untersucht:

Granit	2.50	Melilitbasalt	1.58
Trachyt	2.10	,,	1.61
Basischer Porphyrit	0.99	Dolerit	0.79
Basalt	0.81	Kalk	0.46
Porphyr	2.8	Gabbro	0.34
Trachyt	2.64	Marmor	0.28

Verglichen mit Jolys Mischproben zeigen alle diese Gesteine einen bemerkenswert sich dem Mittel nähernden Radiumgehalt, den Gabbro etwa ausgenommen.

A. L. Fletcher (22) hat einige Gesteinsproben von der argentinischen Seite des Andentunnels untersucht und den mittleren Radiumgehalt zu $0.79 : 10^{-12}$, den mittleren Thoriumgehalt zu $0.56 : 10^{-5}$ gefunden, also etwas unternormal. Es handelt sich um Trachyte, Tuffe und Andesite, deren Ra-Gehalt von 0.32—1.40 und deren Th-Gehalt von 0.00—1.11 schwankt.

Derselbe Autor hat auch (23) eine größere Zahl Messungen an Material vom Leinstergranitmassiv, das an der Ostküste von Irland ein Areal von ca. 600 Quadratmeilen einnimmt, gemacht. Die Proben weichen nicht unbeträchtlich voneinander ab und geben im Mittel 1.68 Ra-Gehalt und 0.70 Th-Gehalt, also für Granit gleichfalls einen unternormalen Wert.

Fletchers (24) Untersuchungen an 13 Gesteinsproben vom Antarktischen Kontinent zeigen im Durchschnitt normalen Gehalt an radioaktiven Elementen. Besonders interessant ist der Umstand, daß chemisch verschieden zusammengesetzte Gesteine von einer Lokalität einen sehr konstanten Gehalt besitzen. So gaben drei Gesteine vom Vulkan Erebus:

Basalt . . . . . $2.13 \cdot 10^{-12}$ Ra und $1.45 \cdot 10^{-5}$ Th
Kenytlava . . . $2.17 \cdot 10^{-12}$ Ra und $1.45 \cdot 10^{-5}$ Th
Alkalitrachyt . $2.16 \cdot 10^{-12}$ Ra und $1.30 \cdot 10^{-5}$ Th.

Zwei große Untersuchungsserien hat JOLY den Gesteinen des St.-Gotthard-Tunnels gewidmet. Seine Ergebnisse an 87 Proben sind in der Tabelle 11 zusammengefaßt, und zwar sind die Mittelwerte für jede geologische Einheit angegeben; die obere Ziffer bezieht sich in jedem Fall auf die erste Untersuchung aus dem Jahre 1909 (12) nach der Lösungsmethode, die untere auf die zweite aus dem Jahre 1912 (25), bei der für die Radiumbestimmung die Schmelzmethode Anwendung fand. Besonders die Gesteine des Finsteraarhornmassivs, aber auch die übrigen zeigen einen den Durchschnitt bedeutend übersteigenden Gehalt an radioaktiven Elementen. JOLY sah diese Werte seiner Zeit als eine Ausnahme an, weil sie vereinzelt dastanden und wollte sie bei einer Mittelung aller erreichbaren Daten zwecks Feststellung des mittleren Gehalts der Erdkruste ausgeschlossen wissen; ebenso auch seine noch höheren Werte, die er an Gesteinen aus dem Simplontunnel erhielt.

Tabelle 11.
Mittlerer Radium- und Thoriumgehalt der Formationen, durch die der St.-Gotthard-Tunnel führt.

Formation	Ra-Gehalt $\times 10^{12}$	Th-Gehalt $\times 10^{5}$
Granite und Gneise des Finsteraarhornmassivs .	7.2 6.0	1.85 2.64
Metamorphe Sedimente der Urserenmulde . .	4.9 2.6	0.97 1.70
Schiefer usw. des St. Gotthardmassivs	3.9 2.8	1.18 1.10
Metamorphe Sedimente der Tessinmulde . . .	3.4 2.0	0.51 0.44

Demgegenüber wies als erster E. H. BÜCHNER (8) vor allem auch auf Grund eigener Untersuchungen darauf hin, daß solche vom Mittel stärker abweichende Gehalte an radioaktiven Substanzen nicht als Ausnahmen betrachtet und einfach nicht berücksichtigt werden dürften, sondern daß es eben radiumreichere und radiumärmere Landstriche gebe. Nach seinen Untersuchungen, die sich vor allem auf Material aus Europa, besonders Deutschland und aus Holländisch-Indien beziehen, ist letzteres Gebiet relativ radiumarm und Deutschland ein sehr radiumreiches Gebiet. Er gibt auf Grund aller damals veröffentlichten Messungen folgende Zusammenstellung über den Radiumgehalt verschiedener Länder:

Sumatra	1.65	Großbritannien und Irland	1.5
Borneo	1.73	Südviktorialand	1.3
Neuseeland	1.35	Deutschland	6.0
Anden	0.8	St. Gotthard	5.1
		Simplon	7.6.

Dieser Zusammenstellung von BÜCHNER hätten wir zunächst noch den Mittelwert von 27 Proben aus dem Tauerntunnel hinzuzufügen, der von MACHE und BAMBERGER (9) für Radium zu 4.10^{-12} und für Thorium zu $3.0 \cdot 10^{-5}$ bestimmt wurde. Schließlich hat H. HIRSCHI (83) in den letzten zehn Jahren im Rahmen seiner eingehenden Untersuchungen der Radioaktivität von Schweizer Gesteinen neben dem tertiären Bergellergranit auch die Intrusivgesteine des Aarmassivs untersucht und beide sehr radioaktiv gefunden, bis 22.10^{-12} Ra; zum Teil übertreffen seine Ergebnisse noch die von JOLY an Simplongesteinen. Durch diese Untersuchungen wird das Bild von den Alpen als einer zum Teil sehr radiumreichen Zone noch vervollständigt.

Im Gegensatz hierzu scheinen in Indien auch *sehr* radiumarme Gegenden sich zu finden, soweit man nach der Untersuchung von W. F. SMEETH und H. E. WATSON (7) an 50 Proben aus dem archäischen Mysore-Komplex schließen kann. Nur die sauersten Differentiationsprodukte, die auch anderwärts zu den radiumreichsten gehören, erreichen dort normale Radiumgehalte, wie folgende Zusammenstellung zeigt:

Tabelle 12.
Radiumgehalt der Gesteine des Mysore-Komplexes in Indien.

Dharwar	Hornblende	0.14—0.15
	Chloritische Gesteine	0.20—0.54
	Basische Intrusionen	0.05—0.16
Championgneis (sauer)		0.85—1.45
Goldführender Quarz		1.28
Peninsulargneis		0.40—1.50
Pegmatite		1.44—6.90
Charnokit		0.04—0.12
Closepet Granit		0.27—2.14
Porphyrite		1.37—2.42
Doleritgänge		0.45

Schließlich sei noch auf die besonderen Verhältnisse bei den Ergußgesteinen des Vesuv hingewiesen, die durch einige besondere Untersuchungen JOLYS (26) bekannt wurden.

Wie aus Tabelle 13 hervorgeht, nimmt der Radiumgehalt der Lava mit geringerem Alter zu. Der Thoriumgehalt zeigt keine solche Gesetzmäßigkeit. Der Radiumgehalt vorhistorischer Laven kann als ungefähr normal bezeichnet werden; bei den rezenten Laven steigt jedoch der Gehalt auf ungefähr das Sechsfache an. Dies ist besonders bemerkenswert gegenüber dem Umstand, daß die Vesuvlaven im übrigen eine außerordentlich konstante chemische Zusammensetzung seit den ältesten Zeiten zeigen. Die Vesuvlaven stellen übrigens, soweit wir bis heute wissen, ein Unikum dar; denn die Ergußgesteine der Umgebung — Phlegräische Felder, Ischia, Lipari, Vulcano, Ätna, Pantellaria — haben normalen Gehalt an radioaktiven Substanzen, 1.6—6.8 Radium und 0.5—4.6 Thorium. Ebensowenig sind die von JOLY untersuchten Ergußgesteine irgendeines anderen Vulkans, wie etwa vom Kilauea, Krakatao oder Chimborasso oder von Martinique oder Island in irgendeiner Hinsicht besonders auffällig.

Tabelle 13.
Radioaktivität der Vesuvlaven.

	Ra-Gehalt $\times 10^{12}$	Th-Gehalt $\times 10^{5}$
Mt. Somma, prähistorischer Gang . . .	2.8	2.2
Lava von 1631	7.8	1.7
,, ,, 1794	9.8	0.6
,, ,, 1832	13.0	2.3
,, ,, 1855	12.5	2.5
,, ,, 1868	12.6	4.1
,, ,, 1895—99	14.6	2.1
,, ,, 1906	16.0	2.6

Der bisher gegebene Überblick über Einzeluntersuchungen zeigt, daß die geographische Verteilung des Radium- und wahrscheinlich auch des Thoriumgehalts im großen möglicherweise eine recht unregelmäßige ist. Allerdings muß dabei im Auge behalten werden, daß wir ja nur an der Erdoberfläche befindliches Material erfassen können und daß vielleicht der Radiumgehalt der Erdkruste, oder besser gesagt der Kontinente, uns viel gleichmäßiger verteilt erscheinen würde, wenn wir stets unsere Untersuchungen bis 10 oder 15 km Tiefe ausdehnen könnten.

Wie in späteren Abschnitten des Näheren ausgeführt wird, haben wir im Aufbau des äußeren Teiles der Erde es wahrscheinlich mit mehreren, wenigsten zweierlei, Magmen zu tun, von denen das eine in gewisser Tiefe dominierend ungefähr basaltischen Charakter haben mag. Die riesenhaften Basaltergüsse, die zu gewissen Zeiten an den verschiedensten Stellen unseres Planeten auftraten und auch anderes zeugt dafür. Wie wir sehen werden, ist für die Ausgestaltung unserer Vorstellungen über das Verhalten der Erde im Laufe des geologischen Geschehens eine möglichst genaue Kenntnis des Gehaltes dieser Schicht an radioaktiven Substanzen unerläßlich. Wir dürfen vielleicht hoffen, in den großen Materialproben aus dem Erdinneren, die die großen Basaltdecken darstellen, so zuverlässiges und homogenes Material vor uns zu haben, daß es eher möglich scheint, über die erwähnte basische

Schicht etwas Sicheres zu erfahren, als über die mehr von lokalen Störungen beeinflußten, oberflächennahen, saureren Schichten. Derartige Gründe haben POOLE und JOLY (5) veranlaßt, durch eine gründliche Untersuchung sich möglichst genaue Kenntnis von dem Radium- und Thoriumgehalt von Basalten zu verschaffen, mit besonderer Rücksicht auf die großen sog. Deckenbasaltvorkommen.

Tabelle 14.

Radioaktivität der Basalte und anderer basischer Gesteine.

Gegend	Zahl der Proben	Ra-Gehalt $\times 10^{12}$	Th-Gehalt $\times 10^{5}$
Hebridenbasalt	6	0.77	0.49
Übriges Europa	15	1.30	0.84
Dekkan	6	0.77	0.46
U. S. A., Weststaaten	7	1.69	1.52
U. S. A., Oststaaten	5	1.09	0.65
Atlantische Inseln	8	1.31	0.87
Indische Inseln	3	0.86	0.65
Pazifische Inseln	4	1.09	0.32
Südafrikanische Dolerite	4	1.44	0.70
Mittel	58	1.19	0.77

Vergleichen wir die Angaben in Tabelle 14 mit früheren von JOLY selbst und anderen Autoren, so finden wir eine leidliche Übereinstimmung, besonders was Mittelwerte über viele Proben anbelangt, z. B. die Mittelwerte für die basischen Gesteine in Tabelle 7. Daß die Übereinstimmung besonders mit den Ergebnissen anderer Autoren (die eingeklammerte Ziffer in der Tabelle 10) nicht besser ist, kann mit den wirklichen Schwankungen des Gehaltes erklärt werden. Um ein Urteil sowohl über die Schwankungen in einem Vorkommen als auch über die Verschiedenheit des Gehalts an radioaktiven Substanzen bei verschiedenen Vorkommen zu ermöglichen, seien in den Tabellen 15 und 16 zwei vollkommene Messungsserien aus der letztzitierten Arbeit von POOLE und JOLY wiedergegeben.

Tabelle 15.

Radioaktivität der Coloradobasalte.

	Ra $\times 10^{12}$	Th $\times 10^{5}$
Vesicularbasalt, Chaffee Co., Colorado	1.80	1.70
Olivinbasalt, Jefferson Co., Colorado	1.86	2.40
Olivinbasaltporphyr, Border Co., Colorado	1.46	0.80
Olivinbasaltporphyr, Border Co., Colorado	1.55	—
Hornblendebasalt, Chaffee Co., Colorado	2.70	3.00
Hornblendebasalt, Chaffee Co., Colorado	2.75	—
Olivin-Plagioklasbasalt, Huerfane Co., Colorado	1.00	1.50
Olivin-Plagioklasbasalt, Huerfane Co., Colorado	1.24	—
Olivinbasalt, Mt. St. Helen's, Washington	1.44	0.65
Gabbro, Nye, Montana	1.12	0.56
Mittel	1.69	1.52

Tabelle 16.
Radioaktivität der Dekkanbasalte.

Index-Nr.	Ra × 10[12]	Th × 10[5]
20/861 Loc. Kasara-Igatpure	0.91	0.62
20/855 Bombay, Nagpur Ry.	0.75	0.43
20/851	0.60	0.37
20/853	0.80	0.52
20/850	0.82	0.56
20/852	0.72	0.24
Mittel	0.77	0.46

Die anderen Serien zeigen größere Schwankungen. Auffallend ist die Konstanz des Radiumgehaltes der Deckenbasalte. Der Dekkan- und der Hebridenbasalt geben genau dieselbe Ziffer. In einer jüngsten Untersuchung haben Joly und Poole (32) auch den Radiumgehalt des Oregonbasalts einer Nachprüfung an authentischem Material (12 Proben) unterzogen und genaueste Übereinstimmung mit den anderen Deckenbasalten gefunden, was angesichts der besonderen Gleichmäßigkeit derselben auch in bezug auf die sonstige chemische Zusammensetzung interessant ist.

3. Über den Gehalt des Erdinneren an radioaktiven Elementen.

In diesem Kapitel sollen solche Erkenntnisse dargestellt werden, die uns *unabhängig* von den im nächsten Abschnitt zu besprechenden Theorien Anhaltspunkte über die Verteilung radioaktiver Stoffe im Erdinneren zu geben vermögen. Soweit sich Forscher in Verbindung mit Überlegungen über die Wirkung der Radioelemente auf großtektonische Vorgänge Ansichten über den Gehalt des Erdinneren an denselben gebildet haben, werden diese Ansichten im nächsten Abschnitt im Rahmen der Darstellung der verschiedenen Theorien über die Wärmewirtschaft der Erde besprochen werden.

Schlüsse auf den Gehalt tiefer gelegener Teile des Erdkörpers an radioaktiven Elementen sind naturgemäß nur auf mehr oder weniger indirektem Wege möglich. Die Wege, die wir dabei beschreiten können, sind dieselben, die uns auch sonst Kenntnisse über die chemische Zusammensetzung des Erdinneren und des Weltalls vermitteln, wie die Untersuchungen von Daly, Clarke, Harkins, Tamman, Goldschmidt, Washington u. a. über die Beteiligung der verschiedenen chemischen Elemente am Aufbau der Welt, insbesondere unseres Planeten, sowie über das *geochemische* Verhalten der Elemente. Wenn wir etwa zunächst die letzte Arbeit von H. S. Washington (33) über die chemische Zusammensetzung des Erdinneren ins Auge fassen, so können wir vor allem aus der durchschnittlichen Zusammensetzung von Meteoriten und den verschiedenen Meteoritengruppen auf dieselbe Schlüsse ziehen, indem wir voraussetzen, daß die Meteoriten Bruchstücke eines Himmelskörpers von der Art der Erde darstellen. Die so erhaltenen Ergebnisse lassen sich in Einklang bringen mit den Schlüssen aus anderen Erfahrungen, wie spezifisches Gewicht und seismologisches Verhalten der Erde.

WASHINGTON entwirft folgendes Bild vom Erdinneren: Es folgen einander von außen nach innen

	Mächtigkeit	Mittl. Dichte	Gesamtvolumen
eine granitische Schicht . .	20 km	2.8	0.01
,, basaltische Schicht . .	40 ,,	3.2	0.02
,, peridotitische Schicht .	1540 ,,	4	0.60
,, eisenarme Schicht . .	ca. 700 ,,	5.8	0.17*
,, gesteinsarme Schicht .	ca. 700 ,,	8	0.12*
ein Eisenkern	3400 ,, (Radius)	10	0.16

* Diese beiden Ziffern lauten, wohl infolge eines Rechenfehlers, im Original 0.23 bzw. 0.06.

Von diesen Schichten ist die oberste allein einer direkten Untersuchung auf radioaktive Stoffe zugänglich. Wie wir gesehen haben, läuft der Gehalt von Gesteinen an Thorium und Kalium im großen und ganzen ungefähr parallel mit dem Radiumgehalt. Da Untersuchungen von Meteoriten bisher nur auf Radium gemacht wurden, so sprechen wir im folgenden nur von diesem. Unsicherheit über den Gehalt der obersten Schicht herrscht hier auch insofern, als man sowohl den mittleren Gehalt der Granite von etwa 3.10^{-12} Ra, als auch den der mittleren Gesteine, Diorite u. dgl., von etwa 2.10^{-12} als repräsentativ für dieselbe ansehen kann. Wir werden auf diesen Punkt noch zurückkommen.

Von der zweiten Schicht, der *basaltischen*, haben wir nach JOLY u. a. Kunde durch gute Durchschnittsproben in den großen Deckenbasaltergüssen, die übereinstimmend einen Gehalt von $0.77 \cdot 10^{-12}$ Ra aufweisen. Wir machen hier ausdrücklich auf den Unterschied im Radiumgehalt zwischen den Deckenbasalten und anderen Basaltvorkommen aufmerksam, die fast durchwegs einen bedeutend höheren Radiumgehalt haben.

Dieser Unterschied macht es nämlich höchst zweifelhaft, ob wir den durchschnittlichen Gehalt an Radium, den wir bei *ultrabasischen* Gesteinen an der Erdoberfläche finden, auch in der dritten, der peridotitischen Schicht, annehmen dürfen. In Analogie zu den Verhältnissen bei den Basalten, wären eher die an ultrabasischen Oberflächengesteinen gefundenen *Minimal*werte als maßgebend anzusehen. Als solche könnte man z. B. die Ra-Gehalte der basischen Intrusionen im Dharwarsystem von Mysore $0.05 - 0.16 \cdot 10^{-12}$ (vgl. Tabelle 12, S. 50) auffassen und hätte sonach mit einem Ra-Gehalt der mächtigen Peridotitschichte von der Größenordnung $0.10 \cdot 10^{-12}$ zu rechnen. Im nächsten Abschnitt wird sich zeigen, daß sich eine solche Annahme auch noch anderweitig stützen läßt. Doch kann man auch schon für diesen Hauptteil der Lithosphäre ebenso wie für die nach innen noch folgenden Schalen einen Anhaltspunkt durch Vergleich mit dem Ra-Gehalt der Meteoriten zu gewinnen versuchen.

Untersuchungen von Meteoriten auf Ra-Gehalt liegen vor von R. J. STRUTT (2a), A. HOLMES (34), T. QUIRKE und L. FINKELSTEIN (35) sowie G. HALLEDAUER (36). Aus allen geht übereinstimmend hervor, daß Steinmeteore einen ungefähr den basischen Gesteinen auf der Erde entsprechenden Ra-Gehalt haben, Meteoreisen dagegen einen um eine Größenordnung geringeren bis unmerklichen. Als Beispiele seien die Messungen von G. HALLEDAUER angeführt:

1. Meteoreisen 0.086, 0.047, 0.018, 0.040, $0.084 \cdot 10^{-12}$ Ra
Mittel $0.055 \cdot 10^{-12}$ Ra,
weniger sicher wegen geringer Einwage, das auch von QUIRKE und FINKELSTEIN geprüfte und relativ hoch aktiv gefundene Eisen von Toluca: $0.6 \cdot 10^{-12}$ Ra.
2. Steinmeteore 0.71, 0.334 u. 0.784, 0.331, 1.25 u. 1.27, $0.47 \cdot 10^{-12}$ Ra
Mittel $0.67 \cdot 10^{-12}$ Ra.

Das Mittel aus einer größeren Zahl von Proben (ca. 20) von Steinmeteoriten nach QUIRKE und FINKELSTEIN beträgt in guter Übereinstimmung mit letzterem Wert $0.76 \cdot 10^{-12}$. Diese Ziffern würden für einen durchschnittlichen Ra-Gehalt der Lithosphäre sprechen, der etwa gleich dem für die Deckenbasalte gefundenen wäre. Der Eisenkern hätte einen um eine Größenordnung geringeren Ra-Gehalt.

Es ist nicht leicht, die Anhaltspunkte, die die Meteoriten über den Ra-Gehalt des Erdinneren liefern, zu werten. Angesichts dessen, was wir durch Untersuchung der an der Erdoberfläche zugänglichen Gesteinsproben wissen, dürften die absoluten Beträge von Radium in Meteoriten eine obere Grenze für den im Erdinneren anzunehmenden Ra-Gehalt darstellen, die wahrscheinlich zu hoch ist. Eher dürfen wir das *Verhältnis* zwischen Eisen- und Steinmeteoriten als einen Fingerzeig für das Verhältnis zwischen Eisenkern und Lithosphäre annehmen, obwohl wir uns auch damit auf einem recht unsicheren Boden befinden. Im Anschluß an den oben erwähnten Ra-Gehalt der Peridotitschicht von $0.1 \cdot 10^{-12}$ würde dies für den Eisenkern unseres Planeten auf $0.01 \cdot 10^{-12}$ führen. Der Thoriumgehalt kann mit einer gewissen Wahrscheinlichkeit analog verteilt angenommen werden. Untersuchungen in dieser Richtung liegen unseres Wissens noch keine vor.

WASHINGTONS Ergebnisse, den Kaliumgehalt der verschiedenen Schichten betreffend, mögen aber noch kurz erwähnt werden. Tabelle 17 gibt seine Schätzungen wieder. Die Abnahme dieses Elements mit der Tiefe ist danach vergleichbar mit der an Radium, soweit sich überhaupt etwas sagen läßt. Andere Autoren kommen zum Teil zu ziemlich abweichenden Werten für den Gesamtgehalt der Erde an Kalium, so z. B. FARRINGTON (37) 0.04%, CLARKE (38) 0.39%.

Tabelle 17.

Prozentgehalt der die Erde zusammensetzenden Schichten an Kalium (nach H. S. WASHINGTON).

Granitische Schicht	2.60
Basaltische Schicht	1.28
Peridotitische Schicht	0.22
Eisenarme Schicht	0.14
Gesteinsarme Schicht	—
Eisenkern	—
Mittel für die ganze Erde . . .	0.14

Die Frage, inwiefern wir in der Zusammensetzung der Meteoriten ein Abbild der Zusammensetzung unseres Planeten erblicken dürfen, ist schon wiederholt diskutiert worden, so jüngst wieder von R. SCHWINNER (39) (dort auch weitere Literaturhinweise). Soviel scheint heute wohl sicher zu sein, daß die Meteoriten nicht unserem Sonnensystem entstammen, also nicht etwa als Splitter eines Planeten unseres Sonnensystems aufgefaßt werden dürfen, vor allem wegen ihrer zu großen Relativgeschwindigkeit gegenüber der Sonne. Andererseits sind sie wohl einheitlicher Herkunft; denn erstens fehlen fossile Meteoriten; es handelt sich also anscheinend um einen im Weltraum begrenzten Bezirk, eine Wolke von Materie, der wir gerade jetzt begegnet sind; zweitens scheinen sie *eine* Gesteinssippe, *eine* Differentiationsreihe eines Urmagmas zu bilden, und zwar eines Urmagmas, das von dem unseres Planeten ziemlich verschieden gewesen sein muß (geringerer Sauerstoffgehalt). Ob der Himmelskörper, von dem die Meteoriten stammen, mit einem Planeten unseres Systems oder eher mit einem Fixstern vergleichbar ist, darüber wissen wir nichts Bestimmtes. Um so wichtiger erscheint aber die Übereinstimmung der Ra-Verteilung auf die verschieden basischen Gesteine der Erdkruste einerseits und der Meteoriten anderseits. Die Abnahme an Radioaktivität mit zunehmender Basizität, d. i. im allgemeinen zugleich mit zunehmendem spezifischen Gewicht und mit zunehmender Tiefe, weist auf allgemein gültige Gesetze hin, die die chemisch-physikalische Sonderung der Materie in einem Himmelskörper beherrschen und auch in der Tiefe unseres Planeten wirksam waren und es zum Teil wohl noch sind.

Die Gesetze, denen die chemischen Elemente bezüglich ihrer Verteilung im Erdinneren folgen, waren in den letzten Jahren Gegenstand eingehender Untersuchungen u. a. durch V. M. GOLDSCHMIDT und seine Mitarbeiter in Oslo (27). Fußend auf Erfahrungen über die Trennung in verschiedene Phasen bei metallurgischen Schmelzprozessen und den Beobachtungen über die Struktur und Zusammensetzung von Meteoriten nimmt GOLDSCHMIDT eine ursprüngliche Trennung der Materie unseres Planeten in drei flüssige und eine gasförmige Phase an. Die drei flüssigen Phasen sind eine Eisenschmelze, die entsprechend ihrem hohen spezifischen Gewicht den innersten Teil der Erde einnimmt, sodann eine (Eisen-) Sulfidoxydschale und schließlich eine Silikathülle[1]. Entsprechend der Tendenz der chemischen Elemente, in eine der Phasen bevorzugt einzutreten, teilt GOLDSCHMIDT dieselben ein in siderophile, chalkophile, lithophile und atmophile Elemente. Maßgebend für das Verhalten eines bestimmten Elements ist vor allem seine mangelnde oder vorhandene Affinität zu Schwefel und Sauerstoff, sowie der Grad seiner Löslichkeit oder der seiner Verbindungen in einer der Phasen.

Kalium, Uran und Thorium haben eine große Sauerstoffaffinität und finden sich dementsprechend wesentlich in der Lithosphäre. Die weitere Differenzierung derselben findet durch die Bildung fester Phasen und das Absinken der Bodenkörper statt. Hierbei sind für das Eintreten eines Elements in dieselben vor allem seine Isomorphieverhältnisse zu den ausfallenden Hauptbestandteilen maßgebend. Die Elemente Uran und Thorium können wegen ihres großen Ionenvolumens in dieselben nicht aufgenommen werden. Sie finden sich daher, wie aus den Angaben des vorhergehenden Kapitels hervorgeht, in sauren Gesteinen stärker vertreten als in basischen, denn sie steigen mit den an Kieselsäure, Wasser und Mineralisatoren reichen Lösungen auf. Dies begründet die zweifellos vorhandene Konzentration der schweren radioaktiven Elemente nach der Oberfläche des Planeten zu.

Speziellere Angaben über das geochemische Verhalten der radioaktiven Stammelemente sind aus einigen Untersuchungen von A. HOLMES zu entnehmen. In Tabelle 18 ist die Zusammensetzung dreier aufeinanderfolgender Granitintrusionen in Mosambique (28) in bezug auf Mineralkomponenten sowie auch ihr Radiumgehalt angegeben. Diese Granite zeigen deutlich die Zunahme des Radiumgehalts mit der des Kieselsäuregehaltes. Aus der in Tabelle 19 wiedergegebenen Zusammenstellung (29) ergibt sich ebenso eine parallele Zunahme von Uran, Thorium und Kalium von älteren zu jüngeren Intrusionen für die finnländischen Granite zugleich mit der Zunahme der Kieselsäure. Die Gehalte an wägbaren Elementen sind dabei einer Untersuchung von SEDERHOLM (30) entnommen, die Ziffern für den Radium- und Thoriumgehalt einer Arbeit von JOLY und POOLE (5). Diese Verhältnisse lassen erkennen, wie schwierig es ist, aus den Beobachtungen über

[1] Betreffs der Existenz einer Sulfidschale gehen die Ansichten der Forscher noch sehr auseinander. Vgl. das oben gegebene Bild des Erdinneren nach H. S. WASHINGTON. Doch dürfte diese Frage angesichts des gegenwärtigen Standes unserer Erkenntnis über die Rolle der Radioaktivität im Erdkörper für die hier zu behandelnden Fragen noch nicht so sehr von Belang sein.

Tabelle 18.
Mineralogische Zusammensetzung und Radiumgehalt präkambrischer Granite in Mosambique.

	I	II	III
Quarz	24	31	34
Mikroklin, Perthit, Orthoklas . .	39	50	57
Oligoklas	21	6	2
Biotit	12	10	6
Muscovit	—	—	—
Akzessorien	4	3	1
Dichte	2.69	2.68	2.63
Radiumgehalt	$1.32 \cdot 10^{-12}$	$2.10 \cdot 10^{-12}$	$2.76 \cdot 10^{-12}$

Tabelle 19.
Zusammensetzung und Radioaktivität präkambrischer Granite von Finnland.

	Älteste Granite (Vorbottnisch)	Nachbottnischer Granit	Nachkalevischer Granit	Rapakivi-Granit
Areal in km²	53.304	60.166	33.575	18.923
SiO_2	66.34	67.12	70.87	72.57
Al_2O_3	15.63	15.66	14.50	12.62
Fe_2O_3	0.99	1.23	0.74	1.45
FeO	3.55	2.65	1.83	2.41
MgO	1.79	1.31	0.63	0.46
CaO	3.72	3.04	1.81	1.34
Na_2O	3.69	3.92	3.04	2.30
K_2O	3.02	3.76	4.98	6.10
TiO_2	0.54	0.45	0.33	0.25
Ra-Gehalt $\times 10^{12}$	2.36	4.60		6.21
Th-Gehalt $\times 10^{5}$	0.87	2.67		5.85
K-Gehalt %	2.51	3.61		5.06

die Konzentration der radioaktiven Elemente an der Erdoberfläche einen einigermaßen sicheren Schluß auf den *durchschnittlichen* Gehalt der äußersten, granitischen Schicht unseres Planeten zu ziehen. Wir sind dieser äußersten Schicht gegenüber in dieser Hinsicht vielleicht sogar in einer ungünstigeren Lage, als etwa der gabbroiden Schicht gegenüber, von der uns in den Deckenbasalten gute Durchschnittsproben zur Verfügung stehen, die schon durch die Gleichmäßigkeit ihrer Zusammensetzung auf der ganzen Erde sich als typisch erweisen.

An Hand einer anderen Versuchsreihe (31) weist HOLMES darauf hin, daß der Radiumgehalt eher dem Alkaligehalt als dem Kieselsäuregehalt proportional ist, denn er findet die Alkaligesteine im allgemeinen radiumreicher als Kalkalkaligesteine mit gleichem SiO_2-Gehalt.

Zu einem ähnlichen Ergebnis kam auch H. HIRSCHI (83), daß nämlich der Uran-Radiumgehalt in erster Linie parallel dem Kaliumgehalt verläuft und daß die kalireichen Eruptiva vielleicht einer gemeinsamen, dem Sial unterliegenden Zone entstammen, die natürlich auch als besonders radiumreich anzusehen wäre.

Wegen weiteren Angaben über geochemisches Verhalten von Uran und Thorium, Verteilung auf den Mineralbestand der Gesteine u. dgl. siehe Abschn. III. Kap. 5. S. 158ff.

II. Die radioaktiven Stoffe als Energiequellen.

1. Die Größe der von den radioaktiven Substanzen entwickelten Wärmemengen.

Bevor wir auf die Rolle der radioaktiven Stoffe als Wärmequellen im Inneren der Erde näher eingehen, seien die Wege angedeutet, auf denen die absolute Größe der Wärmeproduktion gemessen, resp. berechnet wird, die bei den im folgenden dargestellten geophysikalischen Überlegungen zugrunde gelegt werden.

Direkte Messungen der Wärmeproduktion von Uran und Thor im Gleichgewicht mit allen ihren Folgeprodukten wurden von G. B. Pegram und H. Webb (40) sowie von H. H. Poole (41) unternommen. Letzterer hat zu seinen Versuchen Pechblende verwendet, also sozusagen das Material im Urzustande, wie es sich im Gestein vorfindet. Seine Versuche werden aus diesem Grunde manchmal zitiert als für den Nichtphysiker besonders überzeugend. Diese direkten Bestimmungen an Pechblende ergaben auch ungefähr die erwartete Größe des Effektes. Wie unsicher immerhin das Arbeiten mit diesen winzigen Wärmemengen ist, zeigte der Versuch, auch bei einem Thormineral die Wärmeproduktion direkt kalorimetrisch zu messen. In diesem Falle ergab sie sich viel zu groß, so daß man wohl annehmen muß, daß sich der untersuchte Orangit in einem Stadium innerer Umwandlung chemischer oder physikalischer Art befand (Oxydation, Wasseraufnahme oder dgl.). Dieser Versuch sagt also eigentlich nur, daß Orangit ein schlecht definiertes Material sein dürfte, wenn es gilt, ein Mineral mit sicher unverändertem Substanzbestand zu haben; dies zeigt sich auch bei anderen Gelegenheiten (vgl. S. 154).

Eine so hochzuschätzende experimentelle Leistung sie auch darstellen, als Grundlage für theoretische Erwägungen sind die Pooleschen Resultate nicht geeignet. Eine solche gewinnt man vielmehr, indem man aus den Geschwindigkeitsmessungen der α- und β-Strahlen die kinetische Energie, $\frac{m v^2}{2}$, pro Partikel ausrechnet, ebenso die Energie der γ-Strahlung aus ihrer Wellenlänge, und dann die für sämtliche Glieder z. B. der Uranfamilie erhaltenen Energiebeträge pro zerfallendes Atom addiert. In Verbindung mit der bekannten Zerfallsgeschwindigkeit der Muttersubstanz erhält man dann die von dieser samt allen ihren Folgeprodukten in der Zeiteinheit entwickelte Energie, die durch Multiplikation mit dem kalorischen Arbeitsäquivalent (oder Division durch das mechanische Wärmeäquivalent) in Kalorien umgerechnet werden kann. Daß diese Berechnungsmethode Vertrauen verdient, geht daraus hervor, daß die für ein Gramm Ra im Gleichgewicht mit seinen Folgeprodukten so berechnete Wärmeentwicklung (138.1 Kalorien pro Stunde) mit der an starken Ra-Präparaten experimentell beobachteten (42) (138—140 Kalorien pro Stunde) in befriedigender Übereinstimmung steht. Die in Tabelle 20 gegebenen Werte, welche derzeit als die besten angesehen werden, sind nicht alle mit der gleichen Sicherheit als richtig zu betrachten. Während der Uranwert auf einige Prozent als sicher gelten kann[1], ist der mögliche Fehler beim Thoriumwert etwas größer. Noch unsicherer ist die Angabe über das Kalium, dessen Aktivität wegen ihrer sehr geringen Intensität viel schwieriger zu untersuchen ist.

Tabelle 20.

Die Wärmeproduktion von . . .	U	Th	K
beträgt per Gramm und Sekunde	$2.5 \cdot 10^{-8}$	$6.8 \cdot 10^{-9}$	$3.9 \cdot 10^{-12}$ Kalorien
per Gramm und Jahr . .	0.79	0.21	$1.24 \cdot 10^{-4}$ Kalorien

2. Die Abkühlung eines Planeten ohne Radioaktivität.

Vor der Entdeckung der allgemeinen Verbreitung radioaktiver Stoffe in den Gesteinen durch Lord Rayleigh (R. J. Strutt) hielt man die Erde für einen Körper, der einst die Temperatur schmelzender Gesteine besaß und im Inneren zum Teil heute noch besitzt, aber, seit langer Zeit sich selbst überlassen, in stetiger Abkühlung begriffen ist. Der erste, der die Länge des Zeitraumes ausrechnete, der auf Grund dieser Annahme für den Ablauf der geologischen Ereignisse zur Verfügung steht, war Lord Kelvin (W. Thomson) (43) um die Mitte des vorigen Jahrhunderts. Der Hauptzweck seiner Arbeit war, aus der Zunahme der Temperatur nach dem Erdinneren „den Zeitpunkt zu bestimmen, in welchem zuerst jener *consistentior status* eintrat, welcher nach Leibnitzs Theorie der Ausgangspunkt jeder geologischen Geschichte ist".

Kelvins Anschauungen sowohl über den Verlauf der Erstarrung der feurigflüssigen Erde, als auch über die weitere Abkühlung haben die Grundlage der meisten späteren Berechnungen in dieser Frage gebildet, auch viele Versuche, die radioaktive Wärmeentwicklung zu berücksichtigen, mit eingeschlossen. Sie bilden den Kern des im folgenden Dargestellten.

Ein erkaltender Himmelskörper gibt seine Wärme an der Oberfläche durch *Ausstrahlung* an den Weltraum ab. Da die Ausstrahlung außer-

[1] Zur Berechnung dieses Wertes wird u. a. die Zahl der pro Sekunde von einem Gramm Radium ausgesendeten α-Teilchen gebraucht. Die besten Bestimmungen derselben weichen noch um 4—5% voneinander ab. Auch der Anteil der β- und γ-Strahlung an der Wärmeproduktion ist noch ziemlich unsicher.

ordentlich rasch mit steigender Temperatur zunimmt (proportional der vierten Potenz!), so ist die Zeit, in der ein Himmelskörper wie die Erde bereits einen namhaften Teil seiner Wärme ausstrahlt, sehr kurz, solange nur seine Oberflächentemperatur hoch genug ist und die Zufuhr der Wärme aus dem Inneren an die Oberfläche rasch genug vor sich geht. Die beiden letzten Voraussetzungen sind erfüllt, solange der Körper gasförmig oder flüssig ist, denn solange steht für den Wärmetransport nicht nur die — auf Himmelskörperdimensionen äußerst langsam arbeitende — *Wärmeleitung* zur Verfügung, sondern auch die *Konvektion*, der Transport durch Strömung von Materie. Die Zeit, in der die Erde von einer glühenden Gasmasse sich zu einer feurigflüssigen Kugel verdichtete, wird demgemäß zu 5000—10000 Jahren eingeschätzt, und die Zeit von der Verflüssigung bis zur Erstarrung ist von der gleichen Größenordnung anzunehmen.

Den Vorgang der Erstarrung selbst hat KELVIN bereits erschöpfend besprochen. Er zeigte, daß sich in der der eigenen Schwere unterliegenden Flüssigkeit zunächst ein bestimmtes Temperaturgleichgewicht einzustellen strebt, das sog. „konvektive Gleichgewicht der Temperatur". Es handle sich um eine homogene Flüssigkeit, die sich bei Erwärmung ausdehnt. Dann wird bei Eintritt des konvektiven Temperaturgleichgewichts die Temperatur in der Flüssigkeit nach unten zunehmen. Und zwar wird die Zunahme mit der Tiefe also mit dem wachsenden Druck dieselbe sein wie die Temperaturzunahme, die irgendein Teil der Flüssigkeit durch die Druckzunahme erfahren würde, der aus höheren Schichten der Flüssigkeit in tiefere gebracht wird, aber bei dieser Verschiebung Wärme weder aufnimmt noch abgibt. Ist diese Bedingung erfüllt, also die Temperaturänderung von Ort zu Ort innerhalb der Flüssigkeit dieselbe, wie sie ein Flüssigkeitsteil bei der Verschiebung von Ort zu Ort erfahren würde, so herrscht Gleichgewicht, weil eine Verschiebung, welcher Art immer, an dem bestehenden Zustand des Systems nichts ändert. Und zwar ist das Gleichgewicht ein indifferentes, d. h. eine Verschiebung weckt keine Gegenkräfte, die den ursprünglichen Zustand wieder herzustellen streben. Ist die Temperaturzunahme mit der Tiefe langsamer als obige Bedingung vorschreibt, so wäre das Gleichgewicht stabil, aber einem solchen Zustand wirkt ja die Abkühlung an der Oberfläche entgegen. Eine schnellere Temperaturzunahme mit der Tiefe ist dagegen instabil, weil eine entsprechende Umlagerung der Massen zur Herstellung eines stabilen Gleichgewichtes führen kann. Die Wärmeströmung durch Leitung kommt gegenüber der durch materielle Strömungen bewirkten in solchen Dimensionen überhaupt nicht in Betracht. Die Temperaturverteilung in einem sich abkühlenden flüssigen Himmelskörper entspricht also nacheinander den Kurven 1, 2, 3 . . . in Abb. 12.

Für den Verlauf der *Erstarrung* sind nun nach KELVIN zwei Fälle in Betracht zu ziehen. Entweder ist die Erhöhung des Erstarrungspunktes durch Steigerung des Druckes größer als die Temperaturerhöhung, die ein Flüssigkeitsteil durch Steigerung des Druckes erfährt (Abb. 12a), dann beginnt die Erstarrung der Flüssigkeit im Zentrum resp. am Grunde der Flüssigkeit, falls schon ein fester, evtl. kalter Kern vorausgesetzt wird; diesen letzten Fall braucht die KELVINsche Theorie nicht auszuschließen. Oder die Erhöhung des Erstarrungspunktes durch Druckerhöhung ist geringer als die Temperaturerhöhung eines gegebenen Flüssigkeitsteiles (Abb. 12b); dann beginnt die Erstarrung an der Oberfläche. Der erste Fall ist nach unserer heutigen Kenntnis vom Verhalten der in Betracht kommenden Magmen der in

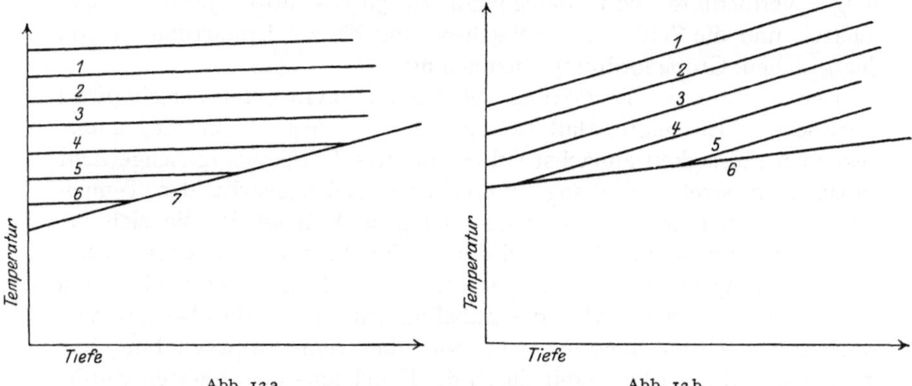

Abb. 12a. Abb. 12b.
Aufeinanderfolgende Temperaturverteilungen in einem sich abkuhlenden flussigen und schließlich erstarrenden Himmelskorper.

Betracht zu ziehende. Ferner wissen wir, daß die Zusammenziehung der Gesteine beim Erstarren eine recht beträchtliche ist, daß also die Gesteine im festen Zustand wenigstens um mehrere Hundertteile spezifisch schwerer sind als im geschmolzenen. Daher kann es auch im zweiten Fall nicht zur Bildung einer festen Kruste in größerem Ausmaße kommen, sondern eine solche wird während des Entstehens, sobald sie nur da oder dort geborsten ist, alsbald durch die Schwere nach unten sinken und dort wieder schmelzend die umgebende Flüssigkeit abkühlen. Dieser Abkühlungsprozeß wird immer tiefer greifen, da die bereits auf Erstarrungstemperatur abgekühlten Flüssigkeitsschichten die neugebildeten sinkenden Krustenteile nicht mehr aufzuschmelzen vermögen, und, bis die ganze Flüssigkeit auf die Erstarrungstemperatur, die eben zu jeder Tiefe gehört (Kurve 6 in Abb. 12b), abgekühlt ist, wird durch Ablagerung der immer neugebildeten und immer wieder absinkenden Krustenteile am Grunde schließlich die Verfestigung des Magmaozeans vom Grunde beginnend vor sich gehen. Vielleicht wird man der Wirklichkeit näherkommen, wenn man sich die „Krustenteile“, zumindest wenn sie einmal in größere Tiefen gelangt sind, nicht als große Trümmer vorstellt, sondern etwa als Krystallkörner, die dann am Boden ein recht dichtes Netzwerk, eine Art Schwamm bilden, der zum größeren Teil aus fester Substanz besteht und dessen Poren noch mit einem gewissen Hundertsatz Flüssigkeit erfüllt sind. Der Endzustand des Erstarrungsprozesses ist also ein in dem eben besprochenen Sinne durch und durch fester Körper, der sich überall auf der Erstarrungstemperatur befindet.

Von diesem Stadium der Abkühlung an, das, wie oben erwähnt, sehr rasch erreicht wird, beginnt nun die Wärmeleitung den weiteren Verlauf zu beherrschen. Der Nachschub von Wärme aus dem Inneren an die Oberfläche geht nunmehr beinahe unendlich langsam vor sich. Die Ausstrahlung an der Oberfläche ist aber nach wie vor sehr groß, solange der Temperatursprung an der Oberfläche groß ist. Daher tritt eine anfangs sehr rasche Abkühlung der Oberfläche ein. Bekanntlich kann ein eben erstarrter Lavastrom sehr bald ungestraft begangen werden. Die Abkühlung der Oberfläche auf die durch das Gleichgewicht von Einstrahlung seitens der Sonne und Ausstrahlung in den Weltraum bedingte Temperatur kann daher im geologischen Zeitmaß ausgedrückt als momentan bezeichnet werden. Diese Temperatur ist aber auch die für das Klima allein maßgebende. Das Klima wird in erster Linie durch außerirdische Faktoren und nur indirekt durch irdische bestimmt. Dies berechtigte KELVIN, die für die geologische Geschichte zur Verfügung stehende Zeit gleichzusetzen derjenigen, die seit der Erstarrung der Erde verstrichen ist. Er legte seiner Berechnung des zeitlichen Verlaufs der Abkühlung die Annahme zugrunde: Die ganze Erde bis in eine gewisse Tiefe sei eben erstarrt und befinde sich noch durchwegs auf der Erstarrungstemperatur, nur die Oberfläche würde plötzlich auf die heutige Temperatur abgekühlt und dauernd auf derselben gehalten.

Von diesen Annahmen ausgehend kann man für jeden gegebenen Zeitpunkt die dazugehörige Temperaturverteilung, die sich bis dahin eingestellt hat, ausrechnen. Die Art, wie sich der Temperaturverlauf mit der Zeit ändert, ist in Abb. 13 wiedergegeben. Wir können auch aus dieser Figur erkennen, daß zu jedem Zeitpunkt eine bestimmte Steilheit des Temperaturgefälles an der Erdoberfläche gehört, eine bestimmte Größe der geothermischen Tiefenstufe. Diese Größe ist aber unserer Beobachtung zugänglich, und damit ist eine Schätzung der ver-

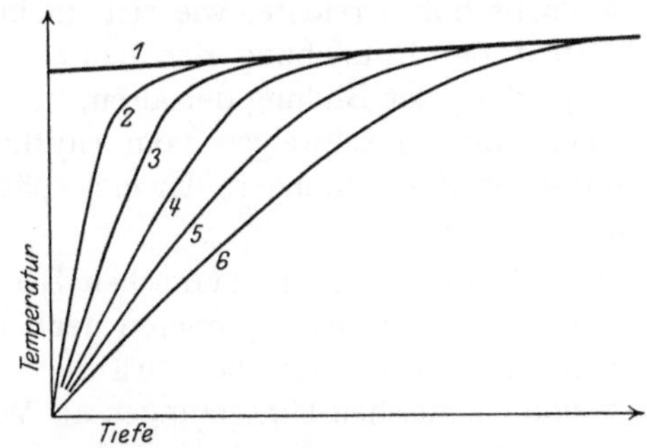

Abb. 13. Aufeinanderfolgende Temperaturverteilungen in einem erstarrten, sich abkühlenden Himmelskörper.

flossenen Dauer des Abkühlungsvorganges möglich mit der Genauigkeit, die der, mit der die geothermische Tiefenstufe bestimmt werden kann, entspricht. Für die Durchführung der Rechnung muß ferner als bekannt vorausgesetzt werden: Die Erstarrungstemperatur der Gesteine, die spezifische Wärme und die Wärmeleitfähigkeit der Gesteine. Über diese Größen war man zur Zeit, da KELVIN seine Berechnungen ausführte, noch weniger unterrichtet als heute. KELVIN führte daher die Rechnung unter Einsetzung plausibler Extremwerte durch und gelangte so zur Angabe von äußersten Grenzwerten. Danach sollten seit Erstarrung der äußeren Partien der Erde mindestens 20 und höchstens 400 Jahrmillionen verstrichen sein. Der Wert, der sich für eine angenommene Schmelztemperatur der Gesteine von etwa 4000° C ergab, betrug 98 M.J.[1]. Schon KELVIN selbst hat die untere Grenze als den wahrscheinlichsten Wert bezeichnet und die Wiederholung der KELVINschen Berechnungen mit moderneren Daten über die Eigenschaften der fraglichen Gesteine (1911) ergaben z. B. 22 M.J. (44).

Viele Geologen erklärten, sich mit diesem Diktat von seiten der Physik nicht abfinden zu können, und wie sich im Laufe der Zeit mehr und mehr zeigte, ganz mit Recht. Die Unstimmigkeit zwischen der Rechnung auf streng physikalischer Grundlage und der geologischen Erfahrung lag auf zweierlei Gebieten. Einmal ergab sich die Unmöglichkeit, alle Ereignisse der geologischen Geschichte in einem so kurzen Zeitraum von einigen M.J. unterzubringen, besonders die Entwicklung der organischen Formen. Zum anderen zeigt ein Blick auf die Fig. 15, in wie geringe Tiefe der Erde in einem so kurzen Zeitraum die Abkühlung vorgedrungen ist und wie gering dementsprechend die gesamte Volums- und Oberflächenverkleinerung der Erde seit der Erstarrung ist. Die Größe des infolge der Schrumpfung zur Verfügung stehenden Zusammenschubes reichte, wie sich mehr und mehr zeigte, kaum zur Erklärung der Entstehung der heute vorhandenen Gebirge aus, geschweige denn der Bildung der alten, heute längst eingeebneten Faltengebirge, ganz zu schweigen vom rhythmischen Charakter der großtektonischen Erscheinungen, der erst später in seiner ganzen Tragweite erkannt wurde.

Nun steckte in den KELVINschen Berechnungen allerdings noch die Voraussetzung, daß es im Inneren der Erde keinen wärmeerzeugenden Prozeß gebe; ein solcher, wie etwa die von Lyell angenommene Hypothese von chemischen Umsetzungen als Wärmequelle, würde wohl einen etwas größeren Wert für die seit der Erstarrung verflossene Zeit und damit auch für die gesamte Volumsverringerung der Erde seither ergeben. Erstens wäre aber eine solche Korrektur nicht sehr ausgiebig,

[1] Wir wollen im folgenden für „Millionen Jahre" stets diese Abkürzung gebrauchen.

zweitens wurde ihre Möglichkeit auch schon von KELVIN in Betracht gezogen, aber als sehr unwahrscheinlich, wenn auch nicht geradezu unmöglich, abgelehnt.

3. Allgemeines über die Wirkung radioaktiver Wärmeentwicklung auf den Abkühlungsvorgang.

Die Lösung des Widerspruches zwischen dem Ergebnis der einfachen Abkühlungstheorie und der geologischen Erfahrung schien gegeben mit der Entdeckung der allgemeinen Verbreitung radioaktiver Stoffe auf der Erde. Schon F. HIMSTEDT (45) hatte ausgesprochen, daß die ständige Wärmeentwicklung dieser allverbreiteten Radioelemente für den Wärmehaushalt der Erde von wesentlicher Bedeutung sei. Quantitative Berechnungen auf Grund der damals vorliegenden Daten von C. LIEBENOW (46), J. KÖNIGSBERGER (47), R. J. STRUTT (2), J. ELSTER und H. GEITEL (48), sowie J. JOLY (49) zeigten jedoch bald, daß man mit der Annahme gleichförmiger Verteilung der Radioelemente in der Erde zu Werten für die entwickelte Wärmemenge gelangt, die mehr als hundertmal größer sind als die von der Erde heute dauernd abgegebene Wärme.

Eine Überschlagsrechnung führt dies recht deutlich vor Augen: Mit einem Temperaturgefälle von 32^0 pro Kilometer, also $32 \cdot 10^{-5}$ Grad/cm, und einer mittleren Wärmeleitfähigkeit der Gesteine von $5 \cdot 10^{-3}$ cal/Grad cm sec[1] strömen sekundlich $1.6 \cdot 10^{-6}$ Kalorien durch jeden Quadratzentimeter Oberfläche oder $8.2 \cdot 10^{12}$ Kalorien pro Sekunde durch die gesamte Erdoberfläche. Ein Ra-Gehalt von $3 \cdot 10^{-12}$, d. i. ein Urangehalt von 10^{-5} bedeutet, da 1 g Uran im Gleichgewicht mit allen seinen Zerfallsprodukten sekundlich $2.5 \cdot 10^{-8}$ cal entwickelt, eine Wärmeproduktion von $2.5 \cdot 10^{-13}$ cal/sec per Gramm Gestein oder mit der Erdmasse (ca. $6 \cdot 10^{27}$ g) multipliziert eine Wärmeentwicklung von $1.5 \cdot 10^{15}$ cal/sec für die ganze Erde. Das wäre nahezu das 200fache der sekundlich an den Weltraum abgegebenen Wärme. Hierzu käme noch ein ähnlicher Betrag für die Thoriumreihe und das damals noch nicht in Betracht gezogene Kalium.

Auf Grund derartiger Annahmen war also die Konsequenz unvermeidlich, daß die Erde im Begriff sei wärmer zu werden. Schon die eben genannten Autoren traten daher für die seither allgemein angenommene Ansicht ein, daß die radioaktiven Stoffe in der an der Erdoberfläche beobachteten Konzentration nur auf eine relativ dünne Schicht nahe der Oberfläche beschränkt sein könnten.

[1] D. h. Kalorien pro Sekunde und Quadratzentimeter Querschnitt Wärmestrom bei Bestehen des Temperaturgefälles von einem Grad pro Zentimeter

$$= \frac{\text{cal}}{\text{sec cm}^2} = \frac{\text{Grad}}{\text{cm}} = \frac{\text{cal}}{\text{Grad cm sec}}.$$

Andere Möglichkeiten wären, daß entweder radioaktive Stoffe in größerer Tiefe wohl vorhanden sind, ihr Zerfall aber unter den veränderten physikalischen Umständen sehr viel langsamer oder gar nicht vor sich gehe, oder daß andere, Wärme verbrauchende Prozesse die von den Radioelementen freigemachte Wärme binden. Da dieselben aber, wie aus den einleitenden Abschnitten wohl genügend hervorgeht, an unserer heutigen Erfahrung keine Stütze mehr finden, und wir überdies zureichende Gründe für eine Konzentration der Radioelemente nach der Oberfläche zu kennen, so brauchen wir auf diese Möglichkeiten nicht näher einzugehen.

Die tatsächliche Verteilung der radioaktiven Stoffe nach der Tiefe zu war nun zunächst nicht bekannt. Wir haben im vorangehenden Abschnitt wohl Grundlagen zur direkten Abschätzung des Gehaltes in jeder Tiefe angeführt, aber einmal kann man über die Tragfähigkeit dieser Grundlagen verschiedener Ansicht sein und außerdem sind sie zum Teil auf Arbeiten neuesten Datums, wie die von WASHINGTON (1925), begründet. So kam es, daß solche Tatsachen erst in den letzten Jahren als Ausgangspunkte für Überlegungen über die Wärmewirtschaft der Erde mehr herangezogen wurden. Nach diesen weiter unten eingehender dargestellten Theorien enthält die Erdkruste *mehr* radioaktive Stoffe, als zur Aufrechterhaltung des *Wärmegleichgewichtes* nötig ist. Damit ist es auch nicht möglich, die Erde als einen sich stetig abkühlenden Körper anzusehen. Von eben dieser Anschauung, die Erde kühle sich stetig ab, gingen aber zunächst alle Autoren aus. Sie mußten daher den *Gesamtgehalt* der Erde an radioaktiven Stoffen als niedriger oder höchstens so groß annehmen, daß die produzierte Wärmemenge kleiner oder höchstens gleich der durch die Erdoberfläche abgegebenen ist. Die Annahme, die Erde befinde sich im oder nahezu im Wärmegleichgewicht, liefert uns also eine obere Grenze für die Gesamtmenge radioaktiver Stoffe aber *nicht ihre Verteilung nach der Tiefe.* Dieselbe kann nun so näher bestimmt werden, daß mit irgendwelchen anderen vorliegenden geophysikalischen Erfahrungen Übereinstimmung erzielt wird. Man kann annehmen, daß die an der Oberfläche beobachtete Konzentration bis in eine gewisse Tiefe konstant bleibt und von dort an sich überhaupt keine nennenswerten Mengen mehr vorfinden. Diese Diskontinuität sollte dann mit irgendeinem auch sonst von der Geophysik als Diskontinuität angesprochenen Niveau zusammenfallen. Eine andere Annahme ist die einer allmählichen Abnahme mit der Tiefe von dem an der Oberfläche beobachteten Anfangswert an. Dann muß der Gehalt an Radioelementen natürlich bis in größere Tiefen merkbar bleiben. Diese im allgemeinen bevorzugte Annahme führt auf höhere Temperaturen in denjenigen Tiefen, wo man dieselben mit Rücksicht auf die vulkanischen Erscheinungen erwarten muß.

Über die Verteilung der Radioelemente mit der Tiefe verfügten also die verschiedenen Autoren in irgendeinem Sinne, um die resultierende Temperaturverteilung mit der Tiefe und daraus weiter den Betrag der Gesamtkontraktion der Erde seit Beginn der Abkühlung sowie ihren zeitlichen Verlauf u. dgl. zu berechnen. Die für diesen Vorgang zur Verfügung stehende Zeit, das „Alter" der Erde, wurde dabei meistens als bekannt vorausgesetzt nach den Angaben der radioaktiven Methoden der Altersbestimmung, die im III. Abschnitt eingehend dargestellt sind. Als der wahrscheinlichste Wert dieses Alters werden heute ca. 1600 M. J. angesehen. J. JOLY nimmt allerdings einen ca. sechsmal kleineren Wert an. Betrachtungen zu dem Problem der sich stetig abkühlenden Erde finden sich bei A. HOLMES (50), G. F. BECKER (51), H. JEFFREYS (52, 53), St. MEYER und E. SCHWEIDLER (Radioaktivität, Leipzig, B. G. Teubner, I. Aufl. S. 444 (1916), II. Aufl. S. 554 (1927)), R. W. LAWSON (54), Lord RAYLEIGH (55), W. J. SOLLAS (55), L. H. ADAMS (56), O. SCHMIEDEL (57) und anderen.

Der Besprechung dieser Auffassung mögen aber einige allgemeine Erörterungen über die Natur der hier in Betracht kommenden Vorgänge vorausgeschickt werden, die für das Verständnis jeder Theorie auf diesem Gebiete wichtig sind.

Kurve 1 in Abb. 14 stelle die bei Abwesenheit radioaktiver Stoffe nach einer gewissen Zeit seit der Erstarrung eingetretene Temperaturverteilung dar, die sich in der Nähe der Oberfläche, sagen wir in den obersten 100 km, nur noch sehr langsam ändert. Nun denken wir uns das Uran aus einer 10 km mächtigen Granitschicht (mit dem Gehalt 10^{-5}) extrahiert und etwa als Pechblendeschicht auf der Erdoberfläche aufgetragen. Dann kämen ca. 27 g Uran auf den Quadratzentimeter. Diese produzieren $2.5 \cdot 10^{-8}$ cal/g sec, also $6.7 \cdot 10^{-7}$ cal/sec. Eine solche Wärmemenge, die gegen die von der Sonne sekundlich eingestrahlte und bei Nacht wieder ausgestrahlte millionenfach größere Wärmemenge vollkommen verschwindet, vermöchte weder das Klima zu beeinflussen, noch den Abkühlungsprozeß des Planeten irgendwie zu verändern. Ganz anders ist es in dem Augenblick, wo wir uns die etwa 4 cm dicke Pechblendeschicht in 10 km Tiefe versetzt denken. Der aus dem Erdinneren kommende, nahezu stationäre Wärmestrom, wird beim Passieren der Pechblendeschicht plötzlich um $6.7 \cdot 10^{-7}$ cal/sec cm² verstärkt und von dieser Tiefe bis zur Oberfläche muß daher auch das Temperaturgefälle um den Betrag sich erhöhen, der zum Transport der $6.7 \cdot 10^{-7}$ cal/sec cm² erforderlich ist. Die Wärmeleitfähigkeit der Gesteine mit 0.005 cal/Grad cm sec genommen, beträgt diese Erhöhung $1.34 \cdot 10^{-4}$ Grad/cm oder 13.4 Grad/km. Die Temperatur in 10 km Tiefe muß also gegenüber dem Fall der Abwesenheit radioaktiver Substanzen um 134° höher sein (Kurve 2). Dies beeinflußt, wenn auch noch nicht sehr stark, freilich etwas die Lage der in der angenommenen Zeit seit der Erstarrung erreichten Temperaturkurve innerhalb 10 km Tiefe.

Die Kurve wird sich nicht genau parallel verschieben, sondern ein wenig flacher verlaufen. In 20 km Tiefe wird die Temperaturerhöhung durch die in 10 km Tiefe befindliche Pechblendeschicht daher zwar nicht volle 134°, aber doch annähernd diesen Betrag ausmachen.

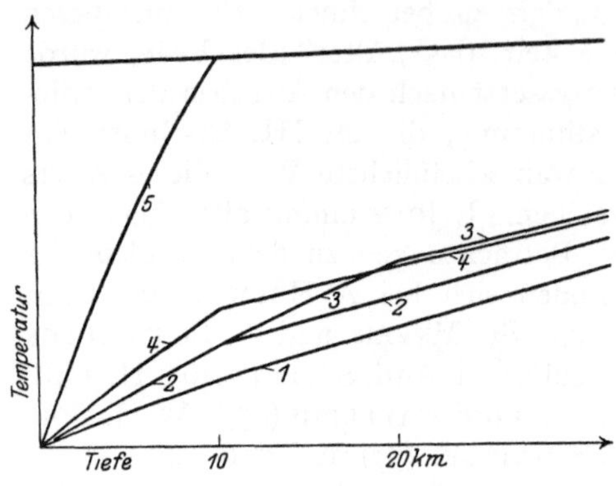

Abb. 14. Sich einstellende Temperaturverteilungen bei Anwesenheit einer wärmeproduzierenden Schicht in 10 bzw. 20 km Tiefe.

Denken wir uns jetzt die Pechblendeschicht in die Tiefe von 20 km versetzt, dann wird dieselbe Vergrößerung des Wärmegefälles nötig, aber nicht nur über die ersten 10 km, sondern über 20 km, und die relative Erhöhung der Temperatur beträgt dann in 10 km Tiefe wie früher 134°, gilt es doch von dort sekundlich $6.7 \cdot 10^{-7}$ cal mehr als bei Abwesenheit der Pechblende zu fördern, in 20 km Tiefe aber 268° (Kurve 3). Daraus erhellt, wie eine *verschiedene Verteilung* der *gleichen Menge* radioaktiver Substanzen sich auswirkt auf die in gewissen Tiefen sich einstellenden Temperaturen. Wie aus Kurve 4 hervorgeht, bewirkt z. B. die doppelte Uranmenge in 10 km Tiefe nur eine Erhöhung der Temperatur in 20 km Tiefe, die etwas geringer ist, als die von unserer Schicht in 20 km Tiefe erzeugte. Machen wir die Uranmenge in 10 km Tiefe nun so groß, daß das ganze Wärmegefälle für den Abtransport radioaktiver Wärme gebraucht wird und die Temperatur in 10 km Tiefe bereits gleich der Erstarrungstemperatur sein muß, um diesem Anspruch zu genügen, so kann unter 10 km überhaupt nie eine Abkühlung stattfinden (Kurve 5); der bei der Erstarrung eingetretene Zustand würde dort heute noch bestehen und die Abkühlung des Planeten für solange auf die äußersten 10 km beschränkt bleiben, bis sich mit den Jahrmilliarden die Abklingung des Urans fühlbar macht.

Gehen wir nun dazu über, den Fall zu betrachten, daß die Radioelemente auf eine gewisse Schicht gleichmäßig verteilt sind. Die Verstärkung des Wärmestroms durch die radioaktive Wärme findet dann mit der Annäherung an die Oberfläche allmählich statt; ebenso das Wachsen des Temperaturgefälles, die Zunahme der Steilheit der Temperaturkurve. Statt des in Abb. 14 vorherrschenden beinahe geradlinigen Verlaufes dieser Kurven wird sich im Bereich der radioaktiven Wärmeentwicklung ein gekrümmter Verlauf einstellen. Ist die Radioaktivität in einem gewissen Tiefenbereich gleichmäßig verteilt, so ist der durch sie bedingte *Zuwachs* des Temperaturgefälles auch gleichmäßig. Bei ungleichförmiger Verteilung der Radioaktivität wird dieser Zuwachs, im allgemeinen also auch die Krümmung der Temperaturkurve dort am größten sein, wo die Konzentration der Radioelemente am größten ist, also nach der verbreitetsten Annahme in der Nähe der Erdoberfläche. Mit dieser Annahme erhält man, wie die Kurve 2 in der Abb. 15 zeigt, trotz hohen Alters der Erde und damit verbundenem, entsprechend tiefem Vordringen der Abkühlung ein ziemlich großes Temperaturgefälle in der Nähe der Erdoberfläche, wie wir es beobachten und wie es nach der einfachen Abkühlungstheorie mit einem hohen Alter der Erde unvereinbar wäre.

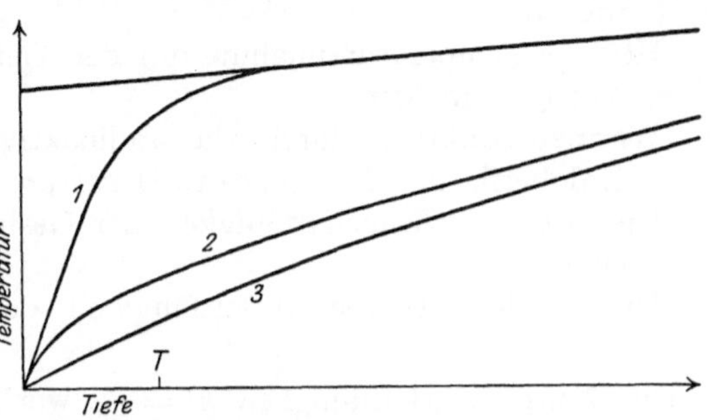

Abb. 15. Temperaturverteilung. Kurve 1: nach z. B. 20 M. J. bei Abwesenheit radioaktiver Stoffe; Kurve 3. nach z B. 1600 M. J. bei Abwesenheit radioaktiver Stoffe; Kurve 2: nach 1600 M. J. bei Anwesenheit einer gewissen Konzentration radioaktiver Stoffe von der Oberfläche bis zur Tiefe T

4. H. JEFFREYS' Betrachtungsweise der Abkühlung der Erde.

Wir wollen im folgenden als Beispiel für die Theorie der sich stetig abkühlenden Erde unter Berücksichtigung der Radioaktivität die Behandlung des Problems durch H. JEFFREYS näher beleuchten, weil JEFFREYS derjenige Autor ist, der gegenüber den neueren Theorien von JOLY, HOLMES usw., die die Wärmewirtschaft des Erdkörpers ganz anders auffassen, die Ansicht, die Erde kühle sich stetig ab, bis in die neueste Zeit ausdrücklich aufrecht hält.

Das erstemal hat JEFFREYS das Abkühlungsproblem im Jahre 1916 einer exakten rechnerischen Behandlung unterzogen (52). Sein Ziel war, zu untersuchen, ob die Kontraktionshypothese in neuer Gestalt unter Berücksichtigung der Anwesenheit radioaktiver Stoffe und eines höheren Alters der Erde eine genügend große Kompression der Erdoberfläche ergebe, um die Gebirgsbildung quantitativ zu erklären.

Den Abkühlungsvorgang bis zur Vollendung der Erstarrung des Erdkörpers nimmt JEFFREYS ebenso an, wie KELVIN (S. 61ff.). Infolge der Raschheit der Wärmeabgabe in diesem Stadium kann hier die Wärmeabgabe durch die radioaktiven Elemente noch keine Rolle spielen. Als ziffernmäßige Grundlagen für die rechnerische Verfolgung des weiteren Ablaufes der Abkühlung werden die von HOLMES (50) verwendeten übernommen:

Alter der Erde: $1.6 \cdot 10^9$ Jahre $= 5.05 \cdot 10^{16}$ sec.

Schmelzpunkt der Gesteine, d. i. anfängliche Oberflächentemperatur: $S = 1200^\circ$.

Anfängliche Temperaturzunahme mit der Tiefe infolge der Erhöhung des Schmelzpunktes mit dem Druck: $m = 0.00005^\circ$ pro cm.

Heutige Temperaturzunahme mit der Tiefe an der Erdoberfläche: 0.00038° pro cm.

Wärmeproduktion durch die radioaktiven Substanzen an der Erdoberfläche: $P = 63.9 \cdot 10^{-14}$ cal pro cm³ und sec.

Die mittlere Wärmeleitfähigkeit der Gesteine: $k = 0.005$ cal/Grad cm sec.

Die mittlere Temperaturleitfähigkeit der Gesteine: $h^2 = 0.084^2$ cm²/sec.

Die Temperaturleitfähigkeit $h^2 = \frac{k}{\varrho c}$, worin ϱ die Dichte und c die spezifische Wärme bedeutet; $\varrho\, c$ könnte man als Wärmekapazität des Kubikzentimeters bezeichnen. Sobald man nicht einen stationären Temperaturgleichgewichtszustand ausrechnet, sondern sich für Vorgänge interessiert, bei denen Temperaturänderungen auftreten, kommt dieser Faktor, der das Verhältnis zwischen zugeführter Wärmemenge pro Kubikzentimeter und erzielter Temperaturänderung darstellt, mit ins Spiel. Daß man die Temperaturleitfähigkeit durch ein Quadrat bezeichnet, geschieht nur aus Bequemlichkeitsgründen, weil in den Rechnungen vielfach die Wurzel dieser Größe auftritt.

Unbekannt sind also nur noch die Verteilung und Menge der radioaktiven Substanzen, resp. der ihnen proportionalen Wärmeerzeugung. JEFFREYS rechnet das Problem für zwei verschiedene Verteilungsgesetze durch. Für den ersten Fall, daß die Wärmeerzeugung bis in eine gewisse Tiefe H als konstant und von da an abwärts als Null angenommen wird, findet er $H = 25$ km. Für den zweiten Fall eines exponentiellen Verteilungsgesetzes (geometrische Abnahme mit der Tiefe) findet er fast denselben Wert für die Tiefe, in der die Konzentration der Radioelemente auf den Bruchteil $\frac{1}{e} = \frac{1}{2.72\ldots}$ abgenommen hat, also auch fast denselben Wert für die Gesamtmenge an Radioelementen in der Erde. Wenn man bedenkt, daß das Alter der Erde so groß ist, daß der heutige Temperaturgradient an der Erdoberfläche zum allergrößten Teile nur der Abfuhr von radioaktiver Wärme dient, so erscheint dies auch selbstverständlich; denn für den stationären Endzustand, dem wir uns asymptotisch mit wachsendem Alter der Erde nähern, müßten wir (ohne Berücksichtigung des Abklingens der Radioaktivität!) in beiden Fällen exakt denselben Wert erhalten, da in diesem Falle die Gesamtmenge einfach durch den gesamten Temperaturgradienten bestimmt ist.

Die Kompression, d. i. die Verkürzung eines größten Kreises auf der Erdoberfläche, hängt nun davon ab, wie weit die Abkühlung in verschiedenen Tiefen bis heute gediehen ist. Sie hängt also von der heutigen Temperaturverteilung, und da diese eine Funktion der angenommenen Verteilung der Radioaktivität ist, auch von dieser ab. Für den ersten Fall — Konzentration der Radioelemente in einer gleichförmigen Schicht gewisser Dicke — erhält JEFFREYS eine Kompression $K = -5.68 \cdot 10^{-3}$, der eine Umfangverkürzung der Erde von 227 km entspricht; für den zweiten, der Wirklichkeit wahrscheinlich näher kommenden Fall exponentieller Verteilung erhält er $K = -3.32 \cdot 10^{-3}$ entsprechend einer Umfangverkürzung um insgesamt 133 km seit der Erstarrung. Eine beiläufige Anschauung von dem Effekt der Kompression liefert die Berechnung des durch dieselbe „aufgestauten Gesteinsvolumens". Zu einem genaueren Verständnis dieses Begriffes führt uns eine nähere Betrachtung des Abkühlungs- und Kontraktionsvorganges.

Wie wir aus Abb. 13 sehen können, rückt mit fortschreitender Abkühlung auch die Tiefe schnellster Auskühlung, d. i. größter Ordinatendifferenz zwischen den Temperaturkurven, nach innen vor. Wenn diese Tiefe schnellster Abkühlung eine bestimmte Schicht erreicht hat, so würde diese Schicht, ganz sich selbst überlassen, sich in jeder Richtung in bestimmtem Maße zusammenziehen, u. a. auch ihren inneren Radius nach Maßgabe von thermischem Ausdehnungskoeffizienten und Temperaturabnahme verringern. Da aber die innerhalb befindliche Materie sich nicht in gleichem Maße zusammenzieht, wird die betrachtete Schale für das Erdinnere zu eng und gerät dadurch in einen Spannungszustand, und zwar tritt eine Zugspannung auf. Betrachten wir andererseits eine Schicht in der Nähe der Erdoberfläche, die längst die Zeit der schnellsten Abkühlung hinter sich hat, so ist es bei derselben umgekehrt. Das Volumen der Materie, die sie umschließt, verringert sich und sie wird, da sie sich nur noch sehr langsam kontrahiert, in einen Zustand von Druckspannung geraten. Dazwischen muß es eine bestimmte Schicht geben, wo die Zugspannung in Druckspannung allmählich übergeht, eine „spannungslose Fläche". Nur was jeweils bereits oberhalb dieser spannungslosen Fläche liegt, erleidet Kompression. Durch Summierung aller dieser Kompressionen von allen Schichten nach dem Vorgang von O. FISHER (58) gelangt JEFFREYS zu dem „aufgestauten Gesteinsvolumen", das innerhalb der ursprünglichen Erdoberfläche keinen Platz mehr findet und emporgestaucht als Erhebungen über dieselbe und als auf derselben abgesetzte Sedimente in Erscheinung tritt. Für die derzeitige Tiefe der spannungslosen Fläche erhält er nach seinen beiden Berechnungsarten 79 resp. 76 km, für das aufgestaute Gesteinsvolumen einen Wert, der zu einer Dicke von 300 resp. 170 m führt für die Schicht, die dieses Gesteinsvolumen gleichförmig über die ganze Erdoberfläche ausgebreitet bilden würde. Sie sollte gleich der sein, die man erhielte, wenn man alle vorhandenen Gebirge und Erhebungen pulverisieren und gleichmäßig ausbreiten würde.

Zum Zwecke der Prüfung an der Erfahrung vergleicht JEFFREYS dann die durch die errechnete Kompression gegebene Arealverminderung der Erdoberfläche mit der aus der geologischen Erfahrung abzuleitenden. Diese letztere berechnet er auf folgende Weise: Der von den Geologen geschätzte Gesamtbetrag an Zusammenschub für ein bestimmtes Faltengebirge wird mit dessen Länge multipliziert. Da solche Schätzungen nur von einem Teil der großen Kettengebirge der Erde vorliegen, so schätzt er den Betrag für die übrigen nach ihrer mittleren Höhe ein, wobei er bei größeren Hochflächen (Tibet) nur Faltung an den Rändern annimmt und für Gebirge auf den Hochflächen nur deren relative Höhen gegen die Umgebung einsetzt. So legt er z. B. an direkt von Geologen beobachteten Beträgen des Zusammenschubs zugrunde

für die Alpen . . . . 118 km
Rockies . . . . 40 „
Appalachen . . . . 60 „

Ferner schätzt er für

Karpathen, Apenninen, Ural . . . . je 10 km
Anden, Iran . . . . „ 40 „
Himalaya . . . . 100 „ usw.

Auf diese Weise ergibt sich eine Arealverminderung von 18 Mill. km², die mit der Bildung der heute bestehenden großen Faltengebirge auf den Kontinenten verbunden gewesen sein muß. Derselben entspräche eine Kompression der Erdoberfläche $K = -1.8 \cdot 10^{-3}$, also nur die Hälfte der von der Abkühlungstheorie zur Verfügung gestellten $-3.3 \cdot 10^{-3}$. Infolgedessen erscheint es JEFFREYS sehr wahrscheinlich, daß die Kontraktionshypothese geeignet ist, einen großen Teil, vielleicht sogar die ganze Gebirgsbildung zu erklären. Für einen Teil der $N - S$ streichenden präkambrischen Gebirge käme als Erklärung auch noch die Äquatorverkürzung in Frage, die ganz zu Anfang der geologischen Geschichte infolge der Rotationsänderung der Erde und der Verringerung der Abplattung stattgefunden haben muß. Auf die in dieser Arbeit außerdem über die Entstehung und Beständigkeit der Kontinente und Ozeane geäußerten Gedanken gehen wir nicht ein, weil JEFFREYS in seinem Buche „The Earth" in bezug auf diese Dinge von ganz anderen Annahmen ausgeht.

In diesem Buche (53) (Kap. V) behandelt JEFFREYS die Jugendgeschichte der Erde etwas näher. Zur Zeit der Entstehung unseres Planeten als selbständigen Himmelskörpers muß die Sonne ein Riesenstern wie die Capella gewesen sein. Infolge der Intensität ihrer Strahlung ist die damalige Oberflächentemperatur der Erde mit ca. 250° einzuschätzen. Zur Bildung des Ozeans kann es erst nach Unterschreitung von 100° C gekommen sein, also erst, nachdem die Sonne zum Zwergstern geworden und das Stadium des Typs *FO* erreicht hatte. Heute ist die Sonne ein Zwergstern vom Typ *GO*. Wie EDDINGTON zeigte, entwickeln sich die Sterne im Riesenstadium bedeutend schneller als im Zwergstadium, so daß anzunehmen ist, daß die Sonne sich vom Riesenstern bis zum Zwergstern vom Typ *FO* bedeutend schneller, vielleicht in einem Zehntel der Zeit entwickelt hat, wie vom Typ *FO* zum Typ *GO*. Es ist daher anzunehmen, daß der Ozean den Hauptteil der Zeit seit der Bildung der Erde existierte und daß die Zeit vor Beginn der geologischen Geschichte nur einen kleinen Bruchteil des Alters der Erde bedeutet. Es ist daher berechtigt, das Alter der Erde für die Abkühlungstheorie, gleich der Zeit geologischer Geschichte zu setzen, deren Länge uns durch die radioaktiven Altersbestimmungen mit hinreichender Genauigkeit bekannt ist.

Die Berechnung des heutigen Temperaturverlaufes im Erdinneren wird im Kap. VI ebenso durchgeführt, wie in der oben besprochenen Arbeit, aber es werden zum Teil andere Zahlenwerte der in Frage kommenden Größen verwendet. So wird für m, die anfängliche Temperaturzunahme mit der Tiefe, statt 5.10^{-5} Grad/cm auf Grund modernerer Experimentaluntersuchungen über die thermischen Eigenschaften von Gesteinen der Wert $2.5 \cdot 10^{-5}$ Grad/cm eingesetzt. Als heute herrschender Temperaturgradient an der Erdoberfläche wird 32.10^{-5} Grad/cm angenommen gegen früher 38.10^{-5}.

Tabelle 21.
Produzierte Wärme in Kalorien pro cm^3 und sec (50)

	in sauren Gesteinen	in basischen Gesteinen	Mittel
durch die Elemente der Uranreihe .	$4.3 \cdot 10^{-13}$	$1.6 \cdot 10^{-13}$	$3.0 \cdot 10^{-13}$
der Thoriumreihe	$5.8 \cdot 10^{-13}$	$1.1 \cdot 10^{-13}$	$3.4 \cdot 10^{-13}$
Summe	$10.1 \cdot 10^{-13}$	$2.7 \cdot 10^{-13}$	$6.4 \cdot 10^{-13}$

Wie ein Blick auf die Tabelle 21 lehrt, hatte JEFFREYS in der ersten Arbeit für die Wärmeproduktion an der Erdoberfläche den Wert für das Mittel aus sauren und basischen Gesteinen gewählt ($P = 6.4 \cdot 10^{-13}$ cal/cm^3 sec), was wohl besonders für den Fall exponentiell mit der Tiefe abnehmender Konzentration etwas niedrig gegriffen erscheint. Nunmehr wählte er statt dessen den Wert für saure Gesteine $P = 1.0 \cdot 10^{-12}$. Die übrigen Größen werden unverändert beibehalten.

Die veränderten Annahmen haben auf das Resultat der Berechnungen zunächst den Einfluß, daß wegen des geringeren Oberflächengradienten der Temperatur die Gesamtmenge an radioaktiven Substanzen etwas geringer ist. Sowohl dies als vor allem die Annahme größerer Konzentration bewirkt, daß die Tiefe der gleichförmig radioaktiven Schicht H sich diesmal zu nur 13 km ergibt. Fast genau der gleiche Wert kommt natürlich für die Tiefe heraus, in der im Falle exponentieller Abnahme der Konzentration mit der Tiefe dieselbe auf den Bruchteil $\frac{1}{e}$ gesunken ist. Daß die Konzentration in 16 km Tiefe nur noch ein Drittel der oberflächlichen betragen soll und damit in dieser Tiefe den Durchschnittswert für basische Gesteine (Basalte) erreicht, paßt nach JEFFREYS gut zu den seismischen Daten, die für dieselbe Tiefe auf das Vorhandensein der entsprechenden Dichte hindeuten. Anschaulich werden die derzeitigen Temperaturverhältnisse durch die Kurve 2 der Abb. 15 dargestellt. Die Abkühlung unter die Erstarrungstemperatur in ca. 300 km Tiefe beträgt 200—300°, in 700 km Tiefe ist sie dagegen ganz unbedeutend.

Würde man die Erstarrungstemperatur also die ursprüngliche Oberflächentemperatur zu 800° ansetzen (infolge Anwesenheit von Wasser und anderen Mineralisatoren), so ändert sich H nur ganz unbedeutend, dagegen werden die Beträge der Auskühlung seit der Erstarrung bedeutend kleiner.

Diese Behandlung des Problems auf Grund der oben angeführten Annahmen bezieht sich nun aber nur auf die kontinentalen Verhältnisse. Da der Ozeanboden im wesentlichen aus dichteren, wahrscheinlich basischen Gesteinen besteht, so hätte man für die Verhältnisse unter den Ozeanen vor allem eine viel geringere Konzentration der Radioelemente anzunehmen. Mit einer Wärmeproduktion von $2.9 \cdot 10^{-13}$ cal/cm³ sec am Ozeanboden und exponentieller Abnahme auf $\frac{1}{e}$ bis 13 km Tiefe erhält man das Ergebnis, daß die Auskühlung unter den Ozeanen etwas weiter vorgeschritten ist und beispielsweise in 370 km Tiefe 180° beträgt gegenüber 135° unter den Kontinenten.

Die Diskussion darüber, ob die Abkühlungskontraktion quantitativ zur Erklärung der Gebirgsbildung ausreicht, wird im Kap. X (53) etwas ausführlicher als in der ersten Arbeit durchgeführt. JEFFREYS berechnet den Grad der Kompression unter den verschiedenen gemachten Voraussetzungen und findet:

Bei Annahme einer 13 km dicken, gleichmäßig radioaktiven Schicht, die unter dem Ozean eine dreimal geringere Konzentration gegenüber den Kontinenten besitzt, die Kompression

$$\text{für den Kontinent } K = -4.1 \cdot 10^{-3},$$
$$\text{für den Ozeanboden } K = -4.5 \cdot 10^{-3},$$

die entsprechende Arealverminderung unter Berücksichtigung, daß der Ozean über zwei Drittel der Erdoberfläche bedeckt,

$$\text{für die Kontinente } 11.9 \cdot 10^5 \text{ km}^2,$$
$$\text{für die Ozeanböden } 33.1 \cdot 10^5 \text{ km}^2;$$

für den Fall exponentiell mit der Tiefe abnehmender Radioaktivität die Kompression

$$\text{für den Kontinent } K = -3.6 \cdot 10^{-3},$$
$$\text{für den Ozeanboden } K = -4.3 \cdot 10^{-3}$$

und die entsprechende Arealverminderung

der Kontinente um $10.4 \cdot 10^5$ km²,
der Ozeanböden um $31.6 \cdot 10^5$ km²;

für dieselbe Verteilung der Radioaktivität, aber 800° Erstarrungstemperatur die Kompression

für den Kontinent $K = -1.6 \cdot 10^{-3}$,
für den Ozeanboden $K = -2.2 \cdot 10^{-3}$

und eine Arealverminderung

der Kontinente um $4.8 \cdot 10^5$ km² und
der Ozeanböden um $16.2 \cdot 10^5$ km².

Beim Vergleich dieser Zahlen mit der für die Gebirgsbildung auf die gleiche Weise, wie in der ersten Arbeit, als nötig berechneten ca. 20.10^5 km² Arealverminderung wird darauf hingewiesen, daß sich der für die Ozeanböden berechnete Anteil der Arealverkleinerung durchaus nicht nur innerhalb dieser selbst auswirken muß, sondern daß im Gegenteil wegen der größeren Festigkeit der Ozeanböden, die noch durch die stärkere Auskühlung gesteigert wird, die Kompression derselben sicher zum großen Teil an den Grenzen auf kontinentalem Gebiet zum Austrag kommt und so zur Erzeugung der Gebirge vom pazifischen Typus führt. Dadurch wären von den 20.10^5 km² bereits $6.5 \cdot 10^5$ durch ozeanische Kompression zu erklären und vielleicht sind auch die restlichen $13.5 \cdot 10^5$ km² kontinentaler Gebirgsbildung noch zum Teil auf dieselbe zurückzuführen.

Für das Verständnis dieser Anschauungen sind JEFFREYS' Ansichten über die mechanischen Eigenschaften der Materie in verschiedenen Tiefen von Wichtigkeit. Danach liegt unterhalb der Zone schnellster Kühlung die Fließgrenze so niedrig und der Flüssigkeitsgrad ist so groß, daß es dort zur Ausbildung von nennenswerten Spannungen nicht kommen kann. Dadurch ist die Möglichkeit der Weiterleitung des Kompressionsdruckes von einem Krustenteil zum nächsten gegeben. Ob das Material oberhalb der Zone schnellster Abkühlung wirklich fest ist oder noch zu fließen vermag, ist für diese Theorie nicht von Interesse. Im ersten Fall entstehen bei der Abkühlung Spalten, die sich von unten her mit flüssigem, bald erstarrendem Material füllen, sich aber natürlich aufwärts nie über die spannungslose Fläche verlängern können. Im zweiten Fall gibt das Material nach, indem sich die Volumsverringerung als Verringerung der Schichtdicke auswirkt. Oberhalb der spannungslosen Fläche soll das Material stets krystallinisch sein, also eine bestimmte Festigkeit besitzen.

Interessant ist die Art, wie JEFFREYS dem rhythmischen Charakter der Gebirgsbildung gerecht zu werden versucht, der sich in den ungefähr 6 großen „Erdrevolutionen" ausdrückt. Aus dem Elastizitätskoeffizienten und der Bruchspannung für Krustengesteine berechnet er die

Bruchdeformation, d. i. die Kompression, bei der Bruch eintritt, zu $0.7 \cdot 10^{-3}$; dies ist ein Sechstel der für die Erdoberfläche oben angegebenen Kompression 4.10^{-3}. Daher soll bisher sechsmal im Laufe der geologischen Geschichte die Spannung auf das Maximum der möglichen Materialbeanspruchung gestiegen sein und nach Überschreiten derselben sich jeweils vollkommen durch die Gebirgsaufstauung ausgeglichen haben.

Des weiteren versucht sich JEFFREYS noch mit verschiedenen Einzelheiten des Erdoberflächenreliefs auseinanderzusetzen (Kap. XI). Die Tatsache, daß die größten Tiefen der Ozeane sich an den Rändern befinden, soll ihren Grund in einer Aufwölbung der Ozeanböden finden, die durch die ständige Abkühlung der Unterseite zustande kommt, während die Oberfläche sich nicht mehr merklich zusammenzieht, da sie ja längst keine hohe Temperatur mehr besitzt; als sie sich einst zusammenzog, waren die tieferen Schichten noch quasi flüssig.

Die großen Sedimentmächtigkeiten in den Geosynklinalen findet er durch die Isostasie *allein* nicht erklärbar, da der Betrag des Einsinkens der Unterlage unter dem Gewicht der Sedimente bis zur Auffüllung auf Meeresniveau ein bestimmtes Vielfaches der anfänglichen Meerestiefe nicht überschreiten kann. Hier soll durch die Wölbung der Ozeanböden der Kontinentalrand elastisch mit abwärts gezogen werden und erst, wenn die Spannung zu groß geworden und Bruch zwischen Ozeanboden und Kontinent eingetreten ist, so biegt sich der nunmehr freie Kontinentalrand samt seiner mächtigen Sedimentlast wieder aufwärts und hebt diese über das Meeresniveau hinauf.

Die Bildung der Kontinente (sowie auch der sog. „Meere" auf dem Mond) wird mit folgendem Vorgang in Verbindung gebracht. Wenn in einer anfänglich dünnen, ausgekühlten Schicht, etwa 10^7 Jahre nach Beginn der Abkühlung, die Zone schnellster Abkühlung 8 km tief vorgedrungen ist und Spalten entstehen, so schmilzt die Materie in dieser Tiefe am Spalt infolge der plötzlichen Druckentlastung. (Im Spalt herrscht ja trotz der Tiefe nur der Atmosphärendruck.) Daher werden solche Spalten bis zum Rand ausgefüllt. Sind aber die einzelnen Schollen genügend groß und aus denselben Gründen, die für die Ozeanböden auseinandergesetzt wurden, gewölbt, so steigt das Magma über die Ränder empor und breitet sich bis zu gewissem Grade aus, eine Ebene bildend (Mondmeere!). Die in größere Tiefe hinuntergeratenen und von Magma wieder überfluteten Schollenränder schmelzen zum Teil wieder auf und das saure (leichtere) Material, aus dem ja die primitive Kruste besteht, fließt auf der Unterseite der gewölbten Schollen nach der Mitte, sie dort verstärkend.

5. Die Theorie der magmatischen Zykeln von JOLY.

Wenn man die Theorie der sich stetig abkühlenden Erde vom Standpunkte des Physikers betrachtet, so erscheint sie als ein in sich wohlgefügtes System, das dort, wo es an die Erfahrung angeschlossen ist (z. B. geothermische Tiefenstufe, Alter der Erde), mit ihr nicht im Widerspruch steht. Anders mag es dem Geologen erscheinen, der von einer Abkühlungstheorie vor allem Hinweise auf die Art der Gebirgsbildung, das Zustandekommen von Transgressionen, auf die Ursachen orogenetischer und epirogenetischer Bewegungen erwartet. Betreffs mancher dieser wesentlichen Züge der Erdgeschichte vermag die JEFFREYSsche Theorie kaum Anhaltspunkte für ihre Möglichkeit, geschweige denn ihre Wahrscheinlichkeit zu geben. Es ist kaum einzusehen, wie man die verschiedenen Erscheinungen des Vulkanismus, vor allem etwa die mächtigen Deckenbasaltergüsse der jüngsten geologischen Geschichte mit ihr in Einklang bringen kann. Gegen die Erklärung des rhythmischen Charakters in der Gebirgsbildung, der großen Erdrevolutionen aus einem sechsmaligen Erreichen der Bruchspannung und jedesmaligem vollkommenen Ausgleich derselben wäre manches auch vom physikalischen Standpunkt aus einzuwenden und für die gewaltigen, zeitweisen Änderungen des Meeresniveaus ergeben sich überhaupt keine Andeutungen.

J. JOLY (59) stellte dagegen eben diese Phänomene in den Vordergrund und gestaltete so seine Anschauungen über die Wärmewirtschaft der Erde in engerem Anschluß an die geologische Erfahrung.

Die zu erklärenden Erscheinungen sind: durch längere Zeit langsam wachsende Transgressionsmeere, oft gewaltige, lokale Anhäufung von Sedimenten gefolgt von Gebirgsbildung und Rückgang der epikontinentalen Seen, zuletzt gewaltige Hebung der Gebirgsketten und Herstellung des ursprünglichen Kontinentalniveaus; vor allem aber mehrfache rhythmische Wiederholung dieser Aufeinanderfolge von Erscheinungen im Laufe der Erdgeschichte.

Als Erklärungsprinzipien, auf die die erwähnten Erscheinungen zurückgeführt werden sollen, werden herangezogen: 1. Die Existenz einer allgemeinen, basaltischen Schicht, in der die Kontinente „schwimmen" und deren Oberfläche auch den Meeresboden bildet, wie sie schon vor längerer Zeit von A. WEGENER (60) gefordert wurde. 2. Ein gewisser Gehalt dieses Magmaozeans an radioaktiven Substanzen. 3. Aufrechterhaltung des isostatischen Gleichgewichtes zu allen Zeiten. 4. Gewisse Kräfte astronomischen Ursprungs, die auf die Erdkruste wirken, wie Gezeitenreibung und Präzessionbewegung.

Die Existenz einer allgemeinen Basaltschicht unter Kontinenten und Ozeanen wird vor allem gestützt durch die Tatsache der Isostasie zwischen den größeren Krustenelementen unseres Planeten.

Schweremessungen an der Erdoberfläche — das sind erstens Bestimmungen der *Richtung* der Schwerkraft durch Lotbeobachtung u.dgl. und Vergleich mit geodätisch-astronomisch bestimmter Länge und Breite, zweitens Bestimmung der *Größe* der Schwerkraft durch Pendelbeobachtung oder auf andere Weise — stimmen im allgemeinen nicht überein mit den theoretisch zu erwartenden Werten, wenn man annimmt, daß die Dichte in irgendeiner bestimmten Tiefe überall dieselbe ist. In diesem Falle müßte z. B. das Lot in der Nähe eines Gebirges, entsprechend dem sichtbaren Massenüberschuß, den dasselbe darstellt, eine Ablenkung zum Gebirge hin erfahren, während die in solchen Fällen beobachtete Ablenkung tatsächlich nur einen verschwindenden Bruchteil der zu erwartenden beträgt. Man muß daher annehmen, daß dem sichtbaren Massenüberschuß über der durchschnittlichen Landhöhe in diesen Fällen ein Massendefizit in der Tiefe entspricht. Dies legte den Gedanken isostatischen Ausgleiches nahe, d. h. die Annahme, daß sich in einer Säule von gewissem Querschnitt oberhalb eines bestimmten Niveaus stets die gleiche Gesamtmasse befindet, wenn wir nur das Niveau tief genug wählen. Danach hätte man sich also vorzustellen, daß Gebirgsmassen in ihrer die Umgebung überhöhenden Lage durch ihre *aus leichterem Material* als die Umgebung *bestehende Unterlage* nach dem Archimedischen Prinzipe *getragen* werden. Nach Wegener und Joly sollen die Kontinente aus spezifisch leichterem Material bestehend in der allgemeinen Basaltschicht schwimmen, wie Eisblöcke auf dem Wasser. Unter Gebirgen und Hochebenen sind die Kontinentaltafeln dicker, sie besitzen dort *nach unten vorragende „Kompensationen"* der Erhebungen an der Erdoberfläche. Beide Auffassungen lassen sich mit den Schwerebeobachtungen in Einklang bringen. Es sei überhaupt unterstrichen, daß auch das dichteste und genaueste Beobachtungsnetz auf der Erdoberfläche prinzipiell durch unendlich viele Arten der Massenverteilung in der Tiefe erklärt werden kann, und daß auch die Hinzufügung der Isostasiehypothese, so sehr sie die Zahl der Möglichkeiten einschränkt, ihrer immer noch unendlich viele übrigläßt.

Das Material, in dem die Kontinente eingebettet sind, muß jedenfalls bedeutend dichter sein als das kontinentale Material. Für seine basaltische Natur sprechen auch die immer wieder im Laufe der Erdgeschichte aufgetretenen großen Deckenbasaltergüsse, sowie der Umstand, daß die weitaus überwiegende Zahl der Vulkane basaltische Laven liefert. Wie aus dem Folgenden hervorgehen wird, müssen wir für die Unterlage der Kontinente einen tieferen Schmelzpunkt annehmen, als ihn das kontinentale Material im Durchschnitt besitzt. Der Schmelzpunkt der Bestandteile saurer Gesteine beträgt 1400—1700°, der von Basalt liegt bei gleichem Druck unter 1200°. Ferner wäre für Basalt als Unterlage anzuführen die Ansicht vieler Petrographen, vor allem der Ausspruch Dalys, daß „die Tatsachen der vulkanischen Geologie mit denen der plutonischen Geologie zusammenzumünden scheinen in den Schluß, daß der wesentliche Prozeß in allem vulkanischen Geschehen auf unserem Planeten in dem Aufsteigen basaltischen Magmas aus der allgemeinen Unterlage entlang von tiefen Spalten besteht". Die Tiefe, bis zu welcher die Basaltschichte reicht, wird von manchen Fachleuten auf etwa 100 km veranschlagt.

Nun enthalten alle Basalte eine gewisse Menge Radium (Uran) und Thorium, und diese entwickelt dauernd Wärme. *Wenn die Bedingungen, unter denen sich die Basaltschicht befindet, derart sind, daß diese Wärme nicht abgeführt werden kann, so muß schließlich die ganze Masse schmelzen.* Dieses Schmelzen muß, geologisch gesprochen, überall gleichzeitig stattfinden. Freilich werden bei einer gewissen Unregelmäßigkeit in der Verteilung der Radioaktivität, die reicheren Partien zuerst schmelzen und dann erst durch Wärmeabgabe an die ärmeren Partien die Einschmelzung derselben beschleunigen; jedenfalls aber ist, wenn die Ungleichmäßigkeiten nicht in sehr großem Maßstabe vorliegen, für die Dauer des Schmelzens der mittlere Gehalt an radioaktiven Stoffen maßgebend. Zum Zwecke der Berechnung legt JOLY in der zitierten Arbeit Mittelwerte der Radium- und Thoriumgehalte aus zahlreichen Basaltproben zugrunde, unter denen sowohl die großen Deckenbasaltvorkommen, als auch Laven der ozeanischen Inseln und kontinentale Basalte vertreten sind. Mit einem Radiumgehalt von $1.2 \cdot 10^{-12}$ und entsprechendem Thoriumgehalt findet er, daß per Gramm 92.4 cal in 28 M. J. erzeugt werden. Nach VOGT sowie HEMPEL und HERÄUS wäre die latente Schmelzwärme solcher Gesteine mit etwa 90 cal anzusetzen, nach DOELTER beträgt sie für Silicate im allgemeinen rund 100 cal. Daher wäre zu schließen, daß 1 g Basalt auf Schmelztemperatur befindlich in ungefähr 30 M. J. die zum Schmelzen nötige Wärme aus sich selbst erzeugen würde.

Inwieweit der hohe Druck die Verhältnisse beeinflussen kann, ist schwer zu sagen. Es ist vielleicht damit zu rechnen, daß die Volumzunahme, die beim Schmelzen eintritt, und die mit steigendem Schmelzpunkt geringer wird, in etwa 150 km Tiefe, wo der Schmelzpunkt ein Maximum erreichen würde, Null wird, und daß das Schmelzen in größerer Tiefe mit Volumsverringerung verbunden ist. Immerhin dürfte dies in den Tiefen, mit denen JOLY rechnet, noch nicht in Frage kommen. Okkludierte Gase, deren Expansivkraft mit abnehmendem Druck wirksamer wird, und die die Viscosität herabsetzen, beeinflussen ebenfalls möglicherweise Schmelzpunkt und Betrag der latenten Schmelzwärme. Als auf Momente, die eine Durchmischung und gleichmäßiges Schmelzen bewirken, wird auf die später noch zu erwähnenden Gezeitenwellen hingewiesen, die mit der Zeit schließlich auch tiefere Schichten in Mitleidenschaft ziehen müssen, sowie auf die aus noch tieferen Regionen kommenden Wärmemengen, die eine Rolle spielen müssen, wenn man nicht die sehr unwahrscheinliche Annahme machen will, daß das Erdinnere von 100 km Tiefe an praktisch frei von Radioaktivität ist.

Jedenfalls ist aber eine namhafte Volumzunahme beim Schmelzen bis in die Tiefen zu erwarten, bis zu welchen die Kontinente und die Kompensationen der Gebirge eintauchen. Diese Volumsänderung bedeutet eine Dichteänderung des tragenden Mediums. Wenn sich auch infolge der allgemeinen Volumszunahme der Erde ihr Radius vergrößert und daher sowohl Meeresspiegel als auch Kontinentoberflächen weiter vom Erdmittelpunkt entfernen, so müssen doch die gleichsam im Basaltmagma schwimmenden Kontinente infolge der Dichteverringerung in dasselbe tiefer eintauchen, wenn Isostasie herrschen soll. Unter Atmosphärendruck beträgt die Dichteänderung 10—12%. Kommt auch kaum der ganze Betrag für die relative Hebung des Ozeanspiegels in Frage, weil wir ja nicht wissen, wie weit hinauf zum Ozeanboden der Basalt schmilzt, so scheint es doch sicher, daß die Größenordnung derart ist, *daß die Dichteänderung der Basaltunterlage beim Schmelzen zur Erklärung auch der größten Transgressionen der geologischen Geschichte geeignet ist.*

Für die Abfuhr der als latente Schmelzwärme aufgespeicherten Energie kommt nun nur der Ozeanboden in Betracht, nicht aber die Landmassen der Kontinente, wie aus folgender Überschlagsrechnung hervorgeht: Eine Tafel aus mittlerem kontinentalen Material mit $2.2 \cdot 10^{-12}$ Ra und $1.6 \cdot 10^{-5}$ Th entwickelt $22.8 \cdot 10^{-14}$ cal/sec g, d. i. bei einer Dichte von 2.7 und 24 km Dicke $1.5 \cdot 10^{-6}$ cal auf jeden Quadratzentimeter und die ganze Dicke; die an der Oberfläche pro Quadratzentimeter und Sekunde abgegebene Wärme beträgt $1.6 \cdot 10^{-6}$, wenn man die Wärmeleitfähigkeit zu $5 \cdot 10^{-3}$ und die geothermische Tiefenstufe zu 32 m annimmt. Die an der Oberfläche eines Kontinents abgegebene Wärme ist also praktisch zur Gänze in der Schicht kontinentalen Materials entwickelte radioaktive Wärme. Für die Ableitung von Wärme aus tiefer liegenden Schichten bleibt nichts übrig. Ihnen gegenüber wirkt der Kontinent als wärmeundurchlässiger Schirm, solange ihre Temperatur sich nicht wesentlich erhöht hat. Bevor aber eine Temperaturerhöhung eintreten kann, wird die produzierte Wärme zum Schmelzen verbraucht. Sobald aber Schmelzung eingetreten ist, beginnen die Gezeiten in dem Magmaozean wirksam zu werden; Zirkulation beginnt und Wärme wird konvektiv den Ozeanböden, d. i. den noch fest gebliebenen, ja infolge ihrer geringen Radioaktivität bis in eine gewisse Tiefe unter den Schmelzpunkt abgekühlten Teilen der Basaltschicht unter den Ozeanen zugeführt. Die Ozeanböden beginnen zu schmelzen, werden dünner und ermöglichen dadurch eine rasche Abfuhr der Wärme. Die untere Grenze der festen Basaltschicht befindet sich ja stets auf der Schmelztemperatur. Je dünner die Schicht ist, desto größer das Temperaturgefälle und desto größer auch die in der Zeiteinheit sie passierende Wärmemenge. Joly berechnet die Dicke des Ozeanbodens nach Kelvins Theorie zu 32 km, indem er ausrechnet, wie weit die Abkühlung nach 25 M. J. vorgeschritten ist. Vernachlässigt wurde dabei, daß auch im Basalt stets radioaktive Wärme entwickelt wird, sowie daß sich Leitfähigkeit und spezifische Wärme mit der Temperatur ändern. Eine Einschätzung dieser Fehler führt auf den Wert 24 km für die Dicke des Ozeanbodens bei Beginn der Zirkulation des Magmas. Die Abschmelzung soll nun geologisch gesprochen sehr schnell vor sich gehen, evtl. unter Mitwirkung überhitzter Lava aus tieferen Schichten, so daß die Abgabe der Wärme und das Wiederfestwerden der gesamten Magmamassen in wenigen M. J. vor sich geht. Durch eine restliche Dicke des Ozeanbodens von ca. 3 km würde die ganze latente Wärme in weniger als 8 M. J. abgegeben werden.

So wie das Schmelzen des Magmas Sinken der Kontinente und Transgredieren der Meere verursachte, so führt das Festwerden nun zum Gegenteil; besonders tief reichende Kompensationen sollen stark von diesem Effekt betroffen werden und auf diese Weise auch manches zeitweise scheinbar schon vollkommen eingeebnete Gebirge aufs neue belebt und gehoben werden.

Dieses Spiel mag sich 4—5 mal im Laufe der geologischen Geschichte wiederholt haben. Eine vorpaläozoische, die kaledonische, variszische, die Laramiden- und die alpine Revolution sollen nach JOLY je einem einmaligen Ablauf eines solchen zyklischen Prozesses des Basaltmagmas in der Tiefe entsprechen. Da er die Dauer der Erdgeschichte seit dem oberen Präkambrium damals auf etwa 170—200 M. J. schätzte, so entfallen auf den Ablauf eines Zyklus etwa 40—50 M. J. in befriedigender Übereinstimmung mit der für die Schmelzdauer aus der Intensität der radioaktiven Wärmeentwicklung abgeleiteten Zeit.

Bisher wurde nur von Bewegungen in senkrechter Richtung gesprochen. Zur Erklärung der Gebirgsbildung brauchen wir aber auch horizontale, sog. tangentiale Bewegungen und Kräfte. Auch solche ergeben sich notwendig aus den Volumsänderungen der Basaltschicht beim Schmelzen. Bei der Ausdehnung soll der Ozeanboden als der schwächere Teil der Erdkruste nachgeben und seine Gesamtfläche um den nötigen Betrag vergrößern; und zwar geht diese Vergrößerung so vor sich, daß sich Spalten bilden, die durch Injektion von Magma von unten immer wieder gefüllt werden; das Oberflächenmaterial befindet sich ja dauernd auf derselben Temperatur und kann sich nicht dehnen. Beim Wiederfestwerden des Magmas und der damit verbundenen Volumsverringerung des Erdinneren sollen dann starke tangentiale Druckspannungen in der ganzen Erdkruste deren schwächste Teile zusammenpressen. Diese schwächsten Teile sind die sedimentbeladenen Geosynklinalen, deren aus kontinentalem Material bestehende Unterlage zwar nicht schmilzt, aber doch durch höhere Erhitzung (infolge Beladung mit radioaktiven Sedimentschichten!) wesentlich verminderte

Starrheit besitzt. Der Ozeanboden beginnt ja nun wieder dicker zu werden, aber sein vergrößertes Areal natürlich beizubehalten. Der Zusammenschub der Sedimentmassen soll aber noch nicht direkt zur Auffaltung sichtbarer Gebirge führen, sondern im wesentlichen die gefalteten Massen in die Unterlage pressen, die aus Isostasiegründen nachgibt, ist doch das Magma unmittelbar unter den Kontinenten zunächst noch flüssig und in seinem spezifischen Gewicht nicht sehr verschieden von kontinentalem Material. Erst im letzten Stadium der Verfestigung der Basaltschicht werden die zusammengeschobenen Massen isostatisch gehoben.

JOLY gibt sodann eine quantitative Schätzung des Betrages, um den der Erdumfang sich im Laufe einer Revolutionsperiode vergrößert und dann wieder verkleinert. Er erhält auf Grund der Annahme einer Tiefe von 100 km für den Basalt und im Mittel 10%iger Volumsänderung rund 10 km Verkürzung des Erdradius und damit über 60 km Verkürzung des Erdumfanges bei der Verfestigung des Magmaozeans. Man beachte, daß dieser Kontraktionsbetrag bei jeder Revolution aufs neue zur Verfügung steht und daß z. B. die Rocky Mountains in *zwei* solcher Revolutionsperioden aufgerichtet wurden.

Den wiederholten Wechsel von Transgressionen und Regressionen und die wiederholten, auf die Wirkung tangentialer Kräfte hinweisenden lokalen Gebirgsbildungen zwischen den großen Revolutionen möchte JOLY mit dem unregelmäßigen Nachgeben des Krustenmateriales gegenüber dem wachsenden Innendruck des Magmas in Verbindung bringen. Als eine besondere Stütze für seine Theorie führt er an, daß die höchsten Gebirge an die weitesten Ozeane grenzen.

Schließlich wird noch Wesen und Wirkung der Gezeiten näher besprochen: sie sollen eine allgemeine Bremsung der Erdrotation und vor allem eine Ost-West gerichtete Verschiebung der äußeren Erdkruste gegenüber dem Inneren bewirken. Dies gibt Anlaß zu einem ostwärts gerichteten Druck des Magmas auf die tiefer tauchenden Kompensationen. Dieser Ostdruck mag auch als gebirgsbildende Kraft auftreten; er mag für die intensivere Gebirgsbildung an der Ostküste des Pazifik gegenüber der Westküste verantwortlich sein; ebenso mag er die Ursache abgeben dafür, daß die großen Deckenbasalte vorwiegend westlich von Kontinenten und großen Gebirgen auftreten; auch die Intrusionserscheinungen in denselben könnten damit in Verbindung gebracht werden, während der rezente Vulkanismus sonst seine Ursache in Resten geschmolzenen Magmas haben mag, die da und dort aus der Zeit der letzten Revolution übrig geblieben sind.

Auch auf die WEGENERsche Theorie von der Verschiebung der Kontinente vermögen vielleicht die im Rahmen der JOLYschen Theorie geforderten, periodischen Zustandsänderungen der subkontinentalen Schicht einiges Licht zu werfen, doch meint JOLY selbst, daß die Entscheidung in den Fragen der Kontinentverschiebung unabhängig aus anderen Wurzeln herbeigeführt werden müsse.

Im ganzen bietet sich uns das Bild, daß die Ereignisse der geologischen Geschichte unseres Planeten in ihren Hauptzügen durch die Anwesenheit der radioaktiven Energiequellen bestimmt erscheinen.

Dieses Bild wird in einer zweiten Arbeit (61) in einigen Punkten, besonders durch quantitative Angaben, ergänzt. Wird als mittlere Mächtigkeit der Kontinentaltafeln in Übereinstimmung mit den besten damaligen seismologischen Daten 32 km angenommen und die mittlere Landhöhe über dem Meeresspiegel mit 700 m sowie die mittlere Meerestiefe mit 4400 m davon abgezogen, so bleiben etwa 27 km übrig, die in das Sima[1] eintauchen. Dies ist ungefähr auch die maximale Stärke des Ozeanbodens vor dem Einsetzen einer Revolution. Bis dahin werden daher hauptsächlich nur die höheren Teile der Kontinente mit ihren tieferreichenden Kompensationen von der Dichteänderung des Tiefenmagmas beeinflußt werden, also Kettengebirge und Hochländer; ihr Hinabsinken mag zum Teil den übrigen Kontinent etwas mitnehmen, so daß auch sehr tiefgelegene Flächen zum Teil schon transgrediert werden, hauptsächlich werden aber die den Gebirgen unmittelbar vorgelagerten Geländeteile mitbetroffen werden, in denen sich die Abtragungsprodukte der Gebirge ansammeln. So wird es verständlich, daß „Berge stets wieder Berge gebären" und die orogene Tätigkeit stets an die gleichen Gegenden gebunden bleibt (Geosynklinaltröge!).

Aus dem Isostasieprinzip folgt, daß die Dicke der Kontinente von Stelle zu Stelle sehr verschieden sein muß. Denn wo Erhebungen in größerer Ausdehnung sind, müssen sich die entsprechenden Kompensationen auch in der Tiefe finden. Bei einer Dichte des kontinentalen Materials von 2.6 und des Sima von 3.0 (vor dem Schmelzen) müssen die Kompensationen 6.5mal so tief nach abwärts ragen, als die entsprechenden Erhebungen oben in den Luftraum. JOLY berechnet nun die Höhe der Temperatur, die sich, Temperaturgleichgewicht vorausgesetzt, an der Basisfläche der Kontinente einstellt für verschiedene Gehalte an radioaktiven Substanzen und gewisse Dicken.

Nehmen wir zunächst an, wir hätten eine *nicht* radioaktive Gesteinsschichte und am Grunde derselben eine Wärmequelle, etwa wieder wie oben (S. 67) eine dünne Pechblendeschicht, und es bestehe keine Möglichkeit für die erzeugte Wärme nach abwärts zu strömen, etwa weil nach abwärts die Temperatur genügend hoch und konstant

[1] Die Namen „Sima" und „Sal" für das Magma der Tiefe (Hauptbestandteile Si und Mg) und das saure Oberflächenmaterial (Hauptbestandteile Si und Al) wurden schon von E. SUESS vorgeschlagen. WEGENER gebraucht statt „Sal" die Bezeichnung „Sial".

ist. Dann wird bei *Temperaturgleichgewicht* die Temperatur von der wärmeentwickelnden Schicht an gleichmäßig bis zur Oberfläche abnehmen. Das Temperaturgefälle ist konstant, die Temperaturkurve eine Gerade, denn die Intensität des zu bewältigenden Wärmestromes ist überall dieselbe. Stellen wir uns dagegen die radioaktive Wärmeentwicklung auf die ganze Schicht gleichmäßig verteilt vor, so wird in jeder Tiefe der Wärmestrom pro Zentimeter, den er nach der Oberfläche zu zurücklegt, stets um den gleichen Betrag verstärkt. Soll Temperaturgleichgewicht herrschen, d. h. die Temperatur an jedem Punkte konstant bleiben, so muß die Temperaturverteilung derart sein, daß das *Temperaturgefälle* für jeden Zentimeter um denselben Betrag *zunimmt*. Die *Änderung* der *Temperaturänderung* (mathematisch gesprochen der zweite Differentialquotient der Temperatur) ist konstant. Die Temperaturkurve wird eine Kurve zweiten Grades und zwar eine Parabel; ihr Scheitel liegt an der Basis der radioaktiven Schicht, wo sie horizontal verläuft, weil unmittelbar an der Basis die Stärke des Wärmestromes noch Null und die Temperatur konstant ist.

Schreiben wir nun eine bestimmte Basistemperatur vor (etwa die Erstarrungstemperatur von Basaltmagma), so können wir umgekehrt die Schichtdicke für eine gegebene Konzentration an Radioaktivität berechnen, für die die Bedingung erfüllt ist, daß die Temperaturkurve gerade an der Basis horizontal wird, d. h. Wärme dort weder von oben nach unten noch von unten nach oben strömt und somit die ganze in größerer Tiefe erzeugte Wärme als latente Schmelzwärme verbraucht wird.

Die Beziehung zwischen der Basistemperatur Θ (die Oberflächentemperatur als Nullpunkt angenommen), der Wärmeproduktion pro Kubikzentimeter und Sekunde Q, der Wärmeleitfähigkeit des betreffenden Materials K und der Schichtdicke D lautet

$$\Theta = \frac{Q}{2k} D^2 \quad \text{oder} \quad D = \sqrt{\Theta \frac{2k}{Q}}.$$

Mit einer Wärmeentwicklung $Q = 7 \cdot 10^{-13}$ cal/cm³ sec, wie sie für Gesteine mittleren Charakters (zwischen sauer und basisch) gilt, und der Wärmeleitfähigkeit $K = 4 \cdot 10^{-3}$ cal/grad cm sec erhält man für $D = 32$ km ziemlich genau 900°. Mit $D = 35$ km und der Wärmeentwicklung saurer Gesteine erhält man $\Theta = 1225°$. Für den ersten Fall würde noch etwas Wärme von unten die Kontinentalschichte passieren und der Gesamtwärmestrom durch die Kontinentaloberfläche würde sich zu etwa $2.5 \cdot 10^{-6}$ cal/cm² sec berechnen. Bei einer geothermischen Tiefenstufe von 30 m/grad würde dies eine Leitfähigkeit von ca. $7.5 \cdot 10^{-3}$ erfordern. Feuchtes Material, womit ja in der Nähe der Erdoberfläche, wo die meisten Messungen der geothermischen Tiefenstufe ausgeführt wurden, gerechnet werden muß, weist tatsächlich Leitfähigkeiten dieser Größenordnung auf.

Ist nun die stark radioaktive Schicht kontinentalen Materials irgendwo dicker als einige 30 km, z. B. unter der Hochebene von Tibet mag sie das doppelte betragen, dann steigt die Temperatur in ihrem *Inneren* höher als Basaltschmelztemperatur (an der Basisfläche wird die Temperatur ja durch den angrenzenden Basalt, wie durch einen Thermostaten auf konstanter Temperatur gehalten, da dessen Temperatur nicht steigen kann, solange er nicht völlig geschmolzen ist) und ein Teil der produzierten Wärme fließt nach unten ab. In der Kompensation der tibetanischen Hochebene hätten wir die maximale Temperatur von 1500° in 42 km Tiefe zu erwarten. Das sind Temperaturen, bei denen auch das kontinentale Material zu erweichen beginnt. Derartige Gebilde nähern sich daher der thermalen Instabilität und Gebirge über eine bestimmte mittlere Höhe sind nicht dauernd existenzfähig. Das Aufdringen von Batholithen mag auch in dieser Fähigkeit der Kompensationen zur Selbsterhitzung seinen Grund haben. Allzudicke Kontinentaltafeln wären natürlich ebenfalls aus thermischen Gründen instabil, sie würden an ihrer Basis abschmelzen und das Abgeschmolzene würde der Basis entlang nach dem Kontinentalrand fließen. So sehen wir, daß der Gehalt an radioaktiven Substanzen die Gestaltung des sialischen Materials an der Erdoberfläche kontrolliert und damit auch das Teilungsverhältnis von Land und Meer.

Die Übereinstimmung von JOLYS Hypothesen betreffs Radioaktivität und Temperaturverteilung in den Kontinentaltafeln mit der Erfahrung, nämlich mit dem wirklich beobachteten Temperaturgradienten an der Erdoberfläche hat H. H. POOLE (62) einer näheren Prüfung unterzogen. Er geht auch von der Annahme aus, daß die Basistemperatur der Kontinente gleich der Basaltschmelztemperatur sei, die er zu ca. 1200° ansetzt. Ferner setzt er den Ra-Gehalt $= 2.10^{-12}$, den Th-Gehalt $= 1.5 \cdot 10^{-5}$ und $k = 4 \cdot 10^{-3}$. Mit zunehmender Dicke der Tafel wird zunächst der Oberflächentemperaturgradient immer kleiner, bis diejenige Dicke erreicht ist, bei der der Basisgradient gleich Null wird; bei dieser Dicke, die unter seinen Annahmen betreffs Ra-Gehalt usw. sich zu 38.7 km ergibt, wird der Oberflächengradient $= 6 \cdot 10^{-4}$ und zugleich ein Minimum; für größere Tiefen kontinentalen Materials ergeben sich wieder größere Werte für das Temperaturgefälle an der Oberfläche, das mit α bezeichnet werde. Die Beobachtungen ergeben nun

$$\alpha \sim 3 \cdot 10^{-4}$$

gegenüber dem Minimum

$$\alpha \sim 6 \cdot 10^{-4},$$

das aus der JOLYschen Theorie folgt. Es handelte sich nun POOLE darum, die verschiedenen Faktoren näher zu beleuchten, die möglicherweise bewirken, daß zwar der der JOLYschen Theorie entsprechende minimale Wärmestrom ($25 \cdot 10^{-7}$ cal/sec cm²) die Erdoberfläche passiert, trotzdem aber der Gradient a so klein erscheint.

Zunächst ist einmal k eine Funktion der Temperatur. Und zwar nimmt die Wärmeleitfähigkeit mit wachsender Temperatur ab. Dies bewirkt eine Erhöhung von a in der Tiefe und dadurch eine Verringerung an der Erdoberfläche. Die Temperaturkurve wird deformiert. Man muß an der Oberfläche eben mit einem höheren, als dem durchschnittlichen k rechnen, wie dies JOLY in seiner zweiten Arbeit auch schon getan hat. POOLE hält den Wert $k = 5.5 \cdot 10^{-3}$ für zutreffend.

Ein weiterer Faktor, der für den Wärmetransport wichtig sein kann, ist das Grundwasser. Durch dasselbe wird konvektiv Wärme nach aufwärts befördert, die einen Extrawärmestrom neben dem durch reine Wärmeleitung beförderten darstellt, der einem bei der Wärmeleitungsmessung im Laboratorium entgeht. Eine nähere Untersuchung zeigte jedoch, daß zwar Wasseradern von Quadratzentimeter-Querschnitt für die Wärmezirkulation etwas ausgeben, mikroskopische Poren jedoch nicht, wenn sie abgeschlossen sind. Hohlräume, welcher Dimension immer, die zusammenhängen und so eine Zirkulation von Wasser über größere Strecken ermöglichen, mögen dagegen etwas austragen. So bedeutet die warme Quelle von BATH, die $8.5 \cdot 10^5$ cal/sec fördert, einen Wärmestrom, wie er durch reine Wärmeleitung auf einer Fläche von ca. 100 km² die Oberfläche der Erde erreicht. Wenn ein Zoll Regenwasser pro Jahr, d. i. ein kleiner Bruchteil (%) der jährlich fallenden Regenmenge in die Erde so tief eindringt, daß es um 1° wärmer an irgendeiner anderen Stelle wieder zum Vorschein kommt, so würde dies auch einem Wärmestrom von $0.8 \cdot 10^{-7}$ cal/sec cm² gleichkommen. Also auch diese Korrektur kommt ernstlich in Betracht.

Schließlich kann es sein, daß der heutige Temperaturgradient nicht der dem Gleichgewicht entsprechende ist, daß er nämlich von säkularen Klimaänderungen beeinflußt ist. Betrug die mittlere Bodentemperatur während der Eiszeit 15° weniger als heute und hatte diese tiefere Temperatur lange genug bereits geherrscht, daß sich die Temperaturen bis in große Tiefen mit ihr ins Gleichgewicht gesetzt hatten, so bedeutet die heutige Temperaturerhöhung gegen die Eiszeit eine Verkleinerung des Gradienten a, der sich in ziemlich bedeutende Tiefen erstreckt. Rechnen wir mit 20000 Jahren seit der Mitte der Eiszeit, so hätten wir an der Erdoberfläche eine Verkleinerung des Gradienten a gegenüber dem Gleichgewichtswert zu gewärtigen um $1.6 \cdot 10^{-4}$, die abnehmend bis in Tiefen von mehreren hundert Metern fühlbar wäre. Auch dies ist eine Korrektur, die ins Gewicht fällt und a verkleinert gegenüber dem Gleichgewichtswert.

Der Vulkanismus dagegen dürfte wenig ausgeben, weil er doch örtlich und zeitlich in zu beschränktem Maße auftritt.

Da alle die angeführten Störungen in der Richtung wirken müssen, daß der beobachtete Wert von α sich gegen den theoretischen verkleinert, so kann *der beobachtete kleine Wert nicht als Argument gegen die Annahme gleicher Konzentration radioaktiver Stoffe durch die ganze Tiefe der kontinentalen Massen wie an der Oberfläche* betrachtet werden.

Auch POOLE nimmt an, daß die zeitweise Anhäufung von Wärme als latente Schmelzwärme die Ursache der „Revolutionen" ist. Unterstützt durch die von den stärkeren Teilen der Kontinente an die Unterlage abgegebene Wärme, soll das Schmelzen unter den Kontinenten früher beendet sein, diese flüssigen Massen trachten aufwärts gegen die schwächeren Kontinentalränder zu fließen und mögen so zu dem vorzugsweisen Auftreten von Vulkanen an denselben Anlaß geben. Die allgemeine Westdrift der äußeren Erdkruste über das Innere bewirkt schließlich eine Verschiebung der Kontinente über kühleres Magma, bis sie auf einer bereits festen Unterlage „stranden". Die dabei auf die Kompensationen ausgeübten Kräfte könnten ebenfalls als Ursachen der in Gebirgszonen beobachteten ungeheuren tangentialen Spannungen angesehen werden.

Ein anderer Autor, J. R. COTTER (63), hat es unternommen, im Anschluß an die JOLYsche Theorie der Revolutionen die Frage zu prüfen, wie weit die Abkühlung des Ozeanbodens in den 30 M. J. der Wärmeaufspeicherung zwischen zwei Revolutionen gedeihen kann, wie dick also der Ozeanboden bei Beginn der Aufschmelzung ist. Er geht für die Rechnung von dem Zustand eines zwar festen aber bis an die Oberfläche auf Schmelztemperatur befindlichen Mediums aus, wie die KELVINsche Abkühlungstheorie. Es ist nämlich nicht möglich, genau zu berechnen oder abzuschätzen, wie weit die Schmelzisotherme in Revolutionszeiten aufwärts vordringt. Dennoch wird durch COTTERS Annahme das Resultat der Rechnung nicht wesentlich beeinflußt, weil die Abkühlung einer solchen Schicht ja anfangs in ihren oberen Teilen ganz unverhältnismäßig viel schneller vor sich geht als später. Dies wird am besten dargelegt durch die Angaben COTTERS, daß die 1150°-Isotherme

in	1	5	10	15	20	25	30	M. J.
bis in	13.5	23	27	28.7	29.8	30.6	31.1	km Tiefe

vorgedrungen ist. Da die Rechnung mit gewissen Vereinfachungen durchgeführt wurde, so stellen die erhaltenen ca. 32 km eine untere Grenze dar, während sich als obere Grenze ca. 42 km ergibt.

JOLY hat außer in den oben besprochenen Arbeiten seine Anschauungen noch in einigen zusammenfassenden Veröffentlichungen (64, 65) niedergelegt, in denen er zum Teil etwas abweichende Ziffern der verwendeten Konstanten heranzieht, die aber am Gesamtbild nichts ändern. Besonders in seinem Buche „The Surface-History of the Earth" (65) werden dabei die Beziehungen auf das geologische Erfahrungsmaterial einer breiteren Darstellung gewürdigt. Auf die im 9. Kapitel dieses Buches gebrachten Anschauungen über die geologische Zeitrechnung wird später noch eingegangen werden (S. 188).

In einer jüngst (1927) erschienenen Arbeit haben dann J. JOLY und J. H. J. POOLE (66) (vgl. auch (32)) noch einige Beiträge zur Gliederung des gabbroiden oder, wie JOLY es stets nennt, basaltischen Magmas geliefert. Im Gegensatz zu anderen Autoren, die von mindestens 60 km Tiefe abwärts aus seismologischen Gründen ein anderes Magma (Dunit, Peridotit) annehmen, halten JOLY und seine Mitarbeiter daran fest, daß dasselbe basaltische Magma, das den Ozeanboden zusammensetzt, bis in größere Tiefen vorwalte. Sie führen dafür zunächst an, daß die Deckenbasalte aus sehr großer Tiefe stammen müssen, weil sie so dünnflüssig, also wahrscheinlich überhitzt, die Erdoberfläche erreichen; auch ihr hoher Eisengehalt spricht dafür, sowie die chemische Ähnlichkeit, um nicht zu sagen Gleichheit, der Deckenbasalte verschiedenster Herkunft, wofür WASHINGTON fünf Beipiele aus fast allen Kontinenten anführt. Die Forderung nach einem Medium höherer Dichte und solcher elastischer Eigenschaften, daß die beobachtete höhere Geschwindigkeit der longitudinalen Erdbebenwellen unterhalb 60 km Tiefe resultiert, läßt sich durch die Annahme von Eklogit erfüllen. Eklogit ist ja magmatisch, chemisch mit Basalt identisch, wenn er auch einen ganz anderen Mineralbestand aufweist. Er ist einfach die bei höheren Drucken stabile Form eines krystallisierenden, gabbroiden Magmas. Man kann also die seismologisch gefundene Struktur des Erdinneren, die auf Schichten sehr verschiedener physikalischer Beschaffenheit hinweist, mit der Annahme magmatisch einheitlicher Zusammensetzung in Einklang bringen. Immerhin weist auch dieses einheitliche Magma gewisse Unterschiede mit der Tiefe auf; es muß, eine gewisse Differentiation erlitten haben, wie folgende Zusammenstellung von J. H. J. POOLE (67) zeigt:

Tabelle 22.

	Dichte	Ra $\times 10^{12}$	Th $\times 10^5$	K $\times 10^2$
Ozeanische Inselbasalte	2.890	1.15	0.66	1.82
Deckenbasalte	2.932	0.75	0.51	0.83
Eklogite	3.376	0.33	0.18	0.44

Nimmt man hierzu noch das kontinentale Material mit seiner nur um einiges geringeren Dichte als die Inselbasalte (2.67) und seiner bedeutend höheren Radioaktivität, so erhält man ein Bild der Verteilung von Material verschiedener *Dichte und Radioaktivität*, wie es nach JOLY und POOLE durch die Sonderung infolge der Schwerkraft sich schließlich einstellen muß, weil bei dieser Sonderung *beide Faktoren* miteinander konkurrieren. Es sollten sich nämlich, wenn man von der Radioaktivität absieht, die Stoffe nur nach dem spezifischen Gewicht ordnen, sobald sie aus irgendeinem Grund eine gewisse Beweglichkeit erhalten, andererseits aber werden die am stärksten aktiven Partien zuerst schmelzend aufwärts dringen, was zum Teil eine geringere Dichte anderer Partien aufwiegen mag. Die obersten Partien der Erdkruste wären daher hervorgegangen aus einem Gemisch der leichtesten und von den schwereren, der radioaktivsten Magmapartien, dann folgen nach unten Teile mittlerer Beschaffenheit, zu deren Zustandekommen evtl. auch sehr schwere, aber sehr stark aktive und leichte, aber sehr schwach aktive Partien beitrugen, und zu tiefst liegen diejenigen Partien, deren Summe an radioaktivem und anderem Auftrieb am kleinsten ist. Auf diese Weise sollen einstmals aus einem willkürlichen Gemisch von Teilen verschiedener Dichte und Radioaktivität sich die heutigen Verhältnisse zwangsläufig herausgebildet haben.

Die Zeit, welche vom Beginn einer Erdrevolutionsperiode bis zum Beginn der nächsten verstreicht, wäre mit Rücksicht auf den geringeren Gehalt an radioaktiven Substanzen in der maßgebenden Schicht (der Eklogitschicht) gegen die früheren Berechnungen zu verdoppeln, betrüge also ungefähr 100 M. J., womit sie sich der zur Übereinstimmung mit den eigentlichen radioaktiven Altersbestimmungsmethoden nötigen Größe schon mehr nähert.

Die Neuberechnung der thermischen Verhältnisse (Temperaturen und Gradienten) in der Erdkruste, welche diese jüngste Arbeit bringt, berücksichtigt auch die wichtige Entdeckung von A. HOLMES und R. W. LAWSON (68), daß in kontinentalen Gesteinen und auch sonst vielfach Kalium einen Beitrag derselben Größenordnung zur Wärmeentwicklung liefert wie die Uran- und die Thoriumfamilie. Mit Rücksicht auf die Unsicherheit, mit der der beobachtete Temperaturgradient als repräsentativ für den die Erdoberfläche passierenden Wärmestrom angesehen werden darf, ergibt sich, daß die Tatsachen sich mit der Annahme einer Kontinentaldicke von 30 km gerade noch in Einklang bringen lassen.

6. Die Weiterführung der Theorie der magmatischen Zykeln durch HOLMES.

In den Jahren 1915 und 1916 hatte A. HOLMES es unternommen, die Theorie der stetigen Abkühlung der Erde unter Berücksichtigung der Radioaktivität in strenger Form zu geben (50), eine Theorie, deren zähester Anwalt heute H. JEFFREYS ist. Nach dieser Theorie ist die Gesamtmenge an radioaktiven Substanzen in der Erde begrenzt durch die Forderung, daß die von ihnen entwickelte Wärme geringer sein muß, als die heute von der Erde dauernd abgegebene. Nachdem JOLY das erstemal mit dieser grundlegenden Annahme gebrochen hatte —

seine Theorie läuft ja darauf hinaus, anzunehmen, daß der Wärmevorrat der Erde sich zeitweise vergrößert — ging auch HOLMES an eine Revision der „kontinuierlichen Abkühlungstheorie“.

Die erste darauf bezügliche Veröffentlichung (69) ist der Kritik seiner eigenen früheren Arbeiten, sowie der renovierten Kontraktionshypothese der Gebirgsbildung überhaupt gewidmet. Ein Hauptgrund, der eine Wiederdiskussion notwendig erscheinen ließ, war durch die große Erhöhung des Betrages an Zusammenschub gegeben, die auf Grund neuer Erkenntnisse über den Bau der großen Faltengebirge notwendig erschien. War die erneuerte Kontraktionshypothese (JEFFREYS) nach HOLMES Urteil nicht imstande auch die vorvariszischen Verkürzungen des Erdumfanges zu erklären, so reichte sie angesichts der neuen Schätzungen des Zusammenschubes bei den Alpen auf 200 bis 300 km, bei den Appalachen auf 300 km, den Rockies auf 60 km auch nicht im entferntesten mehr zur Erklärung aller stattgehabten Gebirgsbildung aus. HOLMES schätzte selbst, daß sie vielleicht ein Drittel oder ein Viertel derselben zu erklären vermöchte, betont aber, daß dies *allein* kein genügender Grund sei, die radiothermale Kontraktionstheorie absolut zu verwerfen, weil ja möglicherweise noch eine ganze Reihe anderer Faktoren zur Erklärung tektonischer Strukturen in Frage kommen.

Noch wichtiger erscheint das Versagen der Theorie gegenüber einer Reihe von vulkanischen Erscheinungen. Wo die Durchschnittsmenge an radioaktiven Substanzen unterhalb eines kontinentalen Areals überschritten wird, wie in sedimentbeladenen Geosynklinalen oder unter zusammengeschobenen Gebirgsmassen, vermag sie das Auftreten von Batholithen oder von Vulkanen des Andentypus noch zu erklären. Wo aber größere Flächen durch längere Zeit der Denudation ausgesetzt waren, wo keine tangentialen, sondern nur epirogenetische Kräfte am Werk waren, dort kann unmöglich radiothermal erzeugte Energie für die Entstehung von größeren Magmaherden verantwortlich gemacht werden, wenn man an der Fiktion einer sich dauernd abkühlenden Erde festhält. Gerade an solchen Stellen haben aber in jüngster Zeit die großen Deckenbasaltergüsse stattgefunden.

Nach den Berechnungen von L. H. ADAMS (56), die sowohl in bezug auf Temperatur als auch in bezug auf Radioaktivität in ihrer Abhängigkeit von der Tiefe zwischen den Werten von HOLMES und denen von JEFFREYS die Mitte halten, ist die Bildung von flüssigem Basaltmagma nicht oberhalb 100 km Tiefe anzunehmen. Von der Schwierigkeit abgesehen, daß Magma aus solcher Tiefe nicht direkt an die Oberfläche gelangen kann, ist aber dort nach der kontinuierlichen Abkühlungstheorie nur noch mit einem Ra-Gehalt von weniger als $0.1 \cdot 10^{-12}$ zu rechnen. In keiner Gegend der Erde ist der Ra-Gehalt von Basalten kleiner als der fünffache Betrag hiervon, meist jedoch größer. Nach der Abnahme des Ra-Gehaltes mit der Tiefe, die die kontinuierliche Abkühlungstheorie verlangt, herrscht der den Basalten eigentümliche Ra-Gehalt in etwa 20—45 km Tiefe; tiefer unten wären schon ultrabasische Gesteine, etwa Peridotit, zu gewärtigen. Nach derselben Theorie beträgt die Temperatur in 20—45 km Tiefe 400—800°. Dies reicht angesichts der Schmelzpunktserhöhung durch Druck auch dann nicht zur Bildung flüssigen Basaltmagmas, wenn wir uns zu oberst noch 10 km Sedimente mit höherer Radioaktivität als Basalt aufgepackt denken.

Noch schlimmer steht es, wenn man die Verhältnisse unter dem Ozean in Betracht zieht. Nimmt man die Tiefe der Fläche, bei welcher der isostatische Ausgleich vollkommen ist, als in der ultrabasischen Schicht gelegen an, so kann man sich das Fehlen der Schicht kontinentalen Materials von der Dichte 2.8 auf dem Ozeanboden, wo der Basalt mit der Dichte 3.0 praktisch die Oberfläche bildet, ausgeglichen denken dadurch, daß das ultrabasische Gestein ein höheres Niveau erreicht. Die Gleichung

$$(20.7 \times 2.8) + (25 \times 3.0) = 4 + (26 \times 3.0) + (15 \times 3.4)$$

lehrt uns, daß die 20 km kontinentales Material + 700 m mittlere Landhöhe über dem Meeresspiegel zusammen mit 25 km darunterliegendem Basalt aufgewogen werden können durch 4 km Ozeanwasser, 26 km Basalt und 15 km ultrabasisches Material. Hier erreicht nach der kontinuierlichen Abkühlungstheorie die untere Grenze der Basaltschicht (unter dem Ozean) sogar nur 350°. Selbst wenn also in kontinentalen Regionen die vulkanischen Erscheinungen nach dieser Theorie alle erklärbar wären, so wäre dies doch in ozeanischen Regionen so gut wie ausgeschlossen. Sollte doch irgendwo eine radioaktivere Partie gewesen sein, die zu vulkanischen Erscheinungen hätte Anlaß geben können, so hätte sie dies eben schon in Urzeiten getan und bis zur Selbstvernichtung getan, so daß jedenfalls heute aktiver Vulkanismus auf diese Weise unerklärlich bleibt.

Es gibt wohl nur zwei Möglichkeiten zur Erklärung von solchem Vulkanismus: entweder muß man annehmen, daß doch mehr radioaktive Substanz vorhanden ist, als die kontinuierliche Abkühlungstheorie erlaubt, oder es muß gelegentlich Hitze oder geschmolzenes Material aus großer Tiefe ins Spiel treten. Sollte wirklich durch irgendwelche Umstände, eigentümliche Spannungsverhältnisse u. dgl., einmal die Bildung flüssigen Magmas unterhalb der spannungslosen Fläche stattgefunden haben, so kann dasselbe, wenn es die spannungslose Fläche erreicht hat, die darüber folgende Zone wachsender Kompression nur durch Übersicharbeiten (overhead stoping), Einschmelzen der Decke usw. durchdringen. In dem Augenblick aber, wo man die Möglichkeit derartiger Prozesse zur Erklärung des Vulkanismus heranzieht, würde die

Kontraktionstheorie der Gebirgsbildung hoffnungslos unmöglich, weil Schmelzen in der Tiefe eine Volumsvermehrung bedeutete, die der Kontraktion, die ohnedies schon nicht ausreicht, noch entgegenwirken würde.

In der Fortsetzung dieser Arbeit (70) geht HOLMES an einen Neuaufbau der Theorie des Zusammenhanges zwischen geologischer Geschichte und Radioaktivität, der unzweifelhaft mehr bedeutet als nur eine Ausgestaltung der JOLYschen Theorie, wenngleich der eine Hauptzug periodisch verstärkter Wärmeabfuhr aus dem Erdinneren derselbe ist. Die Theorie der kontinuierlichen Abkühlung hatte die Gesamtmenge radioaktiver Substanzen begrenzt. Die Schnelligkeit der Konzentrationsabnahme mit der Tiefe war dadurch im großen und ganzen ebenfalls schon gegeben. Nach der neuen Anschauung fiel die Begrenzung der Gesamtmenge weg. Infolgedessen mußten Anhaltspunkte für die Verteilung der Radioaktivität auf anderen Wegen gesucht werden. Die gesuchte Verteilung kann als gegeben betrachtet werden, sobald man nur sich ein einigermaßen gesichertes Bild vom Bau der Lithosphäre machen kann. Dazu kann erstens das Prinzip der Isostasie und zweitens die Geschwindigkeit der Erdbebenwellen in verschiedenen Tiefen herangezogen werden. Leider können heute noch weder die Angaben aus der einen noch die aus der anderen Quelle als eindeutig oder zwingend angesehen werden. Immerhin wissen wir soviel, daß mit größter Wahrscheinlichkeit die meisten Gebiete der Erde ziemlich vollkommen gegeneinander isostatisch ausgeglichen sind und der Ausgleich im wesentlichen in geringerer Tiefe als 60 km stattfindet. Ferner geht aus den seismologischen Angaben, so sehr sie von verschiedenen Autoren auseinandergehen, hervor, daß mit Diskontinuitätsflächen in Tiefen um 30 und um 60 km herum zu rechnen ist. Die absoluten Geschwindigkeiten der verschiedenen Wellenarten weisen darauf hin, daß in kontinentalen Gebieten Granit bis zu 25—30 km Tiefe vorwalten dürfte. Mit der Annahme von Basalt als nächster Schicht sind sie nicht im Widerspruch. In 60 km Tiefe steigt die Geschwindigkeit von Kompressionswellen auf einen Betrag, der mit den physikalischen Eigenschaften von Peridotit in bestem Einklang steht. Es erscheint daher gewiß, daß die 60 km-Schicht in kontinentalen Gebieten schon Granit *und* Basalt umfaßt. Im Durchschnitt mag die Hälfte auf Granit kommen. Seine Dicke erreicht vielleicht ausnahmsweise in Hochplateau-Regionen wie Tibet 65 km und sinkt unter der Hochsee praktisch auf Null.

Nimmt man nun in der *Granitschicht* überall denselben mittleren Gehalt an Radioaktivität an, wie er sauren Gesteinen entspricht, so erhält man bei 60 km Dicke eine Gleichgewichtstemperatur an der Basis von über 4000°[1], was als unmöglich hoch außer Betracht bleiben

[1] Diese Zahl scheint einer früher gegebenen (S. 85) zu widersprechen. Es sei darauf hingewiesen, daß HOLMES hier nicht die einschränkende Be-

möge. Mit einem dreimal kleineren Gehalt würde die Temperatur auch nur ein Drittel betragen und erhielte damit auch einen vernünftigen Wert. Vielleicht ist tatsächlich eine unternormale Radioaktivität eine von den Bedingungen, die die Entstehung so hochragender Gebiete wie Tibet und Himalaya erst ermöglichten. Nach JOLY sollte ja überall, wo die kontinentalen Massen zu mächtig werden, infolge der gesteigerten Wärmeentwicklung an der Basis Abschmelzung und seitliches Abfließen des Geschmolzenen nach schwächeren Teilen der Kontinentaltafel eintreten. Es ist daher anzunehmen, daß im allgemeinen die heutige Mächtigkeit der Kontinente nirgends den Wert wesentlich überschreitet, der mit Rücksicht auf die an der betreffenden Stelle herrschende Radioaktivität gerade noch beständig ist. Dagegen sind wesentliche Unterschreitungen der kritischen Mächtigkeit, besonders in Schelfgebieten, zu erwarten.

In der *Basaltschicht* unter den Kontinenten muß natürlich mit der Zeit Schmelzung eintreten, da die in ihr erzeugte Wärme nur zum allergeringsten Teile abfließen kann. Unter dem Ozean wird angenommen, daß die Granitschicht praktisch fehlt. Aber auch hier läßt sich zeigen, daß es in gewisser Tiefe schließlich zum Schmelzen kommen muß. Die Mächtigkeit des Basalts ergibt sich aus Isostasie-Überlegungen zu etwa 42 km. Für die Basis dieser Schicht ergibt sich schon ohne Rücksicht auf ursprüngliche Erdwärme eine Gleichgewichtstemperatur infolge der eigenen Radioaktivität von über 1000°; dazu kommen 400°, die dort auch ohne Radioaktivität nach einer Abkühlungsdauer der Erde von 1600 M. J. noch herrschen würden; das reicht zusammen auch bei höherem Druck aus, um Basalt zu schmelzen. Die Basaltschicht muß also früher oder später überall auf der Erde in irgendeiner Tiefe zu schmelzen beginnen, wie dies auch schon JOLY hervorgehoben hat. HOLMES nimmt im Gegensatz zu JOLY an, daß die Basaltschicht nirgends mächtiger als 42 km ist, im Anschluß an seismologische Erfahrungen. Im übrigen nimmt er einen ähnlichen Ablauf der zyklischen Zustandsänderung der Basaltschicht an wie JOLY: Eingreifen von Fluterscheinungen, sobald ein zusammenhängender Magmaozean entstanden ist; allgemeine Ost-West-Bewegung der äußeren Erdkruste gegen das Innere; Aufschmelzen des Ozeanbodens durch das überhitzte, subkontinentale Magma und schließlich Wiederverfestigung im wesentlichen von unten nach oben, bis die Kontinente „stranden“. Soweit der Basalt geschmolzen war, ist er schließlich wieder fest und befindet sich ungefähr auf Schmelztemperatur.

Aus dem Umfang der in der geologischen Geschichte aufgetretenen

dingung in Rechnung zieht, daß die Basis durch schmelzenden Basalt auf konstanter und tieferer Temperatur gehalten wird, sondern daß er so rechnet, als ob die ganze produzierte Wärme an die Erdoberfläche abgeführt werden müsse.

Transgressionen schließt HOLMES, daß nie mehr als etwa ein Drittel der äußeren subozeanischen Basaltschicht, soweit sie der Kontinentalmächtigkeit entspricht, geschmolzen war, daß der Ozeanboden also stets noch mindestens 15 km stark war. Ferner haben die isostatischen Hebungen und Senkungen von Teilen der Kontinente infolge der Volumsänderung des darunterliegenden Magmas auch horizontale Massenverschiebungen innerhalb des letzteren zur Folge, deren Mitwirkung für die Wärmeabfuhr unter den Ozean eine gewisse Wichtigkeit haben mag. Die für den Ablauf eines solchen Zyklus nötige Zeit schätzt HOLMES niedriger als JOLY, auf rund 30 M. J., weil erstens schon lange bevor die ganze Masse durch und durch flüssig geworden ist, der noch feste, ein Netzwerk bildende Teil zusammenbrechen und so zur Bildung einer zusammenhängenden Flüssigkeitsmenge Anlaß geben wird; ist dieser Prozeß einmal auf genügend großen Gebieten vor sich gegangen, so werden zweitens die einsetzenden Flutbewegungen rasch auch die restlichen, noch nicht zusammengebrochenen Gebiete mit schwammartiger Struktur überwältigen.

Die eben erwähnte Zeitschätzung gibt eine Möglichkeit, die Theorie an der Erfahrung zu prüfen. Jeder Zyklus soll ja wegen der Volumsänderung — erst Ausdehnung und dann Zusammenziehung — der Basaltschicht, die tangentiale Kräfte in den obersten Schichten auslösen muß, zu Gebirgsbildungen, wenn auch in bescheidenem Maße, Anlaß geben, vor allem aber auch eine Periode der Regressionen und Hebungen, besonders tief kompensierter Gebiete ungefähr zur selben Zeit verursachen. Nach einer in der zitierten Arbeit von HOLMES gegebenen Zusammenstellung hätte man seit dem Ende des Präkambriums mit 20 solchen Perioden zu rechnen. Danach müßte dieser Zeitpunkt der geologischen Geschichte ungefähr 600 M. J. zurückliegen, ein Datum, das mit den nach anderen zuverlässigen Methoden erhaltenen gut übereinstimmt und im III. Abschnitt einer näheren Diskussion unterworfen werden wird.

Es ist nun bekannt, daß die Gebirgsbildung bei 3—4 dieser 20 Perioden eine ganz unverhältnismäßig intensivere war, als bei den übrigen. Diese intensive Kontraktion kann nun selbstverständlich nicht allein aus der Zustandsänderung einer relativ seichten Basaltschicht erklärt werden, sondern es muß sich in diesen Fällen um die Mitwirkung einer viel mächtigeren Schicht gehandelt haben, als welche die unter der Basaltschicht folgende Peridotitschichte vor allem in Frage kommt. Ist diese Schicht überhaupt radioaktiv — und wir haben keinen Grund daran zu zweifeln — so muß sie mit der Zeit analoge Zustandsänderungen durchmachen, wie die Basaltschicht. Wir sind dem Peridotitmagma gegenüber allerdings in einer wesentlich ungünstigeren Lage, als dem Basalt gegenüber. Während wir annehmen dürfen, daß wir in den großen Deckenbasaltergüssen es zuverlässig mit Durchschnittsproben aus dem Basaltniveau zu tun haben, erhalten wir, wenn überhaupt, so wahrscheinlich nur äußerst selten Material aus der darunterliegenden Schicht an die Erdoberfläche. Auch können wir von einem derartigen ultrabasischen Gestein nie wissen, ob es wirklich aus dem fraglichen Niveau stammt oder ob es nur ein ähnliches Differentiationsprodukt eines basischen Magmas ist, das in die äußere Kruste eingedrungen ist. Wir wissen jedoch sicher, daß Peridotit ärmer an Uran und Thorium ist als Basalt und daß eine Peridotitschicht sicher wesentlich länger brauchen wird, um durch die selbstentwickelte radioaktive Wärme zu schmelzen, als eine Basaltschicht. Es bietet sich uns aber ein anderer Weg dar, die Radioaktivität der Peridotitschicht zu erschließen. Unter den oben erwähnten 20 orogenen Perioden ist nämlich gerade jede sechste oder siebente eine, die einer großen „Revolution" entspricht (die kaledonische, die variszische und die alpine); die Peridotitzone sollte also 6—7mal so lange brauchen zum Schmelzen und die entsprechende, geringere Radioaktivität besitzen wie die Basaltschicht. Das Ineinandergreifen der Tätigkeit zweier solcher Schichten verschiedener physikalischer Eigenschaft erscheint geeignet, der Mannigfaltigkeit der geologischen Ereignisse wenigstens einigermaßen gerecht zu werden.

Im folgenden Jahre, 1926, erschienen zwei weitere sehr eingehende Arbeiten von HOLMES, bzw. HOLMES und LAWSON (71) zur Theorie der magmatischen Zykeln, in denen vor allem die Theorie der zwei aktiven Schichten mit Rücksicht auf die Entdeckung der Wichtigkeit der Kaliumaktivität (68) in einiger Hinsicht abgeändert und auf einige Einzelheiten näher eingegangen wird. Die Einleitung zu HOLMES Arbeit ist eine Zusammenstellung der wuchtigsten Tatsachen, die gegen die kontinuierliche Abkühlungstheorie und für die Theorie der magmatischen Zykeln sprechen:

„Es ist vollkommen klar, daß die Form, in der Prof. JOLY seine Theorie der Basaltzykeln gebracht hat, so, wie sie ist, viel zu einfach ist, um den verworrenen Einzelheiten der geologischen Geschichte gerecht zu werden." „Nichtsdestoweniger zeigt ein umfassender Blick auf die Erdgeschichte, daß JOLY derjenigen Art von Vorgängen auf die Spur gekommen ist, die allein wenigstens den Hauptzügen zu entsprechen beginnt."

Entweder ist die Erde in einem Zustand dauernden Wärmegleichgewichtes, oder sie ist es nicht. Wäre sie es, so könnte sie so gut wie gar keine geologische Geschichte haben. Also muß sie entweder 1. dauernd wärmer werden oder 2. sich dauernd abkühlen oder 3. abwechselnd Wärme aufspeichern und wieder abgeben. Daß wir leben, widerlegt die erste Möglichkeit. Die zweite war lange Zeit fast ein Dogma, versagte aber als Erklärung gegenüber Spalteruptionen, sowie anderen vulkanischen und Zugspannungserscheinungen, gegenüber Gebirgsbildungsprozessen und ihrer raumzeitlichen Verteilung, gegenüber der Abwechslung von Transgressionen und Regressionen. Bleibt also nur die dritte Möglichkeit, wie sie JOLY vorgeschlagen hat unter Heranziehung der Radioaktivität, der Isostasie und der Gezeitenwirkung und wie sie mit dem rhythmischen Charakter der geologischen Geschichte in vollem Einklang steht. Sowohl die großen Deckenbasaltergüsse in den verschiedenen Weltteilen als auch die riesenhaften Überschiebungen in den Alpen und anderen Gebirgen verlangen eindeutig ein bewegliches Magma in der Tiefe. Und doch ist es heute bis auf vereinzelte Stellen so starr, daß es Transversalwellen fortpflanzt. Die großen Niveauänderungen der heutigen Polargegenden (Fjordlandschaften), die durch andere isostatische Ausgleichsbewegungen nicht ausreichend erklärbar sind, dürften ihren Ursprung haben in der Änderung der Abplattung der Erde, die durch die Rotationsgeschwindigkeitsänderung im Gefolge der Volumsänderung bedingt ist. Hebung und Senkung der Polargegenden als Folge der abwechselnden Expansion und Kontraktion stehen also auch in vollster Übereinstimmung mit der Theorie der magmatischen Zykeln. Die Gesamtheit der Gründe erscheint HOLMES so zwingend, daß er sagt: „Fürwahr! Wäre die Radioaktivität nicht schon entdeckt, so hätten sich wohl die Geologen gezwungen gesehen, die Fähigkeit der Selbsterhitzung zu postulieren, die zur Magmabildung führte."

Die ziffernmäßigen Grundlagen der Theorie erscheinen nun durch einige Entdeckungen der jüngsten Zeit etwas verändert. Die Einsetzung des vom Kalium beigesteuerten Wärmebetrages bewirkt, daß in Granit mit einer durchschnittlichen Wärmeerzeugung pro Kubikzentimeter und Jahr von $40 \cdot 10^{-6}$ cal statt wie bisher mit $30 \cdot 10^{-6}$ cal zu rechnen ist. Da nach HOLMES der die Erdoberfläche passierende Wärmestrom auf 60 cal/Jahr cm^2 zu veranschlagen ist, so kann derselbe nunmehr von 15 km Durchschnittsgranit oder 20 km Durchschnittsgestein zur Gänze gedeckt werden. Die Basistemperatur einer solchen Schicht allein kann aber jetzt nicht mehr die Basaltschmelztemperatur erreichen; muß doch jetzt dieselbe Gesamtwärmeproduktion auf eine dünnere Schicht als früher konzentriert angenommen werden; sie findet also durchschnittlich näher an der Oberfläche statt und das bewirkt (vgl. S. 68) niedrigere Temperaturen in der Tiefe. Daher muß der Wärmestrom an der Erdoberfläche wohl auch einen gewissen Betrag enthalten, der nicht aus der Granitschicht, sondern aus größerer Tiefe stammt, und die *mittlere* Dicke der *sialischen* Schicht muß kleiner als 20 km sein.

Diese Schlußfolgerung stünde in direktem Widerspruch zu den seismischen Beobachtungen, die auf eine Diskontinuität erst in ca. 30 km Tiefe hinwiesen. Nachdem aber STONELEY darauf aufmerksam gemacht hatte, daß es nicht die wirkliche Wellengeschwindigkeit ist, die man bei Erdbebenbeobachtungen mißt, sondern die etwas kleinere Gruppengeschwindigkeit, ergab die Neubearbeitung einschlägigen Materials durch JEFFREYS eine Durchschnittsdicke von 15.2 km für Eurasien. HOLMES fand 10—20 km für Eurasien und 11—19 km für Amerika. Für die *subozeanischen Regionen* ergab sich das Vorhandensein einer *Oberflächenschicht von 4—8 km Dicke.*

Kontinentaltafeln von 15 km mittlerer Mächtigkeit können nun aber nicht in basaltischem Material mit der Dichte 3.0 eingebettet sein, da sie dann nicht so hoch über den Meeresboden vorragen könnten. Sie müssen von einem Medium mit der Dichte 3.4—3.5 getragen werden. Die große Rolle, die der Basalt für den ganzen Komplex vulkanischer Erscheinungen spielt, macht aber andererseits eine „basaltische" Schicht unentbehrlich, so daß man wohl mit FERMOR annehmen muß, daß in den fraglichen Tiefen basaltisches Magma schon als eklogitartiges Gestein krystallisiert. Dasselbe wird dann in irgendeiner uns unbekannten Tiefe von Peridotit abgelöst, der ungefähr dieselbe Dichte besitzt und sich daher kaum seismologisch bemerkbar machen dürfte.

Soweit wäre alles in schönster Übereinstimmung, nur sollte der Temperaturgradient an der Erdoberfläche größer sein als der beobachtete, eine Unstimmigkeit, die vorläufig ungeklärt bleiben muß.

Was den Ozeanboden betrifft, so ermöglicht uns die große Dichte des Eklogits, zu verstehen, daß die ozeanischen Inseln so hoch emporragen, ohne daß wir aus isostatischen Gründen ganz unwahrscheinlich tief reichende Säulen leichteren Gesteins annehmen müssen. Die erwähnte Oberflächenschicht von 4—8 km Stärke dürfte am ehesten aus Alkalisyenit bestehen, der nach unten vielleicht in Gabbro übergeht und der auch auf dem verflüssigten Magma in Revolutionszeiten noch zu schwimmen vermag.

Es folgt nun eine genauere Betrachtung der Vorgänge, die mit einem Magma-Aufstieg in größerem Maßstab verbunden sind: Die Bildung eines Magmaherdes in gewisser Tiefe durch radioaktive Selbsterhitzung ist mit einer Volumsvermehrung verbunden und übt dadurch auf die nähere und weitere Umgebung Kräfte aus, die zu einem Brechen der noch festen Gesteinsmassen führen. Man sollte daher meinen, daß damit unmittelbar die Gefahr des Eindringens von flüssigem Magma in die entstehenden Spalten und somit auch die Möglichkeit für ein teilweise sehr rasches Vordringen des Magmas nach oben gegeben sei. Die Erfahrung zeigt jedoch, daß das feste Gestein in der Nähe von Batholithen nicht bricht, sondern infolge der hohen Temperatur einen gewissen Flüssigkeitsgrad besitzt. Derselbe mag in der Fähigkeit, infolge einer gewissen Ionenbeweglichkeit bei hoher Temperatur rasch zu rekrystallisieren, seinen Grund haben und bewirkt, daß in genügender Tiefe jede flüssige Magmamenge von einer (festen!) Fließzone umgeben ist, die das Eindringen des Magmas in Spalten verhindert. Erst nahe der Erdoberfläche, wenn sich die Isothermen nahe zusammendrängen und die Fließzone sehr dünn wird, mag sie diese Funktion nicht mehr erfüllen.

Es gibt aber Gründe, die das Aufdringen des Magmas zu beschleunigen vermögen. Unter ,,Aufdringen von Magma" darf man sich dabei nicht nur das Vordringen der geschmolzenen Massen selbst, sondern vielmehr auch das Vordringen des flüssigen Aggregat*zustandes* durch teilweises Einschmelzen der Decke vorstellen. Nehmen wir zuerst den Fall, daß sich ein Magma bildet aus einem Gestein, dessen Komponenten verschiedene Schmelzpunkte besitzen und kein Eutektikum bilden, das also ein gewisses Schmelzintervall besitzt, und in seinem eigenen Muttergestein aufdringt. Dann wird sich zwischen der Grenze der Fließzone, also des noch vollkommen festen Gesteins, dessen Temperatur gleich der unteren Grenze des Schmelzintervalls ist, und dem vollkommen flüssigen Magma, dessen Temperatur gleich der oberen Grenze des Schmelzintervalls ist, eine Zone teilweiser Schmelzung befinden. Früher oder später wird der Zusammenhang der noch nicht geschmolzenen Bestandteile soweit beseitigt sein, daß die schwerer schmelzbaren Krystalle frei in das Magma hineinsinken können und sich als Bodenkörper am Grunde ansammeln. Dieser Prozeß beschleunigt insofern das Empordringen der Flüssigkeitsgrenze, als zu einem gewissen Fortschritt nicht die ganze latente Schmelzwärme des bewältigten Materials, sondern nur ein Bruchteil derselben aufgebracht werden muß. Betrüge dieser Bruchteil nur ein Zehntel, so schätzt HOLMES, daß in 15 km Tiefe der Fortschritt unter plausiblen Bedingungen 1 cm in 2 Jahren oder 1 km in 200000 Jahren wäre. Also auch das Übersichlosarbeiten der Krystalle (crystal stoping) ist immerhin ein langsamer Prozeß.

Ist der Aufstieg des Magmas, das in obigem Fall mit 10 km Mächtigkeit angenommen war, weit genug gediehen, so wird schließlich die durch die Decke infolge Wärmeleitung abgegebene Wärme die radioaktiv im Magma erzeugte überwiegen, das Magma wird bei seinem weiteren Aufstieg nicht mehr an Mächtigkeit zunehmen, aber es wird noch weitere Fortschritte machen, die nunmehr auf Kosten der latenten Schmelzwärme der schwerer schmelzbaren Komponente gehen. Das Magma wird an derselben verarmen, aber erst dann sich abkühlen, wenn sie ganz ausgefallen ist; solange kann noch der Fortschritt durch Einschmelzen der leichter schmelzbaren Komponente der Decke andauern. Hat der angedeutete Prozeß in einem Gestein mehreremal stattgefunden, so kann infolge Verarmung der Tiefe an leichter schmelzbaren Bestandteilen der Aufstieg von Magma nicht mehr durch *diese* schnellere Art des Übersicharbeitens erfolgen. In solchen Vorgängen mag die Ursache zu suchen sein für die systematische Änderung der

Zusammensetzung einander folgender präkambrischer Granitintrusionen, wie sie aus dem in Tab. 19 (S. 58) gegebenen Beispiele erhellt. Man sieht dort auch, daß zu den nach oben angereicherten Bestandteilen die radioaktiven Elemente gehören. Daß also zum Teil der Prozeß der Differentiation die Grundbedingungen für seine Wiederholung selbst zerstört. Dies mag auch das Fehlen allgemein verbreiteter Granitintrusionen in den späteren geologischen Epochen erklären.

Ein dem Loslösen von Krystallen von der Decke analoger Vorgang wäre das Loslösen und Absinken ganzer Blöcke, wenn die Decke stark von Sprüngen und Rissen durchsetzt ist. Da ein solcher Vorgang nur in der Nähe der Oberfläche in relativ kühlem Gestein und bei sehr dünner Fließzone zustandekommen könnte, so wäre er mit einer starken Kühlung und Erhöhung der Viscosität des Magmas verbunden und jedenfalls nur im Schlußstadium des Ausklingens einer Intrusion denkbar.

Im Gegensatz zu der verschiedenartigen Zusammensetzung der Granite zeigen uns die Deckenbasalte ein so einheitliches Bild chemischer und mineralogischer Zusammensetzung, daß wir wohl annehmen müssen, daß wir es hier mit einem nicht weiter differentiierbaren Eutektikum von einheitlichem Erstarrungspunkt zu tun haben. Der Aufstieg des Magmas in einem solchen Gestein muß etwas anders vor sich gehen, als oben für Granite beschrieben wurde. Das Magma muß eine etwas höhere Temperatur haben als dem Erstarrungspunkt entspricht, dann wird in dem etwas überhitzten Gestein an den Berührungsflächen zwischen den Komponenten durch Ineinanderdiffundieren eine ganz dünne Schicht Flüssigkeit entstehen und durch diese Korrosion der Wand längs der Krystallgrenzen kann es dann auch hier zur Loslösung und dem Absinken freigewordener Krystalle kommen. Doch ist hier der Fall ausgeschlossen, daß das Magma noch weiter aufsteigt, wenn es einmal zu krystallisieren beginnt.

Wir wollen nun den Verlauf der zyklischen Zustandsänderung der Basalt-(Eklogit-)sphäre etwas näher betrachten. Entsprechend dem zugrunde gelegten neuen Bilde vom Bau der äußeren Lithosphäre fällt er etwas anders aus als bei JOLY. Das Schmelzen wird von der Basis der Eklogitschicht bis hinauf zu dem Niveau, bis wohin die Abkühlung vorgedrungen ist, beginnen. Unter dem Ozean befand sich beim Beginn der Zeit der Abkühlung das Magma bis höher hinauf auf der Erstarrungstemperatur und die Abkühlung setzte obendrein später ein als unter den Kontinenten, weil dort noch latente Wärme abzuführen und Magma zu verfestigen war zu einer Zeit, wo die Kontinente schon gestrandet waren. Daher wird die von der Schmelzung betroffene Schicht unter dem Ozean mächtiger werden als unter den Kontinenten. Dementsprechend wird der Ozeanboden während der Zeit der Wärmeaufspeicherung mehr gehoben als die Kontinente.

Ist der Schmelzprozeß weit genug gediehen, so wird von da an durch immer erneuten Zusammenbruch des Netzwerkes von ungeschmolzener Substanz eine ständig mächtiger werdende Flüssigkeitsschicht entstehen; die in derselben erzeugte radioaktive Wärme dient zum Erweitern ihrer Grenzen nach oben und unten, nach unten unterstützt durch den Wärmestrom aus tieferen Schichten des Planeten. Sowohl wegen der Erhöhung des Schmelzpunktes durch Druck, als auch aus anderen Gründen, wird das Magma an seiner oberen Grenze stets etwas überhitzt sein. Dies dauert an, bis der Wärmeverlust durch die immer dünner werdende Decke zunächst das Weiterwachsen der Magmaschicht verhindert und das Übersicharbeiten durch Krystallablösung langsamer wird. Ist die Magmaschicht seicht, so wird sie in diesem Stadium überhaupt aussterben. Wird aber durch weiteres Steigen schließlich Gleichgewicht zwischen abgeleiteter und produzierter Wärme erreicht, so wird das Magma für immer flüssig bleiben, *es sei denn, daß die Intrusion auf irgendeine andere Art noch Fortschritte machen kann*[1]. Vorher mag aber die untere Grenze der (syenitischen oder granitischen) Sialschicht erreicht sein, der Aufstieg kommt zum Stillstand, und da die Kruste nun die Wärme schneller ableitet als sie nachgeliefert wird, so wird der Magmaozean von unten nach oben fest, wenn nun die Krystalle in ihm sinken.

Im ganzen erscheinen überhaupt nur folgende fünf Fälle möglich:

a) Die Eklogitzone ist so dünn, daß sie überhaupt nicht schmilzt.

b) Die Eklogitzone schmilzt von unten aus durch Wärmezufuhr aus der Peridotitschicht.

Kommt es dagegen zur Bildung von Magma durch die Selbsterhitzung, wie oben angenommen, so können folgende 3 Fälle eintreten:

c) Das Magma stirbt noch in der Eklogitzone aus.

d) Das Magma kommt in einem gewissen Niveau in den oben erwähnten Gleichgewichtszustand.

e) Es erreicht die Sialschicht und wird gekühlt und verfestigt sich vollkommen; die Kühlung dringt von oben her bis zu einer maximalen Tiefe wieder vor, bis die Magmabildung aufs Neue begonnen hat.

Fall e) entspricht der JOLYschen Theorie. Fall d) soll wegen der Beschleunigung des Magmaaufstieges durch Krystallablösung außer Frage bleiben. Ob Fall c) oder e) eher der Wirklichkeit entspricht, ist nicht mit Sicherheit zu entscheiden, doch muß man den aus der Peridotitschicht stammenden Wärmestrom für diese Beurteilung im Auge behalten, der sehr wirksam sein mag; hat doch Peridotit wahrscheinlich einen wenigstens 300° höheren Schmelzpunkt. Da wir über die Dicke der Eklogitschichte von seismologischer Seite nichts erfahren

[1] Von mir Kursiv.

können, so bleibt die Erdgeschichte die einzige Quelle, die uns etwas sagen kann. Und die sagt eindeutig, daß wir sowohl die Peridotit- wie auch die basaltischen Zykeln zur Erklärung ihres zusammengesetzten Rhythmus brauchen. Es mag daher als brauchbare Arbeitshypothese hingenommen werden, daß die Eklogitschicht dick genug *ist*, um die beobachteten Erscheinungen zu bewirken.

Läuft der Schmelzprozeß so ab, wie er hier dargestellt wurde, so bedeutet der Ablauf eines Zyklus natürlich nicht die Schmelzung der gesamten Masse. Daher kann man auch nicht mehr die erforderliche Zeit einfach aus der Größe der radioaktiven Wärmeproduktion und der latenten Schmelzwärme berechnen.

Bevor das Magma fest zu werden beginnt, erreicht es die Unterseite der sialischen Schicht sowohl unter den Kontinenten als auch unter dem Ozean. Teilweise ist auch mit der Entstehung sialischer Magmen dabei zu rechnen, doch haben solche in kontinentalen Gebieten seit präkambrischen Zeiten nur ausnahmsweise (in Gebirgen) Niveaus erreicht, wo sie durch spätere Denudation bloßgelegt wurden. Unter dem Ozean mag es gelegentlich zu unterseeischen Eruptionen größeren Stils kommen, doch kommt eine fühlbare Erhöhung der Temperatur des Ozeanwassers nicht in Frage. Eine Aufnahme von syenitischen Bestandteilen unter dem Ozeanboden führt zu eben den Änderungen in der Zusammensetzung des basaltischen Magmas, wie sie die ozeanischen Inselbasalte gegenüber den Deckenbasalten zeigen. Wenn die Kontinente stranden, so verbleiben unter dem Ozeanboden noch 5—6 km Magma, deren Verfestigung bei 10%iger Volumsänderung eben ausreicht, um die beobachteten epirogenetischen Bewegungen zu erklären. Man mag dagegen einwenden, daß die Volumsvergrößerung beim Schmelzen von Eklogit 30% beträgt. Es ist aber wegen der um eine Größenordnung höheren Kompressibilität von Flüssigkeiten gegenüber festen Körpern mit einer so bedeutenden Verkleinerung dieses Effekts in den in Frage kommenden Tiefen zu rechnen, daß die Dichte von Basaltmagma am Fuße der Kontinente wahrscheinlich wenigstens 3.1 beträgt. Darum darf man auch annehmen, daß ein im wesentlichen syenitischer Ozeanboden unter allen Umständen wegen seines geringeren spezifischen Gewichtes auch auf geschmolzener Unterlage stabil ist.

Nun sind noch die Vorgänge in der Peridotitzone zu betrachten. Die wiederholten „Magmawellen“, die es bereits durchdrungen haben, mußten bereits frühzeitig alle leichter schmelzbaren Komponenten nach oben befördert haben, so daß wir mit einem forsteritreichen Gestein mit einem Schmelzpunkt von der Größenordnung 1600—1700° rechnen dürfen. Zu Beginn eines großen (Peridotit-) Zyklus, wenn alles fest ist, befindet sich die untere Grenze der Eklogitschicht auf der Erstarrungstemperatur des Eklogits; von dort abwärts nimmt die Temperatur zu bis auf die Erstarrungstemperatur des Peridotits in der entsprechenden Tiefe; unterhalb dieser Tiefe beginnt sich mit sehr großer Langsamkeit Magma zu entwickeln, das sich schließlich auch an der oberen Grenze der Schmelzzone in zusammenhängender Schicht sammeln wird. Der Aufstieg dieses Magmas in dem praktisch monomineralischen Gestein geschieht sehr langsam und wohl nur durch Abschmelzen der Decke. Währenddessen laufen mehrere Basaltzykeln ab, deren Wirkung sich der des Peridotitzyklus superponiert. Hierzu ist zu bemerken:

1. Transgressionen und Regressionen nehmen ihren Lauf unbeeinflußt durch die Vorgänge in der Peridotitzone; entstammen sie doch nur der Auswirkung des Isostasieprinzips infolge der Zustandsänderung *des* Eklogits, der im selben Niveau wie das Sial liegt.

2. Die erstmalige Verfestigung des Basaltmagmas wird nicht sehr von dem Wachsen des Peridotitmagmas beeinflußt sein und kann für gebirgsbildende Bewegungen in kleinerem Umfang verantwortlich gemacht werden.

3. Die späteren basaltischen Magmawellen finden die Kruste in immer stärkerem Spannungszustand vor und können immer leichter als Deckenbasaltergüsse die Oberfläche erreichen; die nachtriassischen Deckenbasalte dürften hierher zu zählen sein.

4. Die infolge der Superposition der Basaltzykeln während des Wachsens des Peridotitmagmas pulsierend, rhythmisch wachsende Spannung, sollte in dem entsprechenden Rhythmus auch die Entwicklung der Geosynklinalen erleichtern. Die Geschichte einer jeden vernünftigen Geosynklinale entspricht dem.

Sobald nun das Peridotitmagma den Eklogit erreicht, ändern sich die Verhältnisse. Das Übersicharbeiten wird bedeutend rascher und große Mengen festen Eklogits sinken auf den Grund der Doppelschicht. Die Hauptfolge ist zuerst beträchtliche Zugspannung, gefolgt von plötzlicher Kompression wegen der raschen Verfestigung eines Teiles des Peridotitmagmas. Dem mag die Laramidenauffaltung der oberen Kreide, sowie das Auftreten von Serpentinen, Kimberliten oder Peridotiten in verschiedenen Gegenden entsprechen.

Nun schmilzt der Eklogit in der Tiefe rasch, steigt auf und die ursprüngliche Verteilung der Magmen stellt sich wieder her. Auch dieses Stadium bringt eine Zeit großer Spannung, gefolgt von kurzdauernder aber starker Kompression mit sich. Die ersten afrikanischen Grabenbrüche sowie die großen alpinen Überschiebungen im Tertiär würden dem entsprechen, sowie Schmelzung dioritischen Sials unter den Kontinenten oder gefalteten Massen, die zu entsprechender vulkanischer Tätigkeit Anlaß gibt.

Schließlich ist der ganze Peridotit wieder unten, ist aber noch heiß und gibt rasch Wärme an die Eklogitzone ab, die mehr Magma entwickelt als bei normalen Basaltzykeln. Die entsprechende Spannung und Kompression ist weniger heftig, wie bei den vorhergehenden Stadien und soll mit der Bildung der Mittelmeerbecken, des roten Meeres, sowie der zweiten Bewegungsphase des alpinen Orogens in Verbindung gebracht werden.

Heute stehen wir praktisch am Ende eines großen Zyklus; in der Tiefe herrscht im großen und ganzen Starrheit, nur lokale Magmenherde sind übrig.

7. Auseinandersetzungen über die Theorie der magmatischen Zykeln.

Die Theorien der magmatischen Zykeln von JOLY und HOLMES sind nicht ohne Widerspruch geblieben. Die Forschung auf dem Gebiete der Großtektonik der Erde befindet sich heute in einem Stadium der ersten Entwicklung; die Erfahrungen, auf die eine Theorie begründet werden kann, sind so dürftig, daß nicht nur Arbeitshypothesen mit herangezogen werden müssen, sondern auch in der Wahl derselben noch weitgehende Freiheit herrscht. Wie es bei solcher Sachlage natürlich ist, wird gelegentlich sowohl von physikalischer wie auch von geologischer Seite das Erfahrungsmaterial über seine Tragfähigkeit mit weiteren Schlüssen belastet. Es mag deshalb wohl zum Verständnis der gegenwärtigen Lage beitragen, wenn wir auf die Erörterung der Gründe für und gegen die Theorie der magmatischen Zykeln etwas näher eingehen.

JEFFREYS bestritt zunächst (72) sowohl die Richtigkeit gewisser grundlegender Annahmen JOLYS als auch, daß sich aus ihnen die von JOLY angenommenen Folgen ergeben. Er führt aus: Als wesentliche Grundlage der JOLYschen Theorie erscheint die Annahme einer mittleren Mächtigkeit der sialischen Kontinente von etwa 30 km. Dieselbe wird gestützt *erstens* durch den beobachteten relativen Höhenunterschied von Kontinent und Meeresboden in Verbindung mit der Annahme, daß die beiden Medien Granit und Basalt sind und miteinander in isostatischem Gleichgewicht stehen. Es scheint aber, daß noch ein anderes Material in Frage kommt, denn alle Kompressionswellen, die bis unter die Granitschicht vordringen, erreichen dort eine Geschwindigkeit, die der in Dunit oder Peridotit entsprechen würde. Es ist daher die Annahme eines Materials von der Dichte 3.4 oder mehr nahegelegt als Unterlage der Kontinente und ebenso wohl auch als Ozeanboden, und dann braucht die Dicke der Granitschicht 16 km nicht zu überschreiten. *Zweitens* beruft sich JOLY auf Schätzungen aus seismischen Daten, die gerade nur eine richtige Größenordnung darstellen dürften. Andererseits schätzt JEFFREYS selbst aus der Geschwindigkeit von Oberflächenwellen die Dicke auf 15 km. *Drittens* würden 30 km Granit gerade den Wärmestrom durch die Erdoberfläche zu decken vermögen. Dieses Argument ist sofort entkräftet, wenn ein Teil dieses Wärmestromes einer wirklichen Abkühlung der Erde entstammt, was wohl zum nicht geringen Teil der Fall sein dürfte. JOLYS Schätzung stellt aus *diesem* Grunde jedenfalls eine obere Grenze dar.

Ferner wendet sich JEFFREYS gegen JOLYS Behauptung, daß im Erdinneren periodische *Temperaturschwankungen* auftreten könnten: Alle Probleme, bei denen einem festen leitenden Körper gleichmäßig Wärme zugeführt wird, dessen Oberfläche auf konstanter Temperatur gehalten wird, haben die gemeinsame Eigenschaft, daß sich asymptotisch ein gewisses Temperaturgleichgewicht einzustellen strebt. Eine Periodizität kann nicht auftreten, weil in die Differentialgleichung der Wärmeleitung die Zeit nur als negativer Exponentialfaktor und nie als trigonometrische Funktion eingeht. Der Umstand, daß Schmelzung eintritt, ändert daran gar nichts. Von welchem Anfangszustand immer man ausgeht, von flüssig und heiß oder von fest und kalt, die Temperaturkurve strebt stetig, im ersten Fall von oben, im zweiten von unten derselben Gleichgewichtslage zu und Schmelzung bei einer bestimmten Temperatur wirkt einfach wie eine Barriere, an die sich die Temperaturkurve gleichsam anschmiegt.

In der Erde könnten verschiedene Fälle realisiert sein: Entweder ist sie durchaus fest und bleibt es auch; oder Schmelzung tritt ein unter den Kontinenten, nicht aber unter dem Ozean, dann wäre der Effekt einfach eine Hebung der Kontinente, denn die Isostasie wird ja nicht gestört und eine Ursache für irgendeine Strömung ist nicht gegeben. Oder schließlich es tritt Schmelzung sowohl unter Kontinent als unter Ozean ein, was Prof. JOLY ohne zwingenden Grund annimmt. Gezeitenreibung soll eine Verschiebung der Kruste über dem Erdinneren bewirken und die Kruste unter dem Ozean soll viel dünner sein als unter dem Kontinent und so die Hitzeabfuhr und Wiederverfestigung ermöglichen. Hiergegen ist geltend zu machen, daß die Gesteinsschmelzpunkte mit wachsender Basizität steigen, die ozeanischen Gesteine also im allgemeinen einen höheren Schmelzpunkt haben müssen als die kontinentalen. Da obendrein die Kruste unter dem Ozean als dünner angenommen wird, so müßte aus diesen beiden Gründen der Wärmestrom unter dem Ozean bei thermischem Gleichgewicht größer sein, während doch sonst alle Gründe für eine größere Wärmeproduktion unter den Kontinenten sprechen.

Dieser Widerspruch scheint seine Wurzel in JOLYS Annahme zu haben, daß die Wärmeentwicklung in den kontinentalen Schichten eine abschirmende Wirkung auf den Wärmestrom aus größerer Tiefe habe. Das ist aber nicht der Fall; die einzige Wirkung ist die, daß die Temperaturen unter den Kontinentaltafeln höhere werden.

Auch die Annahme JOLYS, daß die Wärmeabfuhr durch den Ozeanboden die Wiederherstellung des festen Zustandes bewirkt, dürfte nicht zutreffen, sondern die Drehung der äußeren Kruste mit ihrer wechselnden Dicke über das Innere hinweg wird nur bewirken, daß die Temperaturverteilung im Inneren sich den jeweiligen Krustenverhältnissen anzupassen sucht und daher ein wenig um das Mittel subkontinentalen und subozeanischen Gleichgewichtes schwanken wird.

Betreffs der Wirkung der Gezeitenreibung zeigt JEFFREYS, daß optimale Wirkung nur von einer Schicht sehr hoher Viscosität ($2.2 \cdot 10^{10}$ cm^2/sec, d. i. eine milliardemal zäher als Glycerin) zu erwarten ist und bei 100 km Tiefe auch nur zu einer Verschiebung eines äquatorial gelegenen Kontinents um 6000 km in 50 M. J. führt. Die von JOLY geforderte Verschiebung um einen derartigen Betrag in 3 M. J. wäre mit 20 km Tiefe des Magmaozeans (immer mit der oben angegebenen Viscosität!) gerade vereinbar.

Auf diese Kritik JEFFREYS' antwortete JOLY sofort (73): Die Kontinentaldicke von 30 km ist durchaus nicht Vorbedingung für den beschriebenen Ablauf der magmatischen Zykeln. Im Gegenteil sind Schwankungen in einem größeren Bereich zu erwarten, wie bei seichten Schelfen oder in Südasien, wo einerseits auch Wärme aus der Unterlage durch die Kontinentaltafel strömen kann, andererseits der Fall eintreten muß, daß ein Teil der in der kontinentalen Schicht erzeugten Wärme an die Unterlage abgegeben wird. Wesentlich ist nur, daß die Unterlage sich nahe ihrem Schmelzpunkt befindet und nicht viel Wärme durch die darüberliegenden Schichten abgeben kann. Die seismischen Daten zwingen absolut nicht zu der Annahme einer Mächtigkeit von nur 15 km für die Granitschicht, wie die Schätzungen anderer Gewährsmänner zeigen. Die Berechnung aus dem isostatischen Gleichgewicht zwischen Granit und Basalt stellt wohl die direkteste Bestimmung dar und ergibt 30.7 km. Gegen die Annahme, daß unter der sialischen Kontinentalschicht direkt Peridotit folgt, sprechen die Resultate von MOHOROVICIC, der die Geschwindigkeit von Kompressionswellen bis 60 km Tiefe zu 5.8 km/sec bestimmte, während sie in Granit in 35 km Tiefe zu 5.9 zu erwarten wäre.

Was nun JEFFREYS' Stellungnahme gegen die Möglichkeit periodischer *Temperaturschwankungen* betrifft, so muß festgestellt werden, daß das Wesentliche bei dem skizzierten Prozeß nicht die Temperaturänderungen sondern die periodische *Aufspeicherung* und Wiederabgabe von Wärme als *latente Schmelzwärme* ist. Die Periodizität rührt daher, daß infolge der Zustandsänderung (Schmelzen) und der Mitwirkung der Gravitation eine große latente Wärmemenge durch Konvektion rasch nach oben befördert wird, so daß während des flüssigen Zustandes der Wärmestrom bedeutend über dem Mittel, während des festen Zustandes dagegen unter dem Mittelwert liegt. Die von JEFFREYS zitierte Wärmeleitungsgleichung taugt nur für reine Wärmeleitungsprobleme; mit derselben sind die hier in Frage kommenden Faktoren nicht alle erfaßt.

Die Behauptung, daß die Schmelzpunkte der Gesteine mit ihrer Basizität zunehmen, steht im Widerspruch mit den experimentellen Befunden und erledigt sich dadurch von selbst und damit ist auch der Grund gegeben, Schmelzung unter Kontinent *und* Ozean anzunehmen.

Der Sinn, in dem von einer *Schirmwirkung* der radioaktiven, Wärme erzeugenden Kontinente gegenüber dem Wärmestrom aus der Unterlage gesprochen wird, ist mehrfach in den Veröffentlichungen (59, 61, 64, 65) klargelegt und dieselbe ist selbstverständlich nicht in dem von JEFFREYS mißverständlicherweise unterlegten Sinne gebraucht. Bevor aber die Temperatur hoch genug steigt, um ein Temperaturgefälle nach der sialischen Schicht zu erzeugen und so eine Abflußmöglichkeit für die Wärme zu schaffen, muß eben erst die Schmelzung vollzogen sein, und bis das der Fall ist, wird Wärme aufgespeichert. JOLY meint, auch ihm sei bekannt, daß man den Wärmestrom durch den Kontinentalboden in zwei Summanden zerlegen könne, einen Strom vom heißeren Kontinent zur kühleren Unterlage und einen aus der Unterlage in den Kontinent; aber er ziehe die Auffassung des Vorganges nach dem zweiten Hauptsatz der Thermodynamik vor, der den Übergang von Wärme von einem kälteren zu einem wärmeren Körper verbietet.

Für das Wiederfestwerden ist auch nicht die Verschiebung der äußeren Kruste an sich das wesentliche, also der Wechsel der Bedingungen, denen die Unterlage einmal unter dem Festland, dann unter dem Meere unterworfen ist, sondern das Niedersinken der festen Anteile auf den Grund des flüssigen Magmas.

Daß die Gezeitenreibung evtl. einen ausreichenden Effekt ergibt, ist sehr zu begrüßen. Immerhin rechnet JEFFREYS mit dem gegenwärtigen Abstand des Mondes; daher mag in früheren Zeiten, als der Abstand des Mondes von der Erde noch geringer war, sein Einfluß größer gewesen sein. Schließlich müssen auch heute im Laufe des Schmelzprozesses und der Wiederverfestigung der Basaltschicht die 20 km Tiefe in einem gewissen Stadium vorhanden sein. Überdies erzeugen noch andere Faktoren, wie die isostatischen Bewegungen und das Sinken gekühlten Magmas, Strömungen, die auf den Ausgleich der thermischen Verhältnisse unter Land und Meer hinwirken.

Es scheint daher, daß die Überlegungen von JEFFREYS keine Schwierigkeiten für die physikalischen Grundlagen der Theorie beinhalten.

Auch HOLMES ist in seiner letzten Arbeit auf JEFFREYS' Kritik, daß keine periodische Zustandsänderung möglich sei, eingegangen, indem er meinte, der auf S. 100 angeführte Fall d), der nach JEFFREYS der einzig mögliche sein soll, würde vermieden durch die Beschleunigung des Magmaaufstieges durch die Krystallablösung von der Decke. Eines seiner Hauptargumente gegen den Fall d) ist aber, daß die Erde heute fest ist, obwohl sie zuzeiten in gewisser Ausdehnung im Inneren flüssig gewesen sein muß.

An einem ganz bestimmten Punkt setzt die Kritik G. R. MAC CARTHYS (74) ein, der erklärt, ein Ozeanboden aus Basalt könne nicht auf die Dauer über einem Magma gleicher Zusammensetzung, also von geringerem spezifischen Gewicht existieren, weil er gegenüber der Schwerkraft instabil sei. Er weist zunächst nach, daß die Druckfestigkeit eines krystallinischen Gesteins einer Kugelschale von der Größe der Erde auch nicht einmal den Teil des Gewölbedruckes auszuhalten vermag, der nach Abzug des nach dem archimedischen Prinzip schwimmend getragenen verbleibt. Die Bildung einer Spalte irgendwo in der festen Erdkruste, sei es auf dem Kontinent oder auf dem Ozeanboden, die dem darunter befindlichen Magma die Möglichkeit des Austrittes gewährt, muß daher zum Zusammenbruch des Ozeanbodens führen, dessen Stücke schließlich in dem Magma versinken. Ebenso sinken auch die nun sehr rasch in Berührung mit dem Ozeanwasser gekühlten und verfestigten Magmateile auf den Grund des Magmas, bis das ganze binnen kürzester Zeit seine gesamte Wärme an das Ozeanwasser abgegeben hat. Bereits die Wärme, die von einer ein Kilometer mächtigen Magmaschicht abgegeben wird, vermöchte den ganzen Ozean zum Sieden zu erhitzen. Da dieser Fall nie eingetreten ist, so bleibt nur ein Ausweg; man muß annehmen, daß, sobald sich nur eine kleine Menge Magma irgendwo gebildet hat, alsbald Spaltenbildung und Austritt des Magmas auf den Meeresboden erfolgt, so daß die Zerstreuung jeder Wärmeanhäufung bei Zeiten stattfindet. Die Theorien von JOLY und HOLMES können daher nicht den Tatsachen entsprechen und die Erklärung periodischen Geschehens in der Erdgeschichte muß auf anderen Wegen gesucht werden.

In seiner letzten Arbeit (71) geht HOLMES auf diese Kritik MAC CARTHYS näher ein und stellt zunächst fest: Die zwei Möglichkeiten, die seine Betrachtung übrig lassen — Zusammenbruch des Ozeanbodens und Erhitzung des Ozeans zum Kochen oder jeweils Zerstreuung der im Magma angesammelten Wärme, solange es nur eine kleine Menge ist, — können beide nicht zutreffen, denn die erste ist nie eingetreten und die zweite würde einen ganz stetigen Verlauf der Erdgeschichte bedingen. Sie sind übrigens auch beide physikalisch unwahrscheinlich, die erste, weil die obersten Kilometer, in denen allein Spaltenbildung erwartet werden kann, aus einem leichten, also stabil schwimmenden (syenitischen) Material bestehen, die zweite, weil bei größerer Entfernung des Magmas von der Oberfläche dasselbe von einer Fließzone umgeben ist, die sich stets wie ein undurchdringlicher Panzer zwischen

Flüssigkeit und Spaltenzone schiebt (vgl. S. 97). Ein näheres Eingehen auf MAC CARTHYS Kritik erübrigt sich durch das Vorhandensein einer mehrere Kilometer mächtigen Schicht leichteren Materials auch auf dem Ozeanboden (S. 97).

Nach Erscheinen der letzten Arbeit von HOLMES (71) hat JEFFREYS noch einmal seinen Standpunkt gegenüber der Theorie der magmatischen Zykeln dargelegt (75). Nach einer Zusammenfassung der in früheren Arbeiten beiderseits zum Ausdruck gebrachten Gesichtspunkte bespricht er die jüngsten Erkenntnisse, inwieweit sie den Stand der kontinuierlichen Abkühlungstheorie verbessern. Der Umstand, daß man in größerer Tiefe mit Olivin statt mit Basalt zu rechnen hat, bedeutet, daß dort die Temperatur nach der Erstarrung eine höhere war als die ursprünglich angesetzte, daß man daher in den entsprechenden Tiefen mit einem höheren Grad relativer Auskühlung zu rechnen hat; damit wird auch der zur Verfügung stehende Betrag an Gesamtkompression größer. Ferner wird dieselbe weiter vergrößert, wenn man mit Zunahme der Wärmeleitfähigkeit nach der Tiefe rechnet, die durch BRIDGMANS jüngste Untersuchungen wahrscheinlich gemacht wird. Dieselbe Wirkung hat auch die Herabsetzung der Dicke der radioaktiven Oberflächenschicht, die infolge der Entdeckung der Bedeutung der Kaliumaktivität (nach der kontinuierlichen Abkühlungstheorie!) notwendig ist, damit die radioaktive Wärmeproduktion kleiner bleibt als der heute die Erdoberfläche passierende Wärmestrom.

JEFFREYS verwahrt sich auch dagegen, daß die von ihm vertretene Theorie die Transgressionen und Regressionen nicht erklären *könne*. Es sei nur nicht versucht worden. Mit der Verkleinerung des Krümmungsradius einzelner Krustenteile beim Abkühlen und zeitweisem Ausgleich dieser Aufwölbungen anläßlich der Gebirgsbildungen wäre sicher manches in dieser Hinsicht zu leisten

Das einzige, was von Gewicht zu sein scheint, ist, daß die Theorie Vulkanismus und Intrusionen nicht erklärt. Aber eine von der Kompressionstheorie vollkommen unabhängige Erklärung der vulkanischen Erscheinungen, etwa durch chemische Vorgänge, wäre der Erklärung durch radioaktive Wärmeentwicklung unbedingt vorzuziehen; denn wo die Bedingungen den Beginn vulkanischer Tätigkeit aus *diesem* Grunde allein ermöglichen, dort könnte sie ja nie wieder erlöschen. Diese letzte Behauptung ist eine Folgerung von JEFFREYS Ansicht von der Unmöglichkeit einer periodischen Zustandsänderung im Erdinneren.

Er formuliert seine These in dieser Arbeit in aller Strenge folgendermaßen: „Wenn ein physikalisches System von endlicher Ausdehnung, das an irgendeiner Grenzfläche Wärme durch Strahlung abzugeben vermag, durch eine gleichmäßig wirkende innere Wärmequelle gespeist wird, so nähert sich in jedem Punkte die Temperatur stetig[1] einer bestimmten Grenze und es gibt keine Möglichkeit für eine dauernde Oszillation der Temperatur." Die Gültigkeit dieses Satzes für ein durch und durch festes System ist leicht einzusehen. Auch bei teilweiser Schmelzung bleibt das Resultat ebenso eindeutig. JEFFREYS gibt jedoch zu, daß durch eine Verschiebung der äußeren Erdkruste über dem Inneren infolge der Gezeitenwirkung eine gewisse Möglichkeit für Temperaturschwankungen gegeben sei (wenn auch nicht genug um das Wiederfestwerden herbeizuführen). Dies muß wohl so verstanden werden, daß der letzte Fall nicht unter die oben gegebene strenge Definition fällt, weil kein *abgeschlossenes* physikalisches System vorliegt; die Gezeitenwirkung stellt ja einen Eingriff von außen dar.

Die von HOLMES herangezogene Möglichkeit der Beschleunigung des Magmaaufstieges durch das Übersichlosarbeiten von Krystallen (oder größeren Aggregaten) kann gleichfalls nicht zu dem erwarteten Resultat führen, sondern es tritt entweder bei durchwegs basaltischer Zusammensetzung des Ozeanbodens ein den von MAC CARTHY skizzierten Ereignissen ähnlicher Vorgang ein oder im Falle einer leichteren auch auf geschmolzenem Basalt schwimmenden Schicht, die schwerer schmelzbar ist, dringt der von MAC CARTHY beschriebene, turbulente Vorgang halt nicht bis zur Oberfläche, sondern nur bis zu dieser Schicht vor. Das Ergebnis ist in jedem Falle nur eine gewisse lokale unregelmäßige Temperaturschwankung, ein statistischer Gleichgewichtszustand, bei dem sich die mittlere Geschwindigkeit des Schmelzvorganges und der konvektiven Bewegungen so einstellt, daß im Durchschnitt die jeweils produzierte Wärme gerade abgeführt werden kann — also Turbulenz, wie in einem kochenden Kessel. Turbulenz in einer Flüssigkeit ist aber in gewisser Hinsicht äquivalent einer sehr großen Wärmeleitfähigkeit, und die latente Schmelzwärme kann formal einer sehr hohen spezifischen Wärme über ein sehr kleines Temperaturintervall gleichgesetzt werden. „Die Bedingungen in einem teilweise flüssigen System sollten daher vollkommen durch die in einem heterogenen festen System wiedergegeben werden."

Weiter wird den Vertretern der Theorie der magmatischen Zykeln der Vorwurf gemacht, daß sie die Ereignisse der geologischen Geschichte zu erklären versuchten, indem sie von eben diesen Ereignissen als Voraussetzungen ausgingen, also gleichsam einen Zirkelschluß begehen, mit dem man natürlich alles erklären kann. Wäre ein Wiederfestwerden des Magmas bei Überschuß an innerer Wärme möglich, so müßte sich so etwas doch experimentell verwirklichen lassen.

In der noch folgenden Diskussion der Dicke der kontinentalen

[1] Wollten wir das Wort stetig in dem Sinne nehmen, in dem es in der Mathematik gebraucht wird, so müßten wir, um den Sinn genau zu treffen, hier sagen: stetig und monoton.

Granitschicht unterstreicht JEFFREYS wiederholt die Unsicherheit der Schlüsse aus seismologischen Daten und meint, 12 km Granit und 20 km Basalt würden den Messungen an Kompressionswellen am besten entsprechen, 15 km Granit dagegen denen an Oberflächenwellen. 16 km würden zum isostatischen Gleichgewicht erforderlich sein, wenn Dunit das den Ozeanboden zusammensetzende Gestein wäre.

Zur Konzentration der radioaktiven Elemente nach der Erdoberfläche zu meint JEFFREYS: Daß die Edelgase, die doch die atmophilsten Elemente seien, so selten sind, müsse seinen Grund wohl darin haben, daß die Erde, solange sie entsprechend heiß war, eine Atmosphäre nicht habe halten können. Die heutige Atmosphäre und mit ihr auch das Ozeanwasser, seien erst beim Erstarrungsprozeß vom Magma abgegeben worden, ein Prozeß, der mit einer Dampfdestillation größten Stiles zu vergleichen wäre. Auch die radioaktiven Elemente, die manche leichtflüchtige Verbindung bilden, wie z. B. das Uranhexafluorid, seien durch diesen Vorgang aufwärts konzentriert worden. Erst wenn diese Aufwärtskonzentrierung weit genug gediehen ist, kann der flüssige Zustand nicht länger bestehen bleiben. Eine Verteilung der Radioaktivität, die noch imstande ist, Schmelzung zu bewirken, bewirkt damit eben auch das Wiederingangkommen der Aufwärtskonzentrierung und zerstört somit sich selbst. Schon aus diesem Grunde allein erscheint schließliche, allgemeine Erstarrung unvermeidlich.

Mit dieser Kritik von JEFFREYS hat sich JOLY nochmals in einer Gegenkritik (76) beschäftigt:

Nach einer Wiederholung der Darstellung der Vorgänge durch COTTER (63) führt er aus, daß JEFFREYS gerade auf die wesentlichen Züge des Vorganges nicht eingeht. Das fragliche physikalische System, die in gewisser Tiefe befindliche Basaltschicht, kann eben nur zeitweise Wärme an ihrer oberen Grenzfläche abgeben. Die Temperaturschwankungen, die im wesentlichen nur in der Auf- und Abwärtsbewegung der Schmelzisotherme ihren Grund haben, sind relativ unbedeutend, der überwiegende Teil der Basaltschicht ändert überhaupt nicht seine Temperatur, sondern nur seinen Zustand, abgesehen von den Schwankungen, die durch die Schmelzpunktsänderung mit der Tiefe bedingt sind. Die *Zustandsänderung* der Stoffe *in Verbindung mit* der Wirkung der *Schwerkraft* ist es, die zyklisch verlaufende Vorgänge als Folgen eines stetigen Wärmeflusses hervorzubringen vermag.

Als Beispiel für einen derartigen Vorgang, der in allen Phasen dem von ihm im Erdinneren angenommenen analog ist, zitiert JOLY die wohlbekannten Geyser und führt den Vergleich in allen Einzelheiten durch. Ebenso wie dem Wasser bei einem Geyser wird auch dem Basalt dauernd Wärme zugeführt, wodurch er sich einem instabilen Zustand nähert, bis das immer schwächer werdende Gerüst des noch festen Bruchteiles zusammenbricht und dadurch *auf einmal* Zirkulation möglich wird und damit auch eine raschere Beförderung der aufgespeicherten Wärme.

Weiter werden noch eine Reihe von Vorrichtungen beschrieben, die durch Laboratoriumsversuch nachweisen lassen, daß zyklische Zustandsänderungen als Folgen eines stetigen Wärmestromes möglich sind. Bei den meisten kommt eine Substanz in Frage, die durch Zustandsänderung Wärme in latenter Form aufzuspeichern vermag, doch ist dies nicht einmal wesentlich. Notwendig ist nur, daß als Folge der Wärmezufuhr Änderungen in der Massenverteilung eintreten.

Zu JEFFREYS quantitativer Berechnung des Gezeiteneffekts bemerkt JOLY noch, daß solche Ergebnisse ein ganz falsches Bild der tatsächlichen Möglichkeiten geben können, weil die zum Zwecke der Rechnung gemachten Vereinfachungen der Ausgangsbedingungen wesentliche Züge derselben unberücksichtigt lassen. So mag in Wirklichkeit die Hauptwirkung durch die in den Magmaozean hineinragenden Kompensationen zustandekommen, an denen die Magmaströmungen abgelenkt und zum Teil in turbulente Strömungen verwandelt werden und so ihre Bewegungsgröße auf die Kompensationen übertragen wird.

JEFFREYS (78) und JOLY (79) sind in jüngster Zeit noch einmal auf diesen Gegenstand zurückgekommen und haben dabei ihre Ausführungen in Einzelheiten ergänzt. (Vgl. auch die Notiz von T. THORKELLSSON (80).) Ohne auf die Polemik Bezug zu nehmen hat JEFFREYS ferner seine Behandlung des Abkühlungsproblems in Verbindung mit einigen großtektonischen Fragen etwas verändert aufs neue dargestellt (82). U. a. wird auch der Wärmeproduktion durch Kalium Rechnung getragen.

8. Ergänzende Bemerkungen.

Von den beiden verschiedenen Anschauungen über die Wärmewirtschaft unseres Planeten hält die eine, die kontinuierliche Abkühlungstheorie, unbedingt an dem Prinzip fest, daß die Gesamtmenge radioaktiver Stoffe nicht größer sein darf, als daß die von ihr produzierte Wärme bei dem heutigen Temperaturgradienten an der Erdoberfläche auch abzuströmen vermag. Der Abkühlungsvorgang wurde von JEFFREYS mit zwei verschiedenen Verteilungsgesetzen durchgerechnet und 13 km als diejenige Tiefe gefunden, bis zu der eine konstante Radioaktivität von der Größe derjenigen von durchschnittlichem Granit angenommen werden darf, wenn unterhalb dieses Niveaus gar keine radioaktiven Stoffe mehr sind. Dieselbe Tiefe fand er für exponentielle Verteilung der Radioaktivität als mittlere Tiefe, d. h. die bis zu der die Aktivität auf den Bruchteil $\frac{1}{e}\left(\frac{1}{2.7\ldots}\right)$ gesunken ist. Auf die Änderung dieser 13 km, die durch die Berücksichtigung der Kaliumaktivität notwendig ist, ging JEFFREYS in seiner letzten Arbeit (82) ein unter Einsetzung höherer Wärmeleitfähigkeiten für Oberflächengesteine. Die Dicke der radioaktiven Oberflächenschicht würde 11.5 km betragen. Vergleichen wir dies mit der Erfahrung oder, wo diese uns keine direkten Anhaltspunkte zu geben vermag, mit JEFFREYS sonstigen Annahmen. Angesichts der Höhendifferenz zwischen Kontinent und Ozeanboden ist auch bei Einbettung der Kontinente in Dunit zur Aufrechterhaltung isostatischen Gleichgewichtes *wenigstens* eine Mächtigkeit der Kontinente von 16 km erforderlich. Eine Mächtigkeit der radioaktiven Schichte von 11.5 km erscheint damit kaum als vereinbar; andererseits müßte — bei Annahme exponentieller Verteilung der Radioaktivität — in etwa 8 km Tiefe die Radioaktivität nur noch die Hälfte, an der Basis der Kontinente etwa ein Viertel der Oberflächenkonzentration betragen; in 32 km Tiefe wäre sie sogar nur noch ein Sechzehntel. Eine Abnahme nach der Tiefe in diesem Grade innerhalb der Kontinentaltafeln ist ja denkbar und vielleicht auch stellenweise wirklich vorhanden, wie aus HOLMES' Zusammenstellungen in den Tabellen 18 und 19 (S. 58) hervorgeht; *aber* an den Stellen, wo solche extreme Differentiationen stattgefunden haben, ist dann auch die Aktivität der obersten Gesteinspartien entsprechend höher, wie dies obige Beispiele nach HOLMES und alpine Intrusionen zeigen. Mittlere Granitaktivität an der Oberfläche *und* eine Abnahme auf ein Viertel auf 16 km usw. sind Annahmen, die wohl das Äußerste darstellen, was die Erfahrung an Biegung „vielleicht" noch erträgt. Nehmen wir im Sinne JEFFREYS unter der Kontinentaloberfläche je 15 km Granit, Basalt und Peridotit oder Dunit an und setzen wir für die „Granit"-Schicht (spez. Gew. 2.8) *nur* die Gehalte mittlerer Gesteinstypen: $6 \cdot 10^{-6}$ Uran, $1.5 \cdot 10^{-5}$ Thorium und 2.6% Kalium ein, so liefert uns die Granitschicht einen Wärmestrom (vgl. Tab. 20) von $1.48 \cdot 10^{-6}$ cal/sec cm². Die Basaltschichte (spez. Gew. 3.2) mit den Gehalten der Deckenbasalte liefert einen Beitrag von $0.77 \cdot 10^{-6}$ cal/sec cm² zu dem Wärmestrom durch die Erdoberfläche, die Dunitschicht mit plausiblen Gehalten vielleicht 0.25 cal/sec cm²; das macht zusammen einen Wärmestrom von 2.5 cal/sec cm², zu dessen Förderung bei einer geothermischen Tiefenstufe von 32 m eine Leitfähigkeit von etwa $7.5 \cdot 10^{-3}$ gehört. Also wieder dasselbe Bild: nur die Annahme niederster Gehalte an Radioaktivität und vollkommene Vernachlässigung evtl. Radioaktivität unterhalb 45 km ließe die kontinuierliche Abkühlungstheorie möglich erscheinen. Und gerade diese Schicht, in der die Geschwindigkeit von Kompressionswellen auf ca. 7.8 km/sec steigt, und der die meisten Forscher eine Mächtigkeit von 1200—1500 km zuschreiben, muß auch bei sehr geringer Radioaktivität wegen ihrer großen Mächtigkeit eine Wärmemenge produzieren, die die nach der kontinuierlichen Abkühlungstheorie mögliche übersteigt. Auch wenn sie nur $0.02 \cdot 10^{-12}$

Ra enthielte und entsprechend Th und K, also weniger als die meisten Eisenmeteoriten, so wäre ihre Wärmeproduktion doch dieselbe, wie die einer 15 km mächtigen Granitschicht. Beachten wir das auf S. 68 Gesagte über den Einfluß der Tiefenlage von radioaktiven Wärmequellen auf die schließlich resultierenden Temperaturen, so ergibt sich, daß auch bei noch geringerer Radioaktivität leicht einige 1000°, also Schmelztemperaturen jedes Stoffes erreicht werden. Und doch ist *heute* diese ganze Hauptschicht imstande Transversalwellen fortzupflanzen, was eine Flüssigkeit nicht vermag. Die kontinuierliche Abkühlungstheorie ist eben tatsächlich nur vereinbar mit einer derart radikalen Abnahme der Radioaktivität nach der Tiefe, daß sie nach je 7—8 km nur noch die Hälfte beträgt, also in 70—80 km rund auf ein Tausendstel $\left(\frac{1}{2^{10}}\right)$ des Wertes an der Oberfläche gesunken ist; erst bei dieser Größenordnung könnte es auch in größerer Tiefe noch bleiben.

Nun führt JEFFREYS allerdings in einer Arbeit (75) (S. 110) einen Vorgang an, die Dampfdestillation großen Stils bei der Erstarrung, die zu einer derart radikalen Konzentration der radioaktiven Elemente sollte führen können, wie sie die kontinuierliche Abkühlungstheorie braucht. Dagegen ist aber einzuwenden, daß der kritische Druck des Wassers bereits in weniger als 1 km Tiefe weit überschritten ist; daher dürfte praktisch außer in den obersten paar hundert Metern oder bei vorgeschrittener Abkühlung an Spalten oberhalb und außerhalb der Fließzone überhaupt nicht mit der Bildung einer gasförmigen Phase zu rechnen sein. Von einer Dampfdestillation könnte also nur sehr nahe der Oberfläche die Rede sein; sobald dieselbe von einigen Hundert Metern schwer schmelzbarem und relativ frühzeitig abgeschiedenem sialischen Material bedeckt ist, geht die weitere Bildung der festen Phase in gewisser Tiefe und ohne Dampfbildung vor sich. Dasselbe gilt übrigens auch für die Oberfläche, sobald der Druck des bereits abgegebenen Wassers hoch genug gestiegen ist. Jedenfalls ist es unwahrscheinlich, daß der zitierte Prozeß so quantitativ arbeitet, wie dies die kontinuierliche Abkühlungstheorie verlangt, und das Kalium wird von ihm überhaupt nicht betroffen. Die Gesamtmenge an Kalium allein in der ganzen Erde nach WASHINGTON (S. 56 Tab. 17) liefert bereits ein Vielfaches der statthaften Wärmemenge, und auch durch die niedrigst (nach CLARKE) geschätzte Kaliummenge (0.04%) würde bereits der gesamte heutige Wärmestrom gedeckt. Freilich sind diese Schätzungen nicht verbindlich und auch die Wärmeproduktion durch Kalium ist nicht sehr genau bekannt. Aber was an Anhaltspunkten über die Radioaktivität des Erdinneren überhaupt vorhanden ist (S. 53—58), das ist für die kontinuierliche Abkühlungstheorie keinesfalls günstig.

Was nun den Vorwurf des Zirkelschlusses betrifft, der den Vertretern der Theorie der magmatischen Zykeln gemacht wird, so ist er, wenn überhaupt, so ganz sicher nicht in vollem Umfang berechtigt. JOLY geht aus von der Tatsache weitgehend erfüllten isostatischen Ausgleichs zwischen genügend großen Krustenteilen, von der petrographisch und vulkanologisch sehr nahe gelegten Annahme, daß sich unter dem kontinentalen, sialischen Material allgemein Basalt vorfindet und daß wir in den großen Deckenbasaltergüssen gute Proben von dieser Unterlage der Kontinente haben, sowie von der Beobachtung gewisser Mengen von radioaktiven Stoffen in den verschiedenen Materialien. Er zieht aus diesen Erfahrungen seine Folgerungen, betreffend orogenetische und epirogenetische Bewegungen und zeigt, daß dieselben der Erfahrung entsprechen. Daß JEFFREYS die von JOLY zugrunde gelegten Erfahrungen für angreifbar hält, berechtigt jedenfalls nicht zu dem obigen Vorwurf. Auch HOLMES verknüpft radioaktive, isostatische und seismologische Erfahrungen auf der einen Seite mit geologischen andererseits. Seine Schlußketten berühren also ebenfalls an *beiden* Enden das Gebiet der Erfahrung. Das Netz von Schlüssen hat nun allerdings noch einen Punkt, wo es der Erfahrung zugänglich wird, und das ist die geologische Zeitmessung. JOLY macht hier die Hypothese, daß die Altersbestimmungen aus den Blei-Uran-Verhältnissen bisher irrtümlich gedeutet worden seien. HOLMES dagegen benutzt diesen Punkt zur Prüfung der Theorie und findet Übereinstimmung der Erfahrung mit den theoretischen Folgerungen, was die Basaltzykeln betrifft. Bei der Frage der Peridotitzykeln allerdings werden nur zum Teil Brücken zwischen bisher unverknüpften Erfahrungen geschlagen. In einer Hinsicht wird mangels genügender experimenteller Unterlagen das Problem umgekehrt, die Art der Verknüpfung zwischen großen Erdrevolutionsperioden und Radioaktivität einer Schicht des Erdinneren per analogiam als gegeben vorausgesetzt und die Größe der Radioaktivität erschlossen. Diesem Teil von HOLMES Arbeit kann man also einen etwas hypothetischeren Charakter zusprechen.

Allerdings ist HOLMES von den beobachteten und zu erklärenden geologischen Ereignissen ausgegangen, um zu zeigen, daß ihnen die kontinuierliche Abkühlungstheorie nicht gerecht werden könne. Freilich kann man von einer Theorie nicht gleich alles verlangen, wie ja auch HOLMES die Theorie der magmatischen Zykeln in der von ihm gegebenen Form nur als eine erste grobe Annäherung an die Wirklichkeit bezeichnet, aber sie darf jedenfalls *mit der Erfahrung* nicht *im Widerspruch* stehen, wie dies bei der *stetigen Abkühlungstheorie* mit den vulkanischen Erscheinungen der Fall zu sein scheint. Es bleibt nun noch zu untersuchen, ob denn die *Theorie der magmatischen Zykeln* eine *mögliche Theorie* ist. Wäre sie es nicht, so müßte man auch sie aufgeben und einen dritten Weg suchen.

Einen schwachen Punkt der Theorie würde es wohl bedeuten, wenn sie zwecks Abfuhr überschüssiger Wärme unter den Kontinenten auf die Gezeitenreibung mit angewiesen wäre; auf die Mitwirkung anderer, Strömungen verursachender Faktoren wurde ja auch schon von JOLY und HOLMES hingewiesen. Wir wollen nun zeigen, daß eine allgemeine Ost-West-Verschiebung der äußeren Erdkruste über dem Inneren, auch wenn sie stattfindet, für die Vorgänge in einer verflüssigten Zone keinesfalls ausschlaggebend ist, wenigstens solange sie wirklich als flüssig im gewöhnlichen Sinne zu gelten hat. Wir nehmen an, daß unter dem Sial eine durchschnittlich 20 km tiefe, geschmolzene Simazone vorhanden sei, ohne danach zu fragen, wie sie zustandegekommen ist; der Wärmestrom durch die Basisfläche der Kontinente sei relativ unbedeutend, positiv oder negativ, aber jedenfalls kleiner als 10^{-6} cal/sec cm², das wäre ca. die Hälfte des die Kontinentaloberfläche im Durchschnitt passierenden Wärmestroms; der Meeresboden bestehe aus einer 6 km mächtigen Sialschicht, die Temperaturdifferenz zwischen Oberfläche und Basis betrage 1200°. Bei linearem Temperaturgefälle wäre der Gradient dann $2 \cdot 10^{-3}$ und würde mit einer Leitfähigkeit von $5 \cdot 10^{-3}$ einen Wärmestrom von 10^{-5} cal/sec cm² aufrechterhalten. Da das Sial selbst radioaktiv ist, wird der Gradient an der Oberfläche größer, an der Basis kleiner und der *durch*geleitete Wärmestrom um einen gewissen Bruchteil kleiner sein. In einem Basaltmagma von 20 km Tiefe wird in jedem säulenförmigen Volumen von 1 cm² Querschnitt, also in $2 \cdot 10^6$ cm³ pro Sekunde 10^{-6} cal von den radioaktiven Stoffen entwickelt. Die *wirkliche Wärmegehaltsverminderung* des Basaltmagmas erhält man nun, wenn man von dem den Ozeanboden passierenden Wärmestrom erstens die gleichzeitig im Basaltmagma unter dem Ozean produzierte Wärme abzieht, ferner noch einen ähnlichen Betrag für die vom Magma unter den Kontinenten entwickelte Wärme. Alle die hier angeführten Korrekturen, die jede für sich allein 10^{-6} cal/sec cm² nicht überschreiten, lassen schließlich eine effektive Abkühlung um etwa $8 \cdot 10^{-6}$ cal/sec cm² durch den Ozeanboden übrig. Da diese Kühlung nur unter dem Ozean und nicht — wenigstens sicher nicht in dieser Größenordnung — durch den Kontinent stattfindet, so wird das gekühlte (oder zum Teil feste Teilchen enthaltende), schwerere Magma sinkend zu einem geschlossenen Strömungssystem Anlaß geben, das zum Teil in einer Abwärtsbewegung unter dem Ozean, einer Unterströmung vom Ozean zum Kontinent, einer Aufwärtsbewegung unter dem Kontinent und einer Oberströmung wieder zum Ozean besteht. Um die resultierende Strömungsgeschwindigkeit ungefähr abschätzen zu können, betrachten wir ein Stück Kontinentaltafel nebst dem angrenzenden Stück Ozeanboden von je 1000 km, also 10^8 cm Breite, unter denen unser geschlossenes Strömungssystem liegen möge, und denken uns einen 1 cm breiten Streifen senkrecht auf den Kontinentalrand und parallel zur Strömungsrichtung herausgeschnitten. Die Kühlung durch die 10^8 cm² Ozeanboden beträgt dann $8 \cdot 10^{-6} \cdot 10^8 = 800$ cal/sec; da die spezifische Wärme von Basalt ungefähr 0.25 ist, so bedeutet dies eine Abkühlung von über 3000 g um etwa 1° oder einer entsprechend größeren Menge um eine geringere Temperatur. Mit einem Ausdehnungskoeffizienten von 10^{-3} würde das eine Volumsverminderung um rund 1 cm^3, also eine Verminderung des Auftriebs des subozeanischen Magmas um ca. 3 g bedeuten. Befände sich das Magma an seiner oberen Grenze exakt auf seinem Erstarrungspunkt, so würde der Wärmeentzug von sekundlich 800 cal bei 90 cal latenter Schmelzwärme das Erstarren von ca. 9 g Basalt zur Folge haben; bei 10% Volumsänderung also einen Auftriebsverlust von 1 g, bei 30% Volumsänderung (Eklogit!) 3 g. Wir haben also beiläufig mit der Entstehung eines Auftriebsverlustes von der Größenordnung 1 g in jeder Sekunde unter dem Ozean zu rechnen und zwar an der oberen Grenzfläche des Magmaozeans. Beim Absinken dieses Grammes auf den Grund längs der 20 km Tiefe, wie und wann immer es erfolgt, vermag es maximal 1 g $\times$ 20 km oder 1000 dyn $\times$ 2.10^6 cm $= 2.10^9$ erg Arbeit zu leisten. Die Sinkgeschwindigkeit durch die umgebende Flüssigkeit kann bei genügend feiner Verteilung des verdichteten Magmas vernachlässigt werden gegenüber der Strömungsgeschwindigkeit der Gesamtmasse. In diesem Falle steht praktisch der gesamte Energiebetrag von 2.10^9 erg pro Sekunde zur Verfügung zur Inganghaltung der Strömung mit der vor der Hand unbekannten Geschwindigkeit v. Die Gegenkraft, die zu überwinden ist, ist die Reibung. Zur Berechnung derselben brauchen wir die Viscosität oder den Koeffizienten der inneren Reibung des Magmas. Wir wollen ihn gleich 100 setzen, da er in dem einzigen Fall einer Silicatschmelze, der in LANDOLT-BÖRNSTEINS Tabellen angeführt ist (Diopsid unmittelbar oberhalb des Schmelzpunktes), diesen Wert hat; das wäre rund 10mal zäher als Glycerin. Ferner nehmen wir an, daß die Strömungsgeschwindigkeit, die entlang der Grenzfläche praktisch Null ist, 1 km von der Grenzfläche ihren vollen Wert erreicht hat. Die Reibung, die der Geschwindigkeitsänderung senkrecht auf die Strömungsrichtung proportional ist, wird dadurch etwas überschätzt, aber es handelt sich uns ja nur um die Größenordnung. Die Reibung pro Quadratzentimeter ist gleich der erwähnten Geschwindigkeitsänderung auf den Zentimeter $(v \cdot 10^{-5}) \times$ Viscosität (100). Obere und untere Begrenzungsfläche des betrachteten Magmateiles sind zusammen $4 \cdot 10^8$ cm^2. Die gesamte Reibungskraft ist daher $v \cdot 10^{-5} \times 100 \times 4 \cdot 10^8 = 4 \cdot 10^5\, v$. Dieselbe ist in jeder Sekunde längs v cm zu überwinden. Daher ist die erforderliche Gesamtleistung $4 \cdot 10^5\, v^2$ erg/sec und dieselbe muß gleich den zur Verfügung stehenden $2 \cdot 10^9$ erg/sec sein. Wir erhalten daher zur Bestimmung der Geschwindigkeit v die Gleichung

$$4 \cdot 10^5 \cdot v^2 = 2 \cdot 10^9; \quad v^2 = \frac{1}{2}\; 10^4; \quad v = 70 \text{ cm}.$$

Ein voller Umfang von $4 \cdot 10^8$ cm wird daher in etwa $6 \cdot 10^6$ sec oder rund 70 Tagen zurückgelegt. Da das Erstarren der Gesamtmasse der betrachteten Magmamenge von $\sim 10^{15}$ g die Abfuhr von ca. 10^{17} cal erfordert, die etwa 4 M. J. dauert, so wird das Magma während dieser Zeit viele Millionen Umläufe vollenden. Es ist nun allerdings zu beachten, daß bei diesen Verhältnissen der Turbulenzfaktor schon um Zehnerpotenzen überschritten ist, daß man also damit zu rechnen hat, daß der überwiegende Teil der von dem thermodynamischen Vorgang gelieferten Arbeit in turbulente Bewegung verwandelt wird. Wir wünschen aber aus unserer obigen Berechnung auch nichts weiter abzuleiten, als daß eine durch Gezeitenreibung hervorgerufene allgemeine Westdrift in der Theorie der magmatischen Zykeln für die Wiedererstarrung des Magmas absolut keine Rolle spielen kann. Und so ist es unbedingt, auch wenn man die Viscosität um ein oder zwei Zehnerpotenzen hinaufsetzt und wenn das Magma während der Abkühlung nicht Millionen, sondern nur Tausende von Umläufen macht.

Man kann aber noch mehr aus unserer Abschätzung der auftretenden Strömungsgeschwindigkeiten ablesen, das vorgemerkt zu werden verdient, nämlich, daß sich eine Magmamasse von regionaler Ausdehnung und Viscosität unter 10^6 nur im Zustande des konvektiven Temperaturgleichgewichtes befinden kann, resp. daß dieser Zustand, wo er aus irgendeinem Grunde nicht vorhanden ist, äußerst rasch eintreten muß.

Die Frage der Wirksamkeit der Gezeitenreibung kann somit aus der Diskussion über die Theorie der magmatischen Zykeln ausgeschaltet werden.

Ein zweiter wichtiger Punkt, der nach dem Bisherigen als noch nicht vollkommen geklärt erscheinen könnte, ist die Frage des Magmaaufstieges: Kann die geschmolzene Zone soweit nach oben vordringen, daß der Prozeß der Wiedererstarrung dadurch eingeleitet wird?

JOLY hat ja besonders in seiner letzten Arbeit (76) bereits gezeigt, warum JEFFREYS' prinzipielle Einwände nicht auf das in der Erde vorliegende System anwendbar sind. Überdies hat JEFFREYS selbst in einer Arbeit (75) trotz der strengen Formulierung seines Einwandes seinen intransigenten Standpunkt in gewissem Sinne aufgegeben, indem er die Möglichkeit von Temperaturschwankungen beschränkten Umfanges zugab. Von seiner Skizzierung eines „statistischen" Gleichgewichtes mit dem Vorkommen mehr oder weniger regionaler Aufschmelzungen zur Annahme der Bildung einer zusammenhängenden geschmolzenen Schicht ist nur ein Schritt und nicht einmal ein großer. Denn was die Entstehung einer solchen Schicht bei Vorhandensein von genügend Wärme liefernden, radioaktiven Substanzen verhindern soll, ist das Instabilwerden des Meeresbodens, sobald die geschmolzenen Regionen eine gewisse Ausdehnung erreicht haben, sowie die Annahme in gewissem (nicht zu geringem!) Grade ungleichmäßiger Verteilung der Radioaktivität. Beides sind keine notwendigen Annahmen. Die erste erübrigt sich nach HOLMES durch die Existenz einer sialischen Schicht auf dem Meeresboden und die zweite kann angesichts der *in regionaler Hinsicht* so auffallenden Gleichmäßigkeit der Radioaktivität der Deckenbasalte in der Wirklichkeit kaum erfüllt sein.

Angenommen also, ein Instabilwerden des Ozeanbodens gegenüber der Schwerkraft sei nicht zu befürchten und die Radioaktivität regional ziemlich gleichmäßig verteilt, dann ist nicht daran zu zweifeln, daß der Vorgang des Aufschmelzens so verlaufen wird, wie ihn R. COTTER (63) streng physikalisch beschrieben hat. Die Temperaturzunahme im ge-

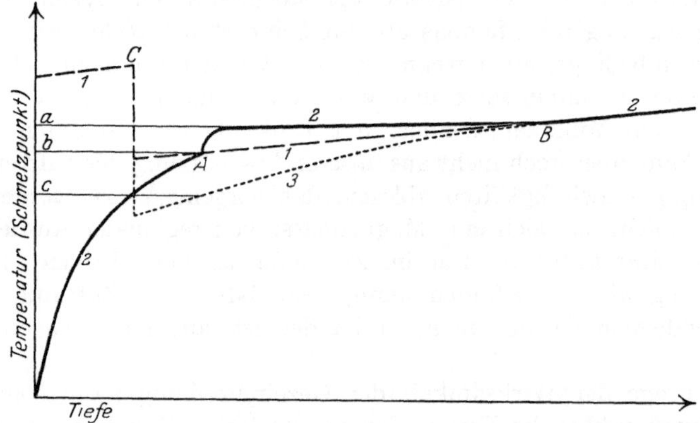

Abb. 16. Kurve 1 stellt den Schmelzpunkt des Materials in der jeweiligen Tiefe dar; von der Oberfläche bis *C* sialisches Material, von da abwärts gabbroides; Kurve 2 gibt die Temperaturverteilung wieder, die herrscht, wenn das Material von der Tiefe *A* bis *B* geschmolzen ist. Kurve 3 stellt den Verlauf des Schmelzpunktes mit der Tiefe bei inhomogenem Material dar.

schmolzenen Basalt nach der Tiefe zu ist nämlich bei konvektivem Gleichgewicht, wie es sich ja nach dem Zusammenbruch des Netzwerkes von noch fester Substanz alsbald einstellen muß, eine bedeutend geringere, als die Zunahme der Schmelztemperatur mit der Tiefe infolge des höheren Druckes beträgt. Es befindet sich daher das Magma an seiner unteren Grenze in Berührung mit seinem festen Bodenkörper auf der Schmelztemperatur, die zu dem dort herrschenden Druck gehört. In höheren Lagen jedoch wird es, mit seinen tieferen Teilen in konvektivem Gleichgewicht stehend, eine Temperatur *über* dem dortigen Schmelzpunkt haben. Es wird daher an seiner oberen Grenze relativ rasch Wärme an die feste Decke abgeben und dieselbe einschmelzen, während infolge der hierdurch bedingten Temperaturerniedrigung sich dafür am Boden festes Magma ausscheidet. Der „Temperatursprung" an der oberen Grenze des Magmas ist nun um so größer, je mächtiger die geschmolzene Zone ist; denn um so weiter sind dann die beiden Kurven 1 und 2 (Abb. 16) an der oberen Grenze voneinander entfernt.

Wegen des Temperatursprunges an der oberen Grenze kann eine solche Magmazone nicht stabil bleiben, sondern muß aufwärts rücken, auch dann noch, wenn sie schon wegen stärkerer Ableitung durch die Decke anfängt an Mächtigkeit abzunehmen. Schließlich tritt ein Punkt ein, wo weiterer Fortschritt nicht möglich ist, weil trotz des „Temperatursprunges“[1] die Wärmeleitung von der Decke aufwärts die vom Magma gelieferte Wärme bewältigen kann. Weil aber die Mächtigkeit der Magmazone abnimmt, so muß auch alsbald der Temperatursprung und die abgegebene Wärmemenge kleiner werden und die Decke beginnt wieder zu wachsen, bis das Magma ausstirbt, wodurch der Ausgangszustand wiederhergestellt ist.

Im Prinzip ermöglicht dieser Mechanismus zyklische Zustandsänderungen des Erdinneren. Es ist nur fraglich, ob das Aufsteigen der Magmazone, auch mit dem von HOLMES herangezogenen Übersichlosarbeiten fester Teile rasch genug vor sich geht, um zu periodischen Volumsänderungen des Erdkörpers und damit zu tangentialen Kräften in der Erdkruste Anlaß zu geben. Denn unmittelbar nach dem wiederholt erwähnten Zusammenbruch des Netzwerkes noch fester Substanz beginnt ja in dem eben gebildeten Bodenkörper sofort wieder das Aufschmelzen und ist bis zum Aussterben der ersten Magmazone evtl. schon so weit gediehen, daß es alsbald zu einem neuen Zusammenbruch im untersten Teil des Bodenkörpers und zur Bildung der nächsten „Magmawelle“ kommt; ja es wäre sogar denkbar, daß die erste Magmawelle noch nicht zu Ende ist, während schon die nächste aufzusteigen beginnt. Quantitative Untersuchungen in dieser Hinsicht wären sehr wünschenswert, bergen aber große Schwierigkeiten in sich und sind wegen des Auftretens turbulenter Strömungen heute nicht in voller Strenge durchführbar. Dagegen lassen sich Vorgänge angeben, die mit großer Wahrscheinlichkeit in der Wirklichkeit eine wichtige Rolle spielen und die den Aufstieg des Magmas sehr beschleunigen müssen.

Die Kurve 1 in der Abb. 16 entspreche den Erstarrungstemperaturen von Basalt in jeder Tiefe, während die Kurve 2 die Temperaturverteilung bei konvektivem Gleichgewicht darstelle, wenn das Magma bis in die Tiefe B reicht. Nach oben sei die Aufschmelzung bis zur Tiefe A vorgedrungen. Dann steht für den Wärmeübergang vom Magma zur festen Decke die Temperaturdifferenz $a\,b$ zur Verfügung. Die Geschwindigkeit des Aufschmelzens der Decke und damit des Vorrückens des Magmas hängt wesentlich von der Größe dieses „Temperatursprunges“ ab. Das Aufschmelzen wird bedeutend schneller gehen, wenn wir statt einiger weniger Grade vielleicht 100° Unterschied zwischen dem Magma und der festen Substanz haben. Solche Verhältnisse sind dann zu erwarten, wenn die Zusammensetzung des

[1] In Wirklichkeit stellt sich ein ziemlich starkes endliches Temperaturgefälle in einem turbulenten Grenzgebiet in der Nähe der Decke ein.

Krustenmateriales nicht durchwegs dieselbe ist, sondern sich derart mit der Tiefe ändert, daß die Schmelztemperatur mit der Tiefe rascher ansteigt, als es der Druckzunahme allein entsprechen würde, also etwa durch die punktierte Kurve 3 wiedergegeben wäre. Dann stünde statt der Temperaturdifferenz *a b* die bedeutend größere *a c* für den Wärmeübergang und den Aufschmelzungsprozeß zur Verfügung.

Es ist sehr wahrscheinlich, daß die wirklichen Verhältnisse den eben skizzierten entsprechen, denn das Magma wird ja von unten nach oben fest; die leichtschmelzbarsten Bestandteile werden zuletzt, also zu oberst verfestigt werden, sei es, daß aus einer Mischung zuerst ein Bestandteil und zuletzt das Eutektikum krystallisiert, sei es, daß sich in den letzten, leichtesten Restlaugen Wasser und andere Mineralisatoren relativ anreichern und so den Schmelzpunkt herabsetzen. In besonders großartiger Weise muß sich dieser Mechanismus beim Zusammenwirken einer schwerschmelzbaren Peridotitschicht mit der leichtschmelzbaren Basaltschicht auswirken. Besonders wenn die Peridotitschicht sehr mächtig ist, so kann ihre Temperatur nicht wesentlich unter die Erstarrungstemperatur des reinen Peridotits sinken, auch wenn schon ein paar Kilometer Basalt eingeschmolzen wurden. Wir haben daher mit einer raschen Einschmelzung der Basaltschicht, soweit sie gerade fest ist, zu rechnen. Weiter ist zu beachten, daß der Basalt nicht nur geschmolzen, sondern auch insgesamt auf Peridotitschmelztemperatur erhitzt wird. Für jeden Kubikzentimeter geschmolzenen Basalts werden daher der Peridotitzone nicht nur 270 cal Schmelzwärme, sondern auch noch ein vielleicht noch größerer Betrag an Wärme für die Erhitzung des bereits geschmolzenen Basalts um einige 100° entzogen. Daher werden für jeden Kubikzentimeter Basalt 2—3 cm³ Peridotit verfestigt werden und die Magmazone beim Aufwärtsrücken um 10 km an der oberen Grenze um 20—30 km an ihrem Grunde seichter werden. Entsprechend der Volumsänderung des Peridotits beim Festwerden, die die entgegengesetzte des Basalts beim Schmelzen bedeutend übertrifft, ist während dieser Magmaaufstiegsperiode innerhalb kurzer Zeit eine starke Kompression der Erdkruste zu erwarten, die allmählich abnimmt. Wegen der großen Mächtigkeit der Peridotitschicht (die wir vielleicht auf 1200 km veranschlagen dürfen) und des hohen Schmelzpunktes, den Holmes auf 1600—1700° schätzt, ist zu erwarten, daß bei einem großen Zyklus auch noch die sialische Deckschicht angegriffen wird, daß also auch die Verfestigung der geschmolzenen Massen zu der Zeit, wo der Ozeanboden am dünnsten ist, bedeutend schneller vor sich geht als bei einem Basaltzyklus, haben wir doch im Ozeanboden mit 1600° Temperaturgefälle auf wenige Kilometer zu rechnen. Mitten in diese Zeit intensivster Kompression fällt in dem Augenblick, wo der Schmelzprozeß die obersten Zonen erreicht, eine Periode größter Transgression.

Eine nähere Betrachtung der Vorgänge im Erdinneren, wie sie die Theorie der magmatischen Zykeln fordert, vom physikalischen Standpunkt führt zu Folgerungen und zum Teil neuen Anschauungen über die Herausbildung der Großformen des Erdreliefs, deren Besprechung weit über den Rahmen dieser Arbeit hinausführen würde. Es sei bloß darauf hingewiesen, daß die zeitweilig hochgradige Beweglichkeit des unter der Erdkruste liegenden Mediums, sowie die zeitweilige Schwäche des Ozeanbodens eine gewisse Bedeutung für die WEGENERsche Theorie der Verschiebung der Kontinente gewinnen dürften, vor allem für deren dynamische Begründung. Denn diese Vorgänge stellen auch — durch Ablenkung von Magmaströmungen an den Kompensationen der sialischen Tafeln und Übertragung von Bewegungsgröße hierbei — zum erstenmal Kräfte zur Verfügung, die ihrer Größenordnung nach die zur Überwindung der Festigkeit der Krustenteile erforderlichen Kräfte erreichen, und machen dadurch die immerhin anfechtbare Annahme einer unwahrscheinlich tief liegenden Fließgrenze entbehrlich.

Weiter sei noch kurz angemerkt, daß der Angriff auch des Sial durch das Magma nach der Ausscheidung der schwerstschmelzbaren (forsteritreichen) Teile auch die Wiederabscheidung dieser sialischen Bestandteile — wegen ihres geringen spezifischen Gewichtes natürlich nach oben — bedingt. Dieselben trachten die höchsten Teile des Magmameeres zu erreichen, also die Kontinentalränder und den Ozeanboden; die obere Grenze des Magmas werden sie aber vorzugsweise dort erreichen, wo aufsteigende Strömungen vorherrschen, vor allem unter den mächtigsten Teilen der sialischen Tafeln. Soweit sie dort keine Möglichkeit eines Abflusses finden, etwa zwischen den Kompensationen geschlossener Systeme von Gebirgsketten, müssen sie sich ansammeln und isostatische Hebungen in regionaler Ausdehnung bewirken. Die gleichmäßig hohe Lage vieler „Zwischengebirge“ (Tibet usw.) mag so begründet werden.

Ferner: Bei der Abkühlung des letzten Teiles, des gabbroiden Magmas wird die Ablagerung des Bodenkörpers vorzugsweise gegen die Mitte der Ozeane zu zuerst stattfinden und dort zuerst die Kruste bei der weiteren Kontraktion der Erde auf Grund geraten, wenn die Randteile noch über 10—20 km tiefem Magma schwimmen. Dies mag erklären, daß alle Weltmeere in der Mitte seichtere Partien besitzen gegenüber den tieferen Randmulden[1] (atlantische Schwelle, Kerguelenschwelle usw.).

Diese wenigen Beispiele genügen, um zu zeigen, daß die Theorie der magmatischen Zykeln eine Menge von mehr oder weniger zwingenden Folgerungen zu ziehen gestattet, die mit der Erfahrung verglichen

[1] Die Rand*gräben* oder schmalen Rinnen nahe der Küste mit ihren ungeheuren Tiefen müssen besonderen Bedingungen ihren Ursprung verdanken. [Vgl. die Bemerkungen von HOLMES (81).]

werden können.[1] Es ist zu hoffen, daß sie in den nächsten Jahren ihre Fruchtbarkeit für Geophysik und Geologie erweisen wird, obwohl sie derzeit noch wegen ihrer großen Anpassungsfähigkeit Gefahr läuft, besonders von physikalischer Seite als Kautschuktheorie mit Mißtrauen betrachtet zu werden. Aber sowohl das geologische Erfahrungsmaterial, als auch Schwere- und Erdbebenwellenmessungen besitzen heute wohl kaum die Tragfähigkeit, daß man auf ihnen in irgendeiner Hinsicht eine eindeutige oder gar streng mathematisch durchgeführte Theorie begründen kann.

III. Die Radioaktivität als selbstregistrierende Uhr.

1. Die Möglichkeiten geologischer Zeitmessung.

Die Berechnungen Lord KELVINS über den Abkühlungsvorgang bei einem Körper von der Größe der Erde stellen den ersten Versuch einer geologischen Zeitbestimmung dar, bei dem eine ziffernmäßige Behandlung des Problems möglich war. Um die vergangene Jahrhundertwende kamen hierzu weitere Versuche, die auf einer quantitativen Erfassung der Abtragungsvorgänge und der Sedimentbildung fußten. Allen diesen Methoden gemeinsam ist die Berechnung der Dauer eines Prozesses aus der bis heute angesammelten Menge einer bestimmten Art von Materie und der Ansammlungsgeschwindigkeit, indem der Quotient dieser beiden Größen gebildet wird. Einer der versuchten Wege bestand darin, die Zeitdauer der verschiedenen geologischen Epochen je aus der maximalen Mächtigkeit der Sedimentformationen zu erschließen, die in ihr gebildet wurden; die Summe aller dieser Werte würde die gesamte Zeitdauer der geologischen Geschichte repräsentieren oder „das Alter der Erde", das, wie im Abschnitt II erwähnt, wahrscheinlich von der Dauer der geologischen Geschichte nicht viel verschieden sein dürfte. Unter Annahme einer durchschnittlichen Bildungsgeschwindigkeit der Sedimente von 4 Zoll pro Jahrhundert erhielt W. J. SOLLAS 100 M. J., von 3 Zoll pro Jahrhundert höchstens gegen 150 M. J. für das Alter der Erde. Der Natriumgehalt des Ozeans in Verbindung mit der jährlichen Natriumzufuhr durch die großen Flüsse der Erde führte JOLY (64, 85) auf Werte ähnlicher Größe, nämlich gegen 100 M. J. Die Neuberechnung durch SOLLAS (86) unter Berücksichtigung von „zyklischem" Natrium, das bereits einmal im Ozean war und mit dem Winde oder als Sediment wieder auf das Land und von da in die Flüsse gelangte, ergab 80 bis höchstens 175 M. J. Auf Grund einer genaueren Betrachtung der Verhältnisse zwischen Sediment- und Massengesteinen, was Anteil an der Erdoberfläche, Natriumführung und Ver-

[1] Vgl. auch (77).

witterungsgeschwindigkeit betrifft, gelangt A. HOLMES (87) zu dem Schlusse, daß die Natriumbestimmungen im Flußwasser eine etwas zweifelhafte Angelegenheit darstellen und man besser täte, von der gesamten Materialführung der Flüsse auszugehen und aus derselben sowie dem bekannten Verhältnis zwischen gelöstem und beim Verwitterungsvorgang ungelöst bleibendem Natrium, die dem Ozean jährlich zugeführte Natriummenge zu berechnen. Er erhält so für das „Alter des Ozeans", eine jedenfalls mit dem oben definierten Alter der Erde ungefähr gleichzusetzende Größe, rund 330 M. J. Betreffs der Zeitschätzung aus Sediment*mächtigkeiten* kommt er ebenfalls zu einem sehr ungünstigen Urteil. Um die von ihm aufgedeckten Nachteile dieser Methode zu vermeiden, müßte man auch hier von der *Gesamtmenge* aller greifbaren Sedimentgesteine ausgehen und sie mit ihrer Bildungsgeschwindigkeit vergleichen. Damit werden die dieser Methode zugrunde gelegten Ziffern aber identisch mit denen, die bei der Auswertung des Natriumgehaltes des Ozeans von ihm als Ausgangspunkt genommen wurden und müssen daher auch zwangsläufig, wie HOLMES auch selbst bemerkt, zu derselben Ziffer von 330 M. J. führen. All diesen Schätzungen liegt die Annahme zugrunde, daß die Erosionsvorgänge auf unserem Planeten in der Vergangenheit *im Mittel* in gleicher Intensität wie heute verliefen. Da diese Annahme nicht bewiesen werden kann und die Ergebnisse der Berechnungen denen aus radioaktiven Altersbestimmungen direkt widersprechen — letztere ergeben fünf- bis zehnmal größere Werte —, so verwirft sie HOLMES mit Recht. Auch JEFFREYS tut sie in seinem Buche „The Earth" (Kap. V) kurz ab mit der trockenen Bemerkung, sie bewiesen nur, daß die gegenwärtige Erosionsgeschwindigkeit das Mittel der Vergangenheit um ein Vielfaches übertreffe, aber sie bedeuteten jedenfalls keine Schätzung des Alters des Ozeans.

J. BARRELL (88) zeigte in einer sehr gründlichen Untersuchung, wie die Zeitschätzungen aus Mächtigkeit und Bildungsgeschwindigkeit der Sedimentserien auch zu wahrscheinlich richtigen Ergebnissen führen können, wenn man nur alle in der Erfahrung angedeuteten Faktoren berücksichtigt. Vor allem läßt sich die Behauptung, daß die Erosionstätigkeit in der Vergangenheit *im Mittel* um ein Vielfaches geringer war als wir sie heute am Werk sehen, durch eine Reihe direkter Beobachtungen erhärten: Die durch Erosion gebildeten Terrainformen beweisen, daß gewisse die Erosionsgeschwindigkeit mitbestimmende Faktoren, wie etwa regionale Hebungen, in rhythmischer Weise wirksam waren. Ebenso prägt sich der rhythmische Charakter auch in den Sedimentationsvorgängen aus; und solcher Rhythmen, die diese Vorgänge gleichsam in regelmäßigen Zeitintervallen für eine schwer bestimmbare Zeit unterbrechen, gibt es größere und kleinere, die sich entsprechend überlagern: ganz kurze, vielleicht der Präzession der Tag- und Nachtgleiche entsprechende, längere, wie sie z. B. auch als Interglazial- und

Glazialrhythmen in Erscheinung treten, schließlich geologische Perioden und die großen Revolutionen. Alle diese Rhythmen bewirken zusammen, daß die greifbaren Sedimentserien einer geologischen Epoche eine vielfach größere Zeit zu ihrer Entstehung brauchten, als es ohne den rhythmischen Charakter der Vorgänge der Fall wäre. BARRELL kommt so z. B. auf Grund der von SOLLAS auf 20000 m geschätzten maximalen Gesamtsedimentmächtigkeit für das Tertiär zu einer Dauer von 30 bis 45 M. J. für diese Epoche und im Anschluß an GOODCHILD (89) zu etwa 700 M. J. seit Beginn des Kambriums. Als Schätzungsmethoden für die *relative* Dauer der geologischen Perioden läßt er die Berechnungen von SOLLAS u. a. immerhin gelten. In Verbindung mit den relativ sichereren Absolutschätzungen für die jüngsten Abschnitte der Tertiärzeit von seiten der Eiszeitforscher (etwa 1,5 M. J. für das Pleistocän) ergeben sich aus jenen dann ebenfalls Werte im Sinne der Auffassung BARRELLS und in genügender Übereinstimmung mit den radioaktiven Altersbestimmungen. Den nach seiner Art vorgenommenen Zeitschätzungen schreibt BARRELL eine Genauigkeit von 15—25% zu.

In Zusammenhang mit seinen Untersuchungen über den Einfluß des Kohlensäuregehaltes der Atmosphäre auf das Klima hat S. ARRHENIUS (90) versucht, aus der Kohlensäurewirtschaft unseres Planeten eine Abschätzung der seit dem Kambrium verflossenen Zeit abzuleiten. Nach ihm hätten wir in den wärmsten Perioden mit einem bis zehnmal den heutigen übertreffenden CO_2-Gehalt der Atmosphäre, für die kältesten Perioden etwa mit einem Viertel desselben zu rechnen, so daß die heutigen Verhältnisse etwa dem Durchschnitt entsprächen. Nach HÖGBOM ist in den karbonatischen Sedimenten etwa 25000 mal, nach CHAMBERLIN mindestens 20 bis 30000 mal soviel CO_2 gebunden, als die Atmosphäre heute enthält. Da CHAMBERLIN den jährlichen Verbrauch an Luftkohlensäure durch die Verwitterungsprozesse auf 1/10000 derselben schätzt, so ergeben sich daraus 250 M. J. für die Gesamtdauer dieses Prozesses in bemerkenswerter Übereinstimmung mit den übrigen Methoden, die in einfacher Weise ihre Rechnungen auf Abtragung und Sedimentation begründen.

Auch die Geschwindigkeit der phylogenetischen Entwicklung wurde gelegentlich zu geologischen Zeitschätzungen herangezogen, verliert aber wohl sehr an Sicherheit, sobald es sich um einigermaßen größere Abstände von der Gegenwart handelt.

Die im II. Abschnitt dargestellte Theorie der magmatischen Zykeln liefert auch Anhaltspunkte zur angenäherten Berechnung sowohl der Gesamtdauer der geologischen Geschichte als auch der Dauer einzelner Abschnitte derselben. So berechnete JOLY (59), daß das Material, aus dem die großen Deckenbasaltergüsse bestehen, die zur Selbstschmelzung nötige Wärme in etwa 30 M. J. aufbringt (vgl. S. 79). Da nach der Bildung einer flüssigen Magmaschicht zunächst das Aufwärtsdringen des geschmolzenen Zustandes einige Zeit erfordert und die Zeit für die Ableitung der aufgespeicherten latenten Schmelzwärme durch den dünngewordenen Ozeanboden von JOLY auch auf 8 M. J. veranschlagt wird, so ergeben sich als Dauer für den Ablauf eines basaltischen Zyklus 40 bis 50 M. J. und, da JOLY die großen Erdrevolutionen mit den basaltischen Zykeln in Verbindung bringt, rund 200 bis 300 M. J. für das Alter der Erde.

HOLMES wies demgegenüber darauf hin (70), daß schon lange, bevor die gesamte latente Schmelzwärme aufgebracht sei, das restliche Gerüst aus noch ungeschmolzener Substanz zusammenbrechen und es zur Bildung einer zusammenhängenden Schicht von Flüssigkeit kommen müsse. Demgemäß wäre die Dauer eines basaltischen Zyklus als kürzer anzunehmen, vielleicht 30—35 M. J. Wenn man nicht die großen Erdrevolutionen mit den basaltischen Zykeln verknüpft, sondern die geringfügigen orogenen Tätigkeitsperioden dazwischen, so kämen etwa 6 bis 7 basaltische Zykeln auf eine große Revolution. Die zyklischen Zustandsänderungen der mächtigen Peridotitschicht, die HOLMES mit den großen Erdrevolutionen verknüpft, weisen durch ihre längere Dauer auf eine entsprechend schwächere Radioaktivität dieser Schicht hin. Leider sind die Anhaltspunkte für eine direkte Bestimmung der Radioaktivität in diesem Falle zu dürftig, um die Umkehrung des Problems zuzulassen und wie beim Basalt die Dauer eines Zyklus aus der Radioaktivität zu schätzen. Jedenfalls aber gerät man durch die Identifizierung der Basaltzykeln mit den großen Erdrevolutionen in Widerspruch mit den gleich zu erwähnenden, eigentlichen radioaktiven Altersbestimmungsmethoden (vgl. auch die Zusammenfassung S. 184).

Die radioaktiven Stoffe liefern zweierlei Zerfallsprodukte: stoffliche (Blei und Helium) einerseits und Energie (Wärme) andererseits. Der eben besprochene Weg zur Bestimmung der Dauer eines geologischen Zeitraumes gipfelte darin, daß aus der bekannten, experimentell bestimmten Geschwindigkeit der Wärmeproduktion sowie der in dem fraglichen Zeitraum produzierten Wärme (der latenten Schmelzwärme) die dazu nötige Zeit berechnet wurde. Die Genauigkeit dieser Methode ist u. a. auch schon darum keine große, weil das Zerfallsprodukt Wärme seiner Natur nach eine große Beweglichkeit besitzt und die Bedingungen für seine Anhäufung und die dann später eintretende Zerstreuung heute sicher noch nicht mit großer Exaktheit erfaßbar sind. Bedeutend günstiger liegen die Verhältnisse betreffs der stofflichen Zerfallsprodukte. Uran und Thorium zerfallen über die entsprechenden Zwischenstufen (s. die Tabellen 1 und 3) mit bekannter Geschwindigkeit nach folgenden Gleichungen, wenn wir nur die chemisch-analytisch erfaßbaren Bestandteile berücksichtigen:

$$U = 8\,He + Pb, \quad Th = 6\,He + Pb.$$

Die noch zu beachtenden Einzelheiten (Actiniumreihe usw.) werden in den folgenden Kapiteln eingehend erörtert werden. Besonders vom Blei dürfen wir annehmen, daß es, den Fall der Verwitterung ausgeschlossen, quantitativ in radioaktiven Mineralien sich anhäuft und so durch seine Menge *im Verhältnis zur Muttersubstanz* im Verein mit der bekannten Bildungsgeschwindigkeit eine *Altersbestimmung dieser Mineralien* ermöglicht. Dieser Gedanke tauchte auf, sobald sich die Erkenntnis zu verdichten begann, was für Stoffe schließlich als Endprodukte des radioaktiven Zerfalls zu erwarten seien und, daß es sich in genügend alten Mineralien um analytisch erfaßbare Mengen handeln müsse. Er findet sich zum ersten Male bei B. B. Boltwood (91) und R. J. Strutt (92). Letzterer hat besonders auch die Untersuchung des Heliumgehaltes radioaktiver Mineralien für die Altersbestimmung fruchtbar zu machen gesucht. Um die anfängliche Entwicklung dieses Gebietes haben sich überdies vor allem noch Holmes und Lawson verdient gemacht. Wir besitzen heute in dieser Methodik, der Analyse radioaktiver Mineralien, bei Einhaltung aller Vorsichtsmaßregeln wohl das zuverlässigste Mittel zur geologischen Zeitmessung.

Auch gewisse Wirkungen der radioaktiven Strahlen, die mit der Zeit zunehmende Spuren hinterlassen, wie die Verfärbungserscheinungen in Mineralien um mikroskopische Einschlüsse herum, hat man für Zeitbestimmungszwecke dienstbar zu machen versucht, so vor allem die pleochroitischen Verfärbungshöfe in Biotit, indem man sie mit sehr starken radioaktiven Strahlungsquellen in relativ kurzen Zeiten experimentell nachmachte und die natürlichen Wirkungen mit den künstlichen verglich (Anhang II).

Es gibt ferner noch eine Reihe von Möglichkeiten, das Gesamtalter der Lithosphäre oder der Erde als selbständigen Himmelskörpers abzuschätzen. So berechnet H. N. Russell (93) einen *oberen Grenzwert* für diese Größe aus dem durchschnittlichen Gehalt mittlerer Gesteinstypen an Uran, Thorium und Blei unter der Annahme, daß das *gesamte Blei radioaktiven Ursprungs* sei und erhält 2 bis 8 Milliarden Jahre. Durch besondere Auswahl der Ausgangsziffern[1] gelangt A. Holmes (94) zu dem Grenzwert ca. 3000 M. J.

Auch eine Reihe astronomischer Betrachtungen führen auf ähnliche Werte, so die Exzentrizität der Merkurbahn auf 2500 M. J., die heutige Entfernung des Mondes, wenn man seine Entstehung aus der Erde annimmt, auf einige Milliarden Jahre und die Zeit seit dem letzten Aufenthalt des Sonnensystems in der Milchstraße, der vielleicht den äußeren Anstoß zur Entwicklung von Planeten gab, wird ebenfalls auf 2 bis 3 Milliarden Jahre geschätzt.

---

[1] Neuere Werte zum Teil; das Blei in Erzgängen soll nicht mit einbezogen werden, weil es wahrscheinlich einer besonderen Zone entstammt.

2. Die Berechnung des Alters radioaktiver Mineralien nach der „Bleimethode".

Eine gewisse Menge Uran, etwa ein Kristall irgend eines Uranminerals, sei durch 100 M. J. sich selbst überlassen. Der Vorgang des radioaktiven Zerfalles von Uran über diesen Zeitraum besteht *für den Mineralchemiker* einfach darin, daß während dieser Zeit eine gewisse Menge Uran verschwindet und an ihrer Stelle die gleiche Anzahl Atome Blei sowie die achtfache Zahl Heliumatome auftritt. Da für jedes zerfallene Uranatom nur *ein* Bleiatom gebildet wird, das ein geringeres Gewicht als ein Uranatom besitzt, so ist die gebildete Bleimenge im Verhältnis der Atomgewichte kleiner als die zerfallene Uranmenge, wenn wir in Gewichtseinheiten messen. Ein Teil der vorher als Uran vorhandenen Materie ist ja in Form von α-Teilchen ausgeschleudert worden und existiert nunmehr als Helium. Wir können den Zerfall von Uran also in der Form ausdrücken

$$238 \text{ Teile Uran} = 32 \text{ Teile Helium} + 206 \text{ Teile Blei};$$

d. h. aus jedem Atom Uran vom Atomgewicht 238 werden 8 Atome Helium vom Atomgewicht 4 und ein Atom Blei vom Atomgewicht 206, nämlich ein RaG-Atom. Das Endprodukt der Uran-Radium-Reihe, RaG, ist ja ein Bleiisotop (vgl. S. 20 u. 23).

Nach einer so langen Zeit, wie 100 M. J., herrscht längst radioaktives Gleichgewicht, die Zwischenprodukte sind in den ihnen zukommenden Gleichgewichtsmengen vorhanden (Tabelle 1), kommen aber als chemisch-analytisch nachweisbare Bestandteile nicht in Frage. Die Bleiproduktion und die Heliumproduktion sind die einzigen bei der gewöhnlichen chemischen Analyse greifbaren Erscheinungen beim radioaktiven Zerfall. Verglichen mit der Halbwertszeit des Urans, ca. 4500 M. J., sind nun aber 100 M. J. eine relativ kurze Zeit, so daß wir die Verminderung der Uranmenge um 1,5%, die während derselben erfolgt, insofern vernachlässigen dürfen, daß wir den Uranzerfall und somit die RaG-Produktion während dieser Zeit als praktisch konstant annehmen dürfen. Aus demselben Grunde ist es auch gleichgültig, ob wir den Anteil an zerfallenen Atomen angeben, indem wir ihre Zahl zu der am Anfang oder zu der am Ende der 100 M. J. vorhandenen Zahl Uranatome ins Verhältnis setzen. Beides ist nicht genau richtig, denn im Mittel war ja die vorhandene Zahl Uranatome weder die eine noch die andere, sondern lag zwischen beiden. Wir können also die vom Analytiker gefundene Atomzahl RaG, dividiert durch die gefundene Atomzahl Uran, gleichsetzen dem Prozentsatz an zerfallenen Atomen, das ist gleich dem in der Zeiteinheit zerfallenden Prozentsatz multipliziert mit der Zeit. Bei der Analyse erhält man zunächst sowohl die RaG- als auch die U-Menge in Gewichtseinheiten. Die Umrechnung des Quotienten zwischen beiden auf Atomzahlen geschieht durch Division durch die Atomgewichte. Bezeichnet

RaG das Gewicht der analytisch bestimmten Bleimenge und ebenso U das Gewicht an Uran, so haben wir:

$$\frac{\mathrm{RaG}/206}{\mathrm{U}/238} = \frac{\mathrm{RaG}\cdot 238}{\mathrm{U}\cdot 206} = \frac{\mathrm{RaG}}{\mathrm{U}}\cdot 1.15 = \lambda_{\mathrm{U}}\cdot A. \tag{1}$$

worin λ_{U} die Zerfallskonstante des Urans und A die Zeit bedeutet, während der das Uran sich selbst überlassen war und das Ra G sich angehäuft hat, also das „Alter" des Minerals. Ist der Wert von Ra G und U durch Analyse bestimmt, λ ist ja bekannt, so kann das A als einzige Unbekannte berechnet werden. Wir erhalten dasselbe natürlich in denselben Zeiteinheiten, in denen das λ eingesetzt wird. Rechnen wir mit Jahrmillionen als Einheiten, so ist $\lambda_{\mathrm{U}} = 1.5\cdot 10^{-4}$ (vgl. Tabelle 1) und wir erhalten

$$A = \frac{\mathrm{RaG}}{\mathrm{U}}\cdot\frac{1.15}{1.5\cdot 10^{-4}}\ \mathrm{M.\,J.} \tag{2}$$

Analoge Gleichungen wären für reine Thormineralien anwendbar.

$$\frac{\mathrm{Th\,D}}{\mathrm{Th}}\cdot\frac{232}{208} = \lambda_{\mathrm{Th}}\cdot A, \qquad A = \frac{\mathrm{Th\,D}}{\mathrm{Th}}\cdot\frac{1.12}{4\cdot 10^{-5}}\ \mathrm{M.\,J.} \tag{3}$$

Von der Genauigkeit, die den einzelnen, in eine solche Altersbestimmung eingehenden Faktoren zukommt, wird weiter unten die Rede sein. Vorausgesetzt, dieselben seien etwas genauer bekannt, als wir sie in unsere Formeln bisher eingesetzt haben, etwa wir hätten uns für die Werte bestimmter Autoren als besonders zuverlässig entschieden — und wir wollten auch an die Genauigkeit unserer Altersberechnungen höhere Anforderungen stellen, so müssen wir unsere Formeln etwas verändern, um den oben angedeuteten Vernachlässigungen Rechnung zu tragen. Auch wenn es sich um Mineralien höheren Alters, 1000 M. J. und mehr, handelt, müssen wir das tun, denn sind einmal 10% vom Uran zerfallen, so unterscheidet sich die mittlere, für die Ra G-Erzeugung maßgebende Uranmenge bereits um ca. 5% von der von uns in die Formel eingesetzten, und wir bekämen ein entsprechend zu hohes Alter heraus. In nächster Annäherung hätten wir also allgemein: in der Zeit A ist der Anteil λA der Muttersubstanz zerfallen und unsere Formeln (2) und (3) geben uns daher ein um rund $\frac{\lambda A}{2}$ zu hohes Alter. Wir hätten daher von dem Ausdruck rechts in der Formel (2) oder (3) noch denselben Ausdruck multipliziert mit $\frac{\lambda A}{2}$ zu subtrahieren. Heben wir den Ausdruck selbst heraus, so gibt dies

$$A = \frac{\mathrm{RaG}}{\mathrm{U}}\cdot\frac{1.15}{1.5\cdot 10^{-4}}\left(1 - \frac{1.5\cdot 10^{-4}A}{2}\right)\ \mathrm{M.\,J.} \tag{4}$$

für Uranmineralien und

$$A = \frac{\mathrm{ThD}}{\mathrm{Th}}\cdot\frac{1.12}{4\cdot 10^{-5}}\left(1 - \frac{4\cdot 10^{-5}A}{2}\right)\ \mathrm{M.\,J.} \tag{5}$$

für Thormineralien. Beim praktischen Gebrauch rechnet man zuerst das Alter A nach Formel (2) oder (3) aus und setzt dasselbe in Formel (4) bzw. (5) rechts ein. Es gibt noch andere Näherungsformeln. Einige Formen derselben wurden von HOLMES und LAWSON (95) in einer Arbeit jüngsten Datums besprochen, die der Kritik der Altersbestimmungsmethoden in verschiedener Richtung gewidmet ist. Die beiden Autoren zeigen dort, daß alle diese Formeln recht gut untereinander übereinstimmende Werte liefern und jede derselben den heutigen praktischen Bedürfnissen vollauf genügt.

Aus dem exakten Ausdruck für das Zerfallsgesetz

$$U_A = U_O\, e^{-\lambda A}, \qquad (6)$$

in dem U_O die anfängliche Uranmenge und U_A die nach Verstreichen von A noch vorhandene bezeichnet, läßt sich auch ein absolut richtiger Ausdruck für das Alter eines Minerals ableiten, der lautet

$$A = \frac{\text{lognat}\left(\frac{\text{Ra G}}{\text{U}} \cdot 1.15 + 1\right)}{\lambda_U}; \qquad (7)$$

analog ist der Ausdruck für das Alter von Thormineralien gebaut. Diese Formeln sind bisher von den wenigsten Autoren verwendet worden (96) (97), doch ist nicht einzusehen, warum das nicht geschehen sollte, wo doch zu ihrer Anwendung nichts weiter als eine Logarithmentafel nötig ist. Hat man nur die gewöhnlichen Zehnerlogarithmen zur Verfügung, so braucht nur der Proportionalitätsfaktor zwischen diesen und den natürlichen Logarithmen mit eingesetzt zu werden:

$$A = \frac{\log\left(\frac{\text{Ra G}}{\text{U}} \cdot 1.15 + 1\right)}{0.434 \cdot \lambda_U}. \qquad (8)$$

Haben wir es mit einem Mineral zu tun, das sowohl Uran als auch Thorium in zu berücksichtigenden Mengen enthält, so gibt uns die Analyse drei Daten, den Uran-, den Thorium- und den Bleibetrag, von denen letzterer die Summe von Ra G und Th D bedeutet, die in solchem Verhältnis anwesend sind, wie es erstens den relativen Mengen von Uran und Thorium in dem fraglichen Mineral und zweitens dem im Verhältnis ihrer Zerfallskonstanten verschiedenen Vermögen derselben, Blei zu erzeugen, entspricht. Wir haben dementsprechend das gesamte Blei ins Verhältnis zu setzen zu der Summe der Blei erzeugenden Elemente, wobei für das Thorium der Betrag der ihm an Bleierzeugung äquivalenten Uranmenge einzusetzen ist:

$$A = \frac{(\text{Ra G} + \text{Th D})\, x}{\left(\text{U} + \text{Th} \cdot \frac{\lambda_{Th}}{\lambda_U}\right) \lambda_U} \text{ M. J.} \qquad (9)$$

Überwiegt das Ra G im Pb bedeutend, so ist an der Stelle von x wie in Formel (2) 1.15 zu setzen, überwiegt das Th D, dagegen 1.12; bei vergleichbaren Mengen ist ein entsprechend dazwischen liegender Wert zu wählen. Gleichung (9) kann auch aus den Gleichungen (2) und (3) abgeleitet werden, die wir zu diesem Zweck umformen:

$$\mathrm{Ra\,G} \cdot 1.15 = A \cdot \mathrm{U} \cdot \lambda_{\mathrm{U}}$$
$$\mathrm{Th\,D} \cdot 1.12 = A \cdot \mathrm{Th} \cdot \lambda_{\mathrm{Th}}$$

Die Addition der beiden Gleichungen liefert uns

$$\mathrm{Ra\,G} \cdot 1.15 + \mathrm{Th\,D} \cdot 1.12 = A\,(\mathrm{U} \cdot \lambda_{\mathrm{U}} + \mathrm{Th} \cdot \lambda_{\mathrm{Th}}),$$

woraus wir weiter die Gleichung (9a) erhalten:

$$A = \frac{\mathrm{Ra\,G} \cdot 1.15 + \mathrm{ThD} \cdot 1.12}{\left(\mathrm{U} + \mathrm{Th}\,\frac{\lambda_{\mathrm{Th}}}{\lambda_{\mathrm{U}}}\right)\lambda_{\mathrm{U}}}\ \mathrm{M.J.}, \qquad (9\mathrm{a})$$

in der wir rechts im Zähler die Faktoren 1.15 und 1.12 durch den Faktor x ersetzen können. Daß wir gerade das Thorium durch die ihm äquivalente Uranmenge ausdrücken, ist natürlich eine Willkür, wir könnten ebensogut umgekehrt verfahren. Der Nenner würde dann lauten: $\left(\mathrm{U}\,\frac{\lambda_{\mathrm{U}}}{\lambda_{\mathrm{Th}}} + \mathrm{Th}\right)\lambda_{\mathrm{Th}}$. Das ist jedoch nicht üblich, weil der heute anerkannte Wert von λ_{U} als weit sicherer angesehen wird als λ_{Th}.

Ebenso, wie wir von den Näherungsformeln (2) und (3) durch Hinzufügung eines Faktors, der der Abklingung der Muttersubstanz Rechnung trug, zu den verbesserten Formeln (4) und (5) gelangten, können wir auch die Gleichung (9a) ausgestalten, indem wir den Faktor $\left(1 - \frac{\lambda A}{2}\right)$ rechts hinzufügen. Welchen Wert wir für λ einzusetzen haben, ob λ_{U} oder λ_{Th}, hängt natürlich *nicht* davon ab, ob wir das Thorium durch das äquivalente Uran oder das Uran durch das äquivalente Thor ausgedrückt haben; das Resultat für A ist ja in beiden Fällen dasselbe; sondern das muß von der Abnahme der Blei erzeugenden Muttersubstanzen abhängen, die ja die Korrektur nötig macht, d. h. davon, ob das vorliegende Mineral hauptsächlich Uran oder hauptsächlich Thorium enthält. Sind beide Elemente in vergleichbaren Mengen zugegen, so kann man interpolieren.

Auch eine strenge Formel für das Alter von *Mischmineralien* läßt sich aus dem Zerfallsgesetz ableiten, aber ihre Lösung nach A ist nicht in geschlossener Form wie etwa (7) oder (8) darstellbar. Ein Weg zur Lösung bei Mischmineralien wäre der, daß man aus dem Verhältnis, in dem Uran und Thorium vorhanden sind, das Verhältnis berechnet, in dem Ra G und Th D erzeugt werden, also auch in dem analytisch bestimmten Blei vorhanden sind, und nach Berechnung der Ra G- und ThD-Mengen dann getrennt das Alter sowohl aus dem $\frac{\mathrm{Ra\,G}}{\mathrm{U}}$-Verhältnis als auch aus dem $\frac{\mathrm{Th\,D}}{\mathrm{Th}}$-Verhältnis nach (7) ausrechnet. Die Ergebnisse sollen natürlich gleich sein. Ganz streng ist das Verfahren natürlich nicht, weil sich ja in älteren Mineralien wegen der Verschiedenheit der

Zerfallskonstanten von Thorium und Uran, das Verhältnis zwischen diesen beiden schon merklich verschiebt. Aber der Fehler ist nicht groß, wenn man zuerst das Alter angenähert berechnet hat und mit Hilfe desselben die *im Mittel* als Blei erzeugend wirksam gewesenen Uran- und Thoriummengen einsetzt.

Wird die gewöhnliche chemische Analyse eines Uran und Thorium enthaltenden Minerals noch durch eine Präzisionsatomgewichtsbestimmung des Bleies ergänzt, so kann man aus diesem Atomgewicht nach der Mischungsregel die Anteile an Ra G vom At.-Gew. 206 und an Th D vom At.-Gew. 208, die das Blei enthält, berechnen und ebenfalls getrennt aus dem $\frac{\text{Ra G}}{\text{U}}$-Verhältnis einerseits wie aus dem $\frac{\text{Th D}}{\text{Th}}$-Verhältnis andererseits das Alter nach Formel (2) und (3) oder (4) und (5) bestimmen. Das Ergebnis beider Rechnungen soll dasselbe sein.

Die Kombination der beiden letzten Berechnungsweisen ermöglicht eine Altersbestimmung auch dann, wenn das Mineral neben Ra G und Th D gewöhnliches Blei enthält, was ja nicht prinzipiell auszuschließen ist. Die Kenntnis von λ_{U} und λ_{Th} vorausgesetzt, kann ja aus dem Verhältnis von Th zu U im Mineral das Verhältnis berechnet werden, in dem Ra G und Th D vorhanden sein müssen. Stimmt dasselbe nicht mit dem aus dem Blei-At.-Gew. berechneten überein, so muß gewöhnliches Blei zugegen sein in einem Betrage, der aus sämtlichen Daten berechnet werden kann. Wir haben gegenüber dem gewöhnlichen Fall der Altersbestimmung ohne Blei-At.-Gew.-Kontrolle eine Unbekannte mehr, aber auch eine Angabe, also eine Gleichung mehr. Diese Methode wurde unseres Wissens zuerst von E. Gleditsch (96) benützt. Auch bei Anwendung der Formeln (2) bis (5) zur Altersbestimmung von reinen Uran- *oder* Thormineralien ist im Falle der Anwesenheit von gewöhnlichem Blei eine Altersbestimmung möglich, wenn das Atomgewicht des Bleies bestimmt und aus demselben der Anteil an Ra G oder Th D und gewöhnlichem Blei berechnet wird.

Die Formel (9) wird von vielen Autoren in der Form

$$A = \frac{\text{Pb}}{\text{U} + \text{k} \cdot \text{Th}} C \text{ M. J.} \tag{9b}$$

geschrieben, bei sehr alten Mineralien eventuell in Verbindung mit dem Korrekturfaktor $\left(1 - \frac{\lambda A}{2}\right)$. Die Konstante k ist nichts anderes als das Verhältnis zwischen den Zerfallskonstanten von Thorium und Uran, während C der Quotient aus x und λ_{U} ist. Da es sich in der überwiegenden Zahl der Fälle um Uranmineralien handelt, in denen das Thorium nur eine untergeordnete Rolle spielt, so ist das meist eingeschlagene Verfahren, x einfach gleich 1.15 und λ im Korrekturfaktor gleich λ_{U} zu setzen, berechtigt. Leider herrscht bis heute absolut keine Einheitlichkeit im Gebrauche bestimmter Werte für k und C, d. h. also eigentlich der Annahme bestimmter Werte von λ_U und λ_{Th}. Aus diesem Grunde sind auch die Angaben über absolute Daten der geologischen Geschichte oder das Alter bestimmter Mineralbildungen und Formationen, wie sie sich zahlreich in der Literatur verstreut vorfinden, nicht ohne weiteres vergleichbar; auch kritiklose und irrtümliche Anwendungen von Konstanten kommen vor. Zwecks Vereinheitlichung der Angaben auf diesem Gebiete haben HOLMES und LAWSON in der bereits zitierten Arbeit (95) Vorschläge gemacht, die wir allerdings nicht alle gutheißen können. Wir werden in der nun folgenden Diskussion aller bei Altersbestimmungen nach der „Bleimethode" zu beachtenden Umstände auch die Wahl der nach unserer Ansicht richtigsten Werte der fraglichen Konstanten eingehend begründen.

3. Kritik der Bleimethode für Uranmineralien.

Für die Richtigkeit des etwa nach Formel (2) oder (4) berechneten Alters eines reinen Uranminerals ist Voraussetzung:

daß in das Mineral seit seiner Entstehung kein Uran oder Blei eingewandert und aus ihm auch kein Uran oder Blei ausgewandert ist; wie wir uns über die Möglichkeit solcher Vorgänge Rechenschaft geben können, soll weiter unten erörtert werden;

ferner, daß kein gewöhnliches Blei vorhanden ist oder daß seine Anwesenheit durch Atomgewichtbestimmung quantitativ kontrolliert wird; hierzu ist die genaue Kenntnis des Verbindungsgewichtes von reinem „Uranblei" von prinzipieller Wichtigkeit;

schließlich benötigen wir noch den Wert der Zerfallskonstante oder der Halbierungszeit des Urans.

Um gleich mit der letzten Konstante zu beginnen, so kann dieselbe auf zwei verschiedenen Wegen bestimmt werden. Erstens kann man die Zahl der in einem Gramm Uran pro Sekunde zerfallenden Atome direkt bestimmen, etwa durch Beobachtung der Szintillationen (S. 18), die die α-Teilchen erzeugen; welcher Bruchteil der Gesamtheit das ist, ergibt sich durch Division durch die Loschmidtsche Zahl (Zahl der Atome in 238 g Uran) und Multiplikation mit 238, dem Atomgewicht von Uran. Zweitens kann man sich auf die Zahl der pro Sekunde in einem Gramm Radium zerfallenden Atome (resp. die daraus berechnete Halbierungszeit des Radiums) stützen und mit Hilfe des Verhältnisses von Radium zu Uran in Mineralien, also des Verhältnisses der Gleichgewichtsmengen, die ja den Halbierungszeiten umgekehrt proportional sind (S. 26f.), die Halbierungszeit des Urans berechnen.

Von den beiden beim ersten Weg erforderlichen Zahlen ist die Loschmidtsche Zahl genauer als auf ein Prozent bekannt, die Zahl der von einem g U pro Sekunde ausgeschleuderten α-Teilchen muß dagegen als weniger genau gemessen gelten. Die Zählung nach der Szintillationsmethode gab $2.37 \cdot 10^4$, die Berechnung aus der gemessenen Jonisationswirkung und der Jonisationswirkung eines einzelnen α-Teilchens bekannter Reichweite gab etwas höhere Werte. Wegen der relativen Seltenheit der Teilchen aus Uran kann ihre Reichweite aber nicht als sehr genau bekannt gelten. Mit den allerneuesten Reichweitemessungen, von denen später in anderem Zusammenhange die Rede sein wird (Anhang II), ergibt sich bessere Übereinstimmung. Diese direkteste Bestimmungsmethode liefert für die Halbierungszeit des Urans den Wert $4.7 \cdot 10^9$ Jahre, der wohl als eine obere Grenze angesehen werden muß.

Bei dem zweiten angedeuteten Weg gehen außer der Loschmidtschen Zahl noch zwei andere Ziffern in das Ergebnis ein, das Verhältnis von Ra zu U im Gleichgewicht, das wiederholt Gegenstand eingehender Untersuchungen war und das heute gewöhnlich zu $3.4 \cdot 10^{-7}$ angenommen wird. Das Radium wird dabei durch Emanationsmessung analog wie bei Gesteinsuntersuchungen (S. 33 ff.) und das Uran chemisch-analytisch bestimmt. Über die zweite Zahl, die noch benötigt wird, die Halbierungszeit des Radiums resp. die Zahl der sekundlich von einem Gramm Ra ausgeschleuderten α-Teilchen herrscht leider noch keine einheitliche Auffassung. Die Diskussion der Gründe im einzelnen (vgl. z. B. 95) würde uns hier zu weit führen. Mit dem von Holmes und Lawson (95) angenommenen, auch uns als der beste erscheinenden Werte $3.72 \cdot 10^{10}$ für diese Zahl erhalten wir $T_U = 4.4 \cdot 10^9$ Jahre. Da vom „Uran" nicht nur die Radiumreihe, sondern auch die Actiniumreihe (S. 27) abstammt und zwar ungefähr 3—4% der zerfallenden Uranatome in der zweitgenannten Richtung zerfallen, was in obiger Ziffer noch nicht berücksichtigt ist, so muß das Uran, um nicht nur die Radiumreihe, sondern auch die Actiniumreihe liefern zu können, um diese 3—4% schneller zerfallen, als oben angegeben; T_U muß in demselben Verhältnis kleiner sein. Andererseits ist $3.72 \cdot 10^{10}$ für die Zahl sekundlich zerfallender Radiumatome in 1 g Ra wohl eine obere Grenze; die Werte anderer Autoren sind durchwegs kleiner; so mag es denn sein, daß dementsprechend T_{Ra} und auch T_U *möglicherweise* etwas größer sind.

Fassen wir diese Angaben alle zusammen, so erhalten wir als äußerste Grenzen für die Halbierungszeit T_U von Uran, den Zerfall in der Richtung der Actiniumreihe mit berücksichtigt, 4.3 bis $4.7 \cdot 10^9$ Jahre. Bei der Entscheidung darüber, welchen Wert wir für den besten halten sollen, kommt vor allem in Betracht, daß die *direkte* Bestimmung von T_U entweder auf Szintillationszählungen fußt, die ihrer Natur nach doch nie ganz an Zuverlässigkeit mit objektiveren Meßmethoden wetteifern können, oder auf Messung von Ionisationsströmen, die von einer Strahlung erzeugt werden, deren Reichweite an sich schon nicht so sicher, wie bei anderen Radioelementen bekannt sind und obendrein gegenüber solchen Messungen an stärker aktiven Substanzen, die in praktisch unendlich dünner Schicht ausgeführt werden, noch an Sicherheit verlieren durch mangelhafte Definition der Schichtdicke der Substanz. Demgegenüber liegt bei der indirekten Bestimmung von T_U auf dem Umwege über das Radium der Berechnung die Zählung der Teilchen aus Radium zugrunde, die jedenfalls als genauer als die der Teilchen aus Uran anzusehen ist; ferner das Verhältnis U:Ra in Mineralien, also sorgfältige analytische Uranbestimmungen und Emanationsmessungen von nicht zu kleinen Emanationsmengen, die mit relativ hoher Genauigkeit ausführbar sind und absolut an die Messung einer Ra-Normallösung angeschlossen werden können. Wir schließen uns daher, was die Wahl der grundlegenden Ziffern betrifft, HOLMES und LAWSON an, nur sind wir der Ansicht, daß eine Korrektur wegen der Actiniumreihe auch heute schon anzubringen ist, da dieselbe, wie immer die Frage ihrer Abstammung im einzelnen gelöst werden mag, jedenfalls die Zerfallsgeschwindigkeit des Urans beeinflußt. Der beste Wert von T_U und λ_U wäre danach

$$T_U = 4.30 \cdot 10^9 \text{ Jahre} \quad \text{und} \quad \lambda_U = 1.57 \cdot 10^{-10} \text{ pro Jahr}$$[1].

Die Konstante C in Formel (9b), für die HOLMES und LAWSON den Wert 7370 errechneten, ist nach unserer Auffassung daher auch noch um 3, möglicherweise 4% wegen der Actiniumreihe zu verkleinern und beträgt dann $C = 7140$, resp. auf zwei Ziffern abgerundet

$$C = 7100.$$

Es ist kaum wahrscheinlich, daß dieser Wert zu groß ist, dagegen *kann* er um einige wenige Prozente zu klein sein.

Abgesehen von der Konstante C, resp. den in ihr enthaltenen Konstanten, brauchen wir zur Berechnung des Alters eines Uranminerals noch die in ihm enthaltene Menge an Uran und an dem stabilen Endprodukt. Erstere wird durch die Analyse eindeutig bestimmt; letztere kann aber prinzipiell nur dann als absolut sichergestellt gelten, wenn wir den Gehalt des „Bleies" an Ra G und Ac D durch eine Atomgewichtsbestimmung kontrolliert haben. Da die Frage nach dem wirklichen Atomgewicht von reinem Ra G mit der nach dem Atomgewicht der Actiniumreihe und ihrem Endprodukt aufs innigste verknüpft ist, sollen diese Fragen hier im Zusammenhang besprochen werden.

Daß die Actiniumreihe von „Uran" abstammt, geht daraus hervor, daß Actinium bisher nur in Uranmineralien nachgewiesen werden konnte (vgl. auch S. 27) und daß sich das Verhältnis zwischen den Elementen der Actiniumreihe und der Radiumreihe in denselben als praktisch konstant erwies (98). Auch die Bildung von UX und UY aus Uran ergab ein konstantes Verhältnis unabhängig von der Herkunft des Urans (99) und seine absolute Größe stand in befriedigender Übereinstimmung mit der des in den Mineralien gefundenen Verhältnisses

[1] Die etwas abweichenden Werte in Tabelle 1 sind die abgerundeten, von ST. MEYER und E. SCHWEIDLER in ihrer „Radioaktivität" aufgenommenen.

Ac:Ra. Bezüglich der Art und Weise der Bildung der Actiniumreihe aus dem Uran sind die Meinungen heute noch geteilt. *Einesteils* wird angenommen, daß das UII (evtl. schon das UI) einer zweifachen Art des Zerfalles fähig sei, sowohl zu Io (bzw. UX) als auch zu UY. In diesem Falle hätte das Endprodukt AcD dasselbe Atomgewicht wie das RaG (im Falle der Abzweigung bei UI das Atomgewicht 210). Auch RaD und AcB (vgl. Tab. 1 und 2), RaE und AcC sowie Po und AcC′ hätten je paarweise dasselbe Atomgewicht und, da sie ja auch paarweise isotop sind, dieselbe Kernladung; sie wären identisch zusammengesetzt und könnten sich nur in der Kernstruktur, der Anordnung der Bestandteile unterscheiden, was nicht eben wahrscheinlich ist. *Andernteils* nimmt man an, daß der Stammvater der Actiniumreihe ein von UI und UII verschiedenes Uranisotop ist, etwa mit dem Atomgewicht 239 oder 241, evtl. auch mit einem niedrigeren ungeraden Atomgewicht. Gewisse auf anderen Gebieten gewonnene Vorstellungen aus der Atomphysik sprechen jedenfalls für ungerade Atomgewichte der Elemente der Actiniumreihe. Viele Autoren haben verschiedene mögliche Arten des Verlaufs der Actiniumreihe diskutiert, bei denen oft auch noch unentdeckte, radioaktive Substanzen angenommen werden. Am wahrscheinlichsten von allen dünkt uns folgendes von A. S. RUSSELL (100) entworfene Schema für den Anfang der Actiniumreihe:

Element	Kernladung	At.-Gew.	Strahlung	Halbwertszeit
Actinuran I	92	239	α	ca. 8.10^9 Jahre
Uran Y_1	90	235	β	24.6 Stunden
Uran Y_2	91	235	β	ca. 1 Minute
Actinuran II	92	235	α	$> 2.10^6$ Jahre
Vater des Protactiniums	90	231	β	> 20 Jahre
Protactinium	91	231	α	$1.2 \cdot 10^4$ Jahre

usw.

Das einzige, was daran auszusetzen wäre, ist die Annahme einer so kleinen Halbwertszeit für UY_2, zu der RUSSELL wohl in Analogie zum UX_2 gelangt. Die Regel, daß von zwei aufeinanderfolgenden β-strahlenden Elementen, von denen das erste eine gerade Kernladungszahl besitzt, das zweite stets eine größere β-Zerfallstendenz besitzt wie das erste, gilt nur für die Uran-Radium- und die Thoriumreihe; bei der Actiniumreihe sind die β-Strahler der geraden Gruppen die instabileren, wie das Beispiel von AcB und AcC zeigt; natürlich darf für AcC *nur seine β-Zerfallswahrscheinlichkeit* in Rechnung gezogen werden, die ca. 300 mal kleiner ist als die α-Zerfallswahrscheinlichkeit. Wir halten dies mit für einen Grund, für die Actiniumreihe ein ungerades Atomgewicht anzunehmen. Für UY_2 erscheint uns daher auch eine Halbwertszeit, die mindestens nach Monaten oder Jahren zählt, als viel wahrscheinlicher.

Das RUSSELLsche Schema ist das zur Erklärung der Atomgewichtsverhältnisse brauchbarste. Das Atomgewicht des Urans, 238.175 (101), ist so hoch, daß außer dem Uran I noch ein Isotop mit höherem Atomgewicht als 238, also 239 oder höher, angenommen werden muß. Eine Abweichung des Uran I vom ganzzahligen Atomgewicht 238 um 0.18 kann als ausgeschlossen gelten, weil ja durch Aussendung von 3 α-Teilchen (UI, UII, Io) aus demselben das Radium entsteht, dessen Atomgewicht von O. HÖNIGSCHMID (102) zu 225.97 bestimmt wurde. Dieses Ra-Atomgewicht vermehrt um das Gewicht der 3 α-Teilchen ($3 \times 4.002 = 12.006$) und das Gewicht der beim Zerfall abgegebenen Energie[1] (~ 0.027) soll das Atomgewicht des UI geben und beträgt 238.00. Überdies sind nach den Untersuchungen des Isotopenforschers F. W. ASTON (103) die Atomgewichte auch schwerer Atomarten wahrscheinlich recht genau ganzzahlig. Neben einem Stammvater der Actiniumreihe vom Atomgewicht 239 käme natürlich auch ein solcher mit dem Atomgewicht 241 in Frage. Während im ersten Falle vom U-Isotop 239 im Uran etwa 6% anzunehmen wären, damit das richtige Atomgewicht herauskommt, könnten von einem U-Isotop 241 nur ca. 2% im Uran enthalten sein. Müßte im ersten von RUSSELL angenommenen Falle das Actinouran I eine größere Halbwertszeit als das UI haben, so müßte es im zweiten Falle eine kürzere Halbwertszeit besitzen, um dem experimentell gefundenen Verhältnis der Ac-Reihe zur Ra-Reihe (3—4%) gerecht zu werden. Es mag aber ausdrücklich betont werden, daß alles das bis jetzt nur Hypothesen sind.

Eine weitere Folge des RUSSELLschen Schemas ist die, daß im „Uranblei" neben dem RaG mindestens 3% des isotopen AcD mit dem Atomgewicht 207 (oder 209) enthalten sein müssen, wodurch sich das Atomgewicht desselben gegenüber dem von reinem RaG um 0.03 (bzw. 0.09) Atomgewichtseinheiten erhöhen muß. Was wir aus einem Uranmineral an Blei gewinnen, ist ja, Abwesenheit von gewöhnlichem Blei vorausgesetzt, stets ein Gemisch von etwa 97% RaG und 3% AcD. Drei Wege gibt es heute, die uns erlauben, etwas über das Atomgewicht von reinem RaG zu erschließen. *Erstens* sagt uns die direkte „Wägung der Einzelatome im Fluge", wie sie ASTON mit Kanalstrahlen in elektrischen und magnetischen Feldern durchführt, daß dasselbe von 206.00 nicht sehr verschieden ist und wahrscheinlich 206.02 beträgt. *Zweitens* geben uns die Atomgewichtsbestimmungen an Blei aus Uranmineralien eine obere Grenze für das RaG-Atomgewicht an. Es wurde nie ein niedrigeres Atomgewicht als 206.046 gefunden, wie aus Tabelle 23 (S. 138) hervorgeht. Setzen wir das Atomgewicht des AcD mit 207 an, so ergibt

[1] Daß auch die Energie Masse, also Trägheit und Gewicht, besitzt, ist eine Folgerung aus der Relativitätstheorie; man erhält ihr Gewicht in Gramm, wenn man die Anzahl der Erg durch das Quadrat der Lichtgeschwindigkeit in $\frac{\text{cm}}{\text{sec}}$ dividiert.

der Wert 206.046 für das Blei aus dem Morogoroerz ungefähr 206.01 als obere Grenze für das Ra G-Atomgewicht. Aus dem Wert 206.063 für Blei aus Bröggerit, der sicher ungefähr 4 bis 5% Thorium enthielt, berechnet sich nach Abzug der erhöhenden Wirkung von mindestens 1.5% Th D (Atomgewicht 208, daher Erhöhung des Atomgewichts um 0.03 Einheiten!) und 3% Ac D eine obere Grenze für das Ra G-Atomgewicht von 206.00. Die Annahme, daß Ac D das Atomgewicht 209 hat, würde wegen der dreifachen erhöhenden Wirkung desselben zu einer entsprechend tiefer liegenden oberen Grenze für das Ra G-Atomgewicht führen, etwa 205.93 bis 205.95, die mit ASTONS Kanalstrahlenmessungen kaum als verträglich angesehen werden kann. Schließlich hätten wir *drittens* die Möglichkeit vom Atomgewicht einer Muttersubstanz auf das des Ra G zu schließen durch Subtraktion der beim Zerfall abgegebenen Masse vom Atomgewicht der ersteren. Das Uran kommt hierfür natürlich nicht in Betracht, weil wir ja das Atomgewicht von U I nicht kennen. Dagegen können wir aus dem Ra-Atomgewicht 225.97 durch Abzug des Gewichtes von 5 α-Teilchen und des Gewichtes der abgegebenen Energie das Ra G-Atomgewicht zu 205.93 berechnen, das sicher als untere Grenze aufzufassen ist mit Hinblick auf ASTONS Resultate. ASTON hat auch schon Blei selbst auf Zusammensetzung aus Isotopen untersucht (105) und in namhafter Menge nur die Isotopen vom Atomgewicht 206, 207 und 208 gefunden, was man zugunsten der Annahme von 207 für Ac D deuten könnte. Allerdings hat er auch eine Andeutung für das Isotop mit der Masse 209 gefunden. Neuestens ist auch F. LOTZE in einer theoretischen Untersuchung zu dem Wert 207 für das Ac D-At.-Gew. gelangt (104).

Wie dem aber auch sei, wesentlich für unsere Probleme ist nur, daß wir mit ziemlicher Sicherheit annehmen dürfen, *daß reines Uranblei*, d. i. also Ra G und Ac D in dem Verhältnis gemischt, in dem sie aus dem Uran entstehen, *bei der Atomgewichtsbestimmung nach den üblichen Methoden* (Analyse von $PbCl_2$) wahrscheinlich *ein Verbindungsgewicht* (scheinbares Atomgewicht) *von ca. 206.05 gibt.* Diese Annahme setzt uns in Stand, mittels Atomgewichtbestimmung den Gehalt von Blei aus Uranmineralien (an „Uranblei") im allgemeinen auf 1 bis 2% genau festzustellen.

Wenn wir für T_U in unseren Formeln zur Altersberechnung den auf S. 134 angegebenen, unter Berücksichtigung des Zerfalles in der Richtung nach der Actiniumreihe abgeleiteten resp. für C auch den entsprechenden Wert einsetzen, also mit einer *scheinbaren*, dem Gesamturan und nicht einem einzelnen Isotop zukommenden Halbwertszeit rechnen, so müssen wir folgerichtig für Ra G auch das gesamte vom Uran produzierte Blei in die Formeln einsetzen.

Zur Vervollständigung sei noch darauf hingewiesen, daß zwar die Stabilität des Ac D noch nicht direkt bewiesen wurde, daß wir aber kaum an ihr zweifeln können, da andere Elemente, die als Endprodukte der Actiniumreihe in Frage kämen, wie Wismut oder Thallium, in den zu erwartenden Mengen in radioaktiven Mineralien nicht nachgewiesen werden konnten. Die Möglichkeit, daß die Actiniumreihe von einem relativ kurzlebigen Uranisotop abstamme, erledigt sich dadurch, daß die Bleiatomgewichte bei sehr alten Uranmineralien infolge stärkerer Beteiligung des AcD systematisch höher ausfallen müßten als bei jungen, was nicht der Fall ist.

Wir gehen nun zu der Frage über, ob wir nicht auch ohne Bleiatomgewichtsbestimmung, die ja recht schwierig ist und heute nur an wenigen Stellen der Erde ausgeführt werden kann, mit einiger Wahrscheinlichkeit eine Aussage über das Alter eines Uranminerals machen können, d. h. zu der Frage, ob gewöhnliches Blei in die fraglichen Mineralien überhaupt in nennenswerter Menge einzutreten vermag. Der Lösung dieser Frage können wir auf dreifachem Wege näherkommen; durch Prüfung natürlicher Uranminerale auf gewöhnliches Blei, also mittels Atomgewichtsbestimmung; durch den Versuch der Synthese von Uranmineralien bei Gegenwart von Blei und schließlich durch theoretische Untersuchung der Bedingungen für den Eintritt von Bleiatomen in eine Verbindung auf Grund anderweitiger Versuche.

Tabelle 23.
Resultate von Atomgewichtsbestimmungen an „Blei“ aus Pechblenden und Ulrichiten (Uraniniten).

Herkunft	Gefundenes At.-Gew.	Wegen Anwesenheit von ThD korr. At.-Gew.
Gewöhnliches Blei (106)	207.18	
Gewöhnliches Blei (107)	207.20—207.22	
Gewöhnliches Blei (108)	207.23	
St. Joachimstal, Böhmen (106) .	206.406	206.406
St. Joachimstal, Böhmen (109) .	206.57	206.57
Cornwall, England (109)	206.86	206.86
Nord-Carolina, U. S. A. (109) . .	206.40	206.40
Katanga, Congo* (110)	206.048	206.048
Katanga, Congo* (111)	206.20	
Morogoro, Ostafrika (106) . . .	206.046	206.043
Norwegen (Bröggerit) (106) . . .	206.063	206.033 ?
Norwegen (Bröggerit) (112) . . .	206.122	206.067
Norwegen (Cleveit) (112)	206.085	206.050
Norwegen (Cleveit) (113)	206.17	206.16
Süd-Dakota, U. S. A. (114) . . .	206.071	206.059

* An Blei aus sekundären Mineralien bestimmt (Curit, Kasolit usw.).

Ein Blick auf die Tabelle 23 lehrt uns, daß eine ganze Reihe von Pechblenden zwar beträchtliche Mengen gewöhnliches Blei enthalten, die mit dem Blei radioaktiven Ursprungs durchaus vergleichbar sind, daß aber nicht nur auch ursprünglich relativ bleifreie Pechblenden vorkommen, sondern daß sich auffallend viele Atomgewichtswerte um die untere Grenze 206.04 bis 206.05 zusammendrängen. Es kann nun freilich nicht prinzipiell ausgeschlossen werden, daß alle diesePechblenden nahezu den gleichen Betrag an Blei bei ihrer Entstehung aufgenommen haben, denn, falls die Bedingungen für das Entstehen von Ulrichit (krystallisierter Pechblende) recht enge sind, könnte es sein, daß dieselben Bedingungen zugleich auch die Anwesenheit einer gewissen Bleikonzentration im Magma mit sich bringen. Aber sehr wahrscheinlich ist es gerade nicht. Aus diesem Grunde haben wir ja auch oben angenommen, daß das Verbindungsgewicht des Gemisches von Ra G mit Ac D bei etwa 206.05 liege und daß der durch die chemische Atomgewichtsbestimmung erhaltene Wert 206.05 reinem „Uranblei" entspricht. Eine gewisse Anzahl von Pechblendevorkommen dürfen wir als ursprünglich praktisch bleifrei ansehen, und zwar sind es, von den Katanga-Mineralien abgesehen, durchwegs krystallisierte Vorkommen aus Pegmatiten. Während die Pechblenden hydrothermaler Entstehung meist auch gewöhnliches Blei aufweisen, scheint bei den krystallisierten Ulrichiten gewöhnliches Blei kaum eine Rolle zu spielen. Bei einzelnen wollen wir die in Frage kommende Menge abschätzen.

Das Morogoroerz (206.046) dürfte als ursprünglich bleifrei anzusprechen sein. Der Bröggerit von O. Hönigschmid (206.063), dessen Thoriumgehalt leider nicht bestimmt wurde, der aber sicher einige Prozent Thorium enthielt (die Untersuchungen von G. Kirsch (115) und W. Riss (116) sind an demselben Material ausgeführt), ist sicher auch frei von gewöhnlichem Blei. Das Süd-Dakota-Erz (206.07) mit 2.15% Thorium gibt nach Abzug des Th D das Atomgewicht 206.059, was ebenfalls für ursprüngliche Bleifreiheit spricht. Dasselbe dürfte für den von Richards und Wadsworth geprüften Cleveit (206.085) gelten. Ein anderer Cleveit, den E. Gleditsch, D. Holtan und O. W. Berg untersuchten, lieferte 206.17 und ist allerdings nicht mit vollkommener, ursprünglicher Bleifreiheit in Einklang zu bringen. Das allgemeine Bild ist aber jedenfalls so, daß wir in primären, krystallisierten Pechblenden im allgemeinen nicht mehr als höchstens 0.1% gewöhnliches Blei, auf das Gesamtmineral berechnet, zu erwarten haben. Bei Pechblenden hydrothermalen Ursprungs dagegen müssen wir schon wegen der fast regelmäßigen Vergesellschaftung mit sulfidischen Erzen auf fast jeden Prozentsatz an gewöhnlichem Blei gefaßt sein.

Lehrreich für diese Frage, ob Blei in Pechblendesubstanz primär einzutreten vermag, sind die Syntheseversuche von F. W. Hillebrand (117). Leider weist der einzige Versuch einer Thorianitsynthese, bei dem Blei zugesetzt wurde, einen relativ hohen Gehalt des Produktes an UO_3 auf: 1 g U_3O_8, 0.5 g ThO_2 und 0.5 g PbO wurden in 2 g Boraxglas gelöst. Das krystallisierte Produkt, das nach längerer Schmelzdauer abgeschieden wurde, hatte die Zusammensetzung:

ThO_2	65.7%
UO_2	15.9%
UO_3	16.8%
PbO	0.6%
Summe	99.0%

Es ist natürlich auf Grund dieses Versuches nicht mit Sicherheit entscheidbar, inwieweit Blei in Pechblende primär eintreten würde, denn die 0.6% PbO könnten in Form von Bleiuranat okkludiert worden sein. Daß aber trotz der hohen Bleikonzentration und trotz des nicht unbedeutenden Gehaltes an Uransäure das Blei nicht stärker einging, spricht jedenfalls dafür, daß es nicht leicht als PbO_2 isomorph in UO_2 eintritt. Wir kommen damit zu der Frage, als was die Pechblenden primär aufzufassen sind, als Dioxyd (UO_2) oder als Uranat (Uranyluranat).

Die ersten Pechblendevorkommen, die bekannt wurden, waren nicht krystallisiert. Da man bei ihrer Analyse stets UO_2 und UO_3 in vergleichbaren Mengen fand und überdies die Farbe des Striches fast immer das charakteristische Dunkelolivgrün des künstlich leicht zu erhaltenden U_3O_8 war, so versuchte man bis in die neueste Zeit immer wieder, die Pechblenden als Uranyluranate aufzufassen mit Molekülformeln U_3O_8, U_2O_5, $(UO_2)_3\,(UO_3)_2$ usw. Auch in den meisten krystallisierten Pechblenden findet der Analytiker etwa ein Drittel des Urans in der sechswertigen Form. Nur wenige krystallisierte Pechblenden ergeben einen so hohen UO_2-Gehalt, daß sie die Annahme nahelegen, daß der Typus der krystallisierten Pechblende das UO_2 sei und das UO_3 nur einen akzessorischen Bestandteil darstelle.

Die Ursache dafür, daß in den krystallisierten Pechblenden, wie sie der Analytiker heute in die Hand bekommt, die Verhältnisse derart verschleiert sind, daß die ursprüngliche und typische Zusammensetzung des magmatisch gebildeten Uraninits zunächst kaum zu erkennen ist, liegt in der Radioaktivität des Urans begründet, die bewirkt, daß das Mineral von der Stunde seiner Entstehung ab dauernd verändert wird. Und diese Veränderungen sind zum Teil recht tiefgreifende. Ein zerfallendes Uranatom verwandelt sich über 14 Stufen, deren jede eine chemisch anders beschaffene Atomart, ein anderes chemisches Element als die vorhergehende Stufe repräsentiert, schließlich in ein Bleiatom. Bei 6 von diesen Zerfallsstufen wird nur ein Elektron aus dem Kern des Atoms emittiert, bei den übrigen 8 Stufen aber ein Heliumatomkern, der alsbald durch 2 Elektronen neutralisiert zu einem Heliumatom wird. An Bestandteilen, die für den Analytiker greifbar sind, liefert also jedes zerfallende Uranatom ein Bleiatom und 8 Heliumatome. Da die Atomgewichte des Urans, Bleies und Heliums 238 bzw. 206 und 4 sind, so liefert 1 g zerfallenes Uran 0.866 g Blei und 0.134 g Helium (d. i. ungefähr 730 cm^3 bei 760 mm Druck und 0° C). Wenn man nun bedenkt, daß bei geologisch älteren Vorkommen manchmal ein Zehntel oder mehr vom Uran zerfallen ist, daß in einer solchen Pechblende seit ihrer Entstehung ungefähr so viele Heliumatome gebildet wurden, als sie Uranatome enthält, so bekommt man ein Bild von der Größenordnung der Wirkung, die die Radioaktivität allein durch die Verschiebung des chemischen Substanzbestandes ausübt. Wenn auch ein großer Teil des Heliums, das als Edelgas ohne chemische Affinität besonders große Diffusionsfähigkeit besitzt, nicht im Mineral verbleibt (man findet gewöhnlich in älteren, radioaktiven Mineralien nur 15 bis 30% des theoretisch zu erwartenden Gehalts), so wirkt doch der verbleibende Teil in manchen Fällen derart volumvergrößernd auf das Mineral, daß im Nachbargestein radiale Sprünge auftreten, und die gegenüber synthetischem UO_2 auch bei den reinsten krystallisierten Pechblenden meist bedeutend herabgesetzte Dichte kann vielleicht auch hierin zum Teil ihre Erklärung finden.

Mit dem radioaktiven Zerfall sind aber nicht nur die eben erwähnten stofflichen Veränderungen verbunden, sondern jede Atomexplosion bringt, wenigstens lokal, auch eine schwere Erschütterung des Atomgitters mit sich. Erstens vermag ein ausgeschleudertes α-Teilchen Hunderttausende von Atomen zu durchdringen. Jedes solche α-Teilchen legt im Inneren der Mineralsubstanz einen Weg der Größenordnung eines hundertstel Millimeters zurück. Dabei übt es auf die durchquerten Atome analoge Wirkungen aus, wie die Ionisation der Luftmoleküle beim Durchgehen durch Luft; es wirft Elektronen aus ihren Gleichgewichtslagen heraus und schleudert sie in benachbarte Teile des Gitters und das Gitter mag zusehen, wie es sich regeneriert. Zweitens erleidet jedes explodierende Atom (genauer der Atomkern) beim Ausschleudern einer Partikel einen Rückstoß wie das Geschütz beim Abfeuern eines Geschosses. Dieser Rückstoß versetzt das Restatom an irgendeine andere Stelle des Raumgitters, die von seiner ursprünglichen Lage jedenfalls um eine größere Zahl von Netzebenen (ca. 100) entfernt ist. Auch diese Rückstoßatome wirken zertrümmernd und zerstörend auf das Gitter. Hat nun etwa $^1/_{10}$ aller Uranatome (bei den norwegischen und kanadischen Pechblenden ist es sogar $^1/_6$ oder $^1/_7$) den Zerfall durch je 14 Stufen durchgemacht, so kann man sich vorstellen, wieviel vom Gitter an unzerstörten Partien übrig sein mag. Dies muß man sich bei der Wertung der Beobachtungen, die man an mehr oder weniger alten, natürlichen Uranoxydverbindungen macht, stets vor Augen halten.

Von modernen Untersuchungen über die Konstitution von Pechblenden seien zunächst die Arbeiten von V. M. GOLDSCHMIDT und L. THOMASSEN (118) erwähnt. Diese Autoren haben die Struktur von künstlichen und natürlichen Uranoxyden durch röntgenspektrographische Untersuchung festgestellt. Sie fanden:

1. Urandioxyd ist mit Thorium- und Ceriumdioxyd isomorph; die

Metallatome sind in flächenzentrierten Würfelgittern angeordnet; für die Anordnung der Sauerstoffatome liegen drei geometrisch verschiedene Möglichkeiten vor; am wahrscheinlichsten ist der Fluorittypus.

2. Die Krystallstruktur von U_3O_8 ist wesentlich verschieden von der des UO_2; die Krystalle gehören nicht dem regulären System an[1].

3. Urantrioxyd konnte nur amorph erhalten werden.

4. Bröggerit und Cleveit (sowie Thorianit) zeigen deutliche Krystallstruktur. Bei Bröggerit und Thorianit wurde auch durch Laueaufnahmen gezeigt, daß die Atomanordnung noch nach dem ursprünglichen Krystallgitter orientiert ist. Die Struktur von Bröggerit, Cleveit und Thorianit entspricht isomorphen Mischungen von Urandioxyd, Thoriumdioxyd, etwas Ceriumdioxyd und eventuell dem Dioxyd des Uranbleies. Bröggerit und die anderen Varietäten von Uraninit gehören demnach *nicht* zur Spinellgruppe.

5. Cleveit, der reich an UO_3 ist, wird durch kurzes Erhitzen auf 800° C zu U_3O_8 umgesetzt; Bröggerit besitzt auch nach dem Glühen die Struktur des UO_2.

6. Uranpecherz von St. Joachimstal enthält (evtl. neben amorphem Stoff) krystalline Substanz in stark dispersem Zustande (Größe der Einzelkrystalle zwischen 10^{-4} und 10^{-7} cm). Die Uranatome sind ebenso wie bei reinem UO_2 angeordnet, nur mit etwas kleinerer Kantenlänge des Elementarwürfels, vielleicht infolge isomorpher Vertretung des Urans durch Atome von kleinerem Volumen.

Ergänzt wurden diese Feststellungen noch durch die Untersuchung von Yttrofluorit von der Erwägung ausgehend, daß die Aufnahme des YF_3 in das Gitter von CaF_2 analog sein könnte zu der Stellung des UO_3 im UO_2-Gitter, oder besser, daß in geometrischer Beziehung die Aufnahme von überschüssigem Sauerstoff in Urandioxydkrystalle mit der Aufnahme von überschüssigem Fluor im Yttrofluoritgitter verglichen werden könne. GOLDSCHMIDT und THOMASSEN erscheint es darum berechtigt anzunehmen, daß die Uraninitminerale auch *primär* einen gewissen Überschuß an Sauerstoffatomen über die Formel RO_2 enthalten haben können unter Beibehaltung des Urangitters von UO_2. Daß HILLEBRAND (117) bei seinen Versuchen zur Herstellung synthetischen Uraninits und von krystallisiertem UO_2 stets in diesen krystallisierten Produkten eine gewisse Menge (wenigstens einige Prozent) UO_3 fand, stützt diese Annahme wesentlich.

Für die Frage der Konstitution der Pechblenden, sowohl im ursprünglichen Zustand als auch im radioaktiv veränderten, sind zweifellos auch GOLDSCHMIDTS Überlegungen über den sogenannten *metamikten* Zustand (120) von Interesse. Bei den Mineralen der seltenen Erden beob-

[1] F. W. HILLEBRAND (119) erhielt bei künstlicher Herstellung von UO_2 bei etwas Luftzutritt außer der regulären Substanz auch grünlich olivgraue, die wohl als U_3O_8 anzusprechen ist und augenscheinlich rhombisch war.

achtet man bekanntlich in vielen Fällen eine Umbildung ursprünglich krystalliner Minerale in jenen eigentümlichen, anscheinend amorphen Zustand, welchen W. C. BRÖGGER (121) als *metamikt* bezeichnete. Die äußere Krystallform ist meist erhalten, der Bruch ist muschelig und glasartig, die Minerale erweisen sich als isotrop und haben relativ viel Wasser aufgenommen. Beim Erhitzen geben sie das Wasser wieder ab und manche gehen unter Energieabgabe (Aufglühen) wieder in den krystallinen Zustand über. Auf Grund seiner Zusammenstellung metamikt werdender Mineralien kommt GOLDSCHMIDT zu folgenden Schlüssen:

Das Metamiktwerden ist wesentlich in einer Umladung der Ionen des Gitters begründet, das dadurch in eine feste Lösung zweier neutraler Oxyde ineinander, also in eine Art Glas verwandelt wird. Es ist begreiflich, daß zu einer solchen Umwandlung vor allem Verbindungen schwacher Basen mit schwachen Säuren befähigt sind, wie es die Silikate, Tantalate, Niobate usw. der seltenen Erden sind; nicht metamikt werden dagegen die Phosphate der seltenen Erden oder die ebenfalls chemisch sehr stark gebundenen Oxyde UO_2 und ThO_2. Die Strahlung radioaktiver Substanzen scheint in den meisten Fällen eine wesentliche Rolle für das Zustandekommen des metamikten Zustandes zu spielen.

Halten wir nun das Resultat der radioaktiven Bestrahlung bei vielen seltenen Erdmineralien — die fast alle zu den radioaktiven Mineralien im weiteren Sinne gehören — zusammen mit der intensiven Wirkung, der, wie oben geschildert, die Pechblendesubstanz dauernd ausgesetzt ist, so müssen wir uns das *Nichtmetamiktwerden* von UO_2 (und ThO_2) wohl so vorstellen, daß wegen der großen Tendenz des UO_2 krystalline Substanz zu bilden, sich die zerstörten Gitterpartien größtenteils immer wieder ausheilen. Man möge im Auge behalten, daß jedes einzelne Elektron des Gitters tausende Male aus seiner Gleichgewichtslage entfernt wurde und daß jedes zehnte Metallatom an eine mehr oder weniger weit entfernte Stelle des Gitters versetzt wurde und sich ganz sicher nicht mehr an seinem ursprünglichen Ort befindet und daß sicher auch so manches unverwandelte Uranatom einem solchen Eindringling weichen mußte und sich ebenfalls nicht mehr in seiner ursprünglichen Lage befindet. Daß das Resultat dieser Vorgänge sogar ein Krystallgitter *in der ursprünglichen Orientierung* ist, zeigt, wie stark die Tendenz zur Bildung eines flächenzentrierten Gitters aus Uranatomen ist. Denn, daß die Wirkung der Geschosse aus den radioaktiven Atomen in jedem Gitter ausreicht, jede Bindung zu zerstören, ist sicher. Was wir heute an irgendeinem radioaktiven Krystall beobachten, ist eben die Folge eines gewissen Gleichgewichts zwischen zerstörenden und aufbauenden Kräften, das je nach der Substanz, um die es sich gerade handelt, zugunsten der einen oder der anderen verschoben sein kann.

Das erschwert es natürlich sehr, aus den heutigen Befunden irgendwelche Schlüsse auf die einstige Beschaffenheit etwa der sogenannten amorphen Pechblenden zu ziehen. Im allgemeinen ist der Oxydationsgrad des Urans in denselben höher als in den krystallisierten, obwohl sie durchschnittlich bedeutend jünger sind. Es mag freilich sein, daß sie ursprünglich auch als UO_2 gebildet wurden und ihre raschere Oxydation ihren Grund in der amorphen (?) oder mikrokrystallinischen Struktur hat. Dafür sprechen manche Analysen der amorphen Koloradopechblende und auch von St. Joachimstal (122) mit einem UO_2/UO_3-Verhältnis, das mit dem krystallisierter Erze durchaus vergleichbar ist. Die meisten Autoren sind heute wohl darüber einig, daß alle Pechblenden, ob magmatisch oder hydrothermal gebildet, ursprünglich UO_2 mit einem gewissen Gehalt von überschüssigem Sauerstoff, wie ihn auch synthetische Produkte besitzen, waren.

Damit ist sowohl für die krystallisierten, wie auch für die hydrothermal gebildeten Pechblenden, die Frage, ob Blei primär in die Pechblendesubstanz einzutreten vermag, zurückgeführt auf die Frage der isomorphen Vertretbarkeit von Uran durch Blei in einem Gitter vom Fluorittypus. Hierüber erlauben uns die krystallochemischen Studien von V. M. GOLDSCHMIDT und Mitarbeitern etwas zu sagen (123). Bei ihren Untersuchungen der Krystallstruktur der Fluoride zweiwertiger Elemente und der Dioxyde vierwertiger Elemente fanden sie, daß sich der Fluorittypus des Gitters einstellt, wenn der Quotient der Ionenradien von Metall und Fluor bzw. von Metall und Sauerstoff etwas größer ist als 0.67; für kleinere Quotienten dagegen stellt sich das Gitter vom Rutiltypus ein. Nun haben Uran und Sauerstoff in den in Betracht kommenden Verbindungen einen Quotienten der Ionenradien 0.79, Thorium und Sauerstoff 0.83, und krystallisieren ja auch im Fluorittypus; Blei und Sauerstoff dagegen haben den Quotienten 0.64 und PbO_2 krystallisiert dementsprechend auch im Rutiltypus. Ob bei einer solchen Differenz der Ionenradien noch ein Aufzwingen des Gittertypus für die Bleiatome möglich ist, erscheint als fraglich. Die relativ großen Mengen primären Bleies in manchen Pechblenden hydrothermalen Ursprungs werden daher vielleicht wesentlich okkludierter Fremdsubstanz angehören. Auch eine kleine Abweichung von dem sonst sehr konstanten Bleigehalt in der Katangapechblende konnte auf nur im Metallmikroskop konstatierbare, fein verteilte Wulfenitsubstanz zurückgeführt werden, indem einfach die dem gefundenen Molybdän äquivalente Menge Blei abgezogen wurde, wodurch Übereinstimmung mit den anderen Werten erreicht wurde. Dafür, daß ein im Fluorittypus krystallisierendes Dioxyd, das ungefähr die Gitterkonstante von UO_2 besitzt, primär *gegebenen Falles* bis gegen 1% Blei *aufnehmen kann*, scheint der Beweis durch ein von HÖNIGSCHMID analysiertes Thorianitvorkommen vorzuliegen, worauf wir weiter unten zurückkommen (S. 153). Daraus zu schließen, daß auch alle übrigen ähnlichen Erze mehrere Zehntel Prozente gewöhnliches Blei enthalten können, erscheint uns aber jedenfalls unberechtigt, da sich in diesem Falle kaum die Atomgewichtswerte für Uranblei aus aller Herren Länder derart um die untere Grenze zusammendrängen würden, wie es tatsächlich der Fall ist. Ein allgemeiner Gehalt der reinen, krystallisierten Pechblenden (Ulrichite) müßte sich wohl innerhalb der Grenze halten, die der Genauigkeit der Atomgewichtsbestimmungen entspricht, dürfte also ein Zehntel Prozent vom Mineral nicht überschreiten. Da wir im allgemeinen in den Magmen, aus denen die krystallisierten Pechblenden entstehen, auf die Anwesenheit von Blei in gleicher Größenordnung wie von Uran und Thorium gefaßt sein müssen, so scheint der Eintritt von Blei in Pechblende für gewöhnlich durch die speziellen Bedingungen ungünstig beeinflußt zu werden.

Zusammenfassend können wir sagen: Der isomorphe Eintritt von Blei in UO_2 (und ThO_2) läßt sich theoretisch nicht ausschließen; er kommt vor allem im Betrage von ein Prozent tatsächlich vor. Die meisten krystallisierten Pechblenden *sind* aber praktisch frei von gewöhnlichem Blei. Für analoge Überlegungen andere Minerale betreffend sind die Unterlagen heute noch zu spärlich.

Auch was chemische Veränderungen im Mineral nach seiner Entstehung betrifft, sowohl durch Änderung des Substanzbestandes infolge der radioaktiven Umwandlungen als auch infolge von Ein- und Auswanderung von Stoffen, sind wir für die eigentlichen primären Uranminerale mit unseren Kenntnissen heute noch so ziemlich auf die Pechblenden beschränkt. Betrachten wir die chemischen Veränderungen in einem Uranmineral, die ohne Eingreifen äußerer Agentien nur durch den radioaktiven Zerfall bedingt sind, so ist der Ersatz von einem Teil des Urans durch die ihm entsprechenden Mengen Blei und Helium nicht die einzige. Sowohl H. V. ELLSWORTH (124) als auch G. KIRSCH (125) haben darauf hingewiesen, daß durch den Zerfall eines vierwertigen Uranatoms in Atome von geringerer Valenz Sauerstoff zur Oxydation anderer Atome verfügbar wird. Den Vorgang im einzelnen stellen sich beide Autoren etwas verschieden vor. Nach ELLSWORTH soll das Valenzloswerden eines zerfallenden Atoms, sobald es das Stadium der Emanation passiert, eine wesentliche Rolle dafür spielen, wie der Sauerstoff schließlich gebunden erscheint, daß er nämlich in diesem Stadium von den umgebenden Uranatomen annektiert wird. Das schließlich geborene Bleiatom müßte in metallischem Zustand, besonders in jungen Mineralien, vorhanden sein. In älteren Mineralien wird gelegentlich durch den Zerfall von Uranatomen in der unmittelbaren Nachbarschaft von einem Bleiatom Sauerstoff frei und das Blei findet so Gelegenheit, sich wieder zu oxydieren. Tatsächlich ist es ELLSWORTH auch gelungen, in kanadischen Uraniniten Spuren von metallischem Blei nachzuweisen. Nach unserer Ansicht sind die Vorgänge in der Pechblende anders aufzufassen. Pb, PbO, UO_2, UO_3 usw. existieren im Krystallgitter ja nicht als selbständige Moleküle; von einem Sauerstoffatom im ungestörten UO_2-Gitter kann man nicht angeben, zu welchem der benachbarten Uranatome es gehört, weil es sich ja mehreren Uranatomen gegenüber in der relativ gleichen Lage befindet. Von der Zugehörigkeit eines Sauerstoffatoms zu einem bestimmten Molekül oder Kation kann also hier nicht die Rede sein. Ferner macht ja jedes Atom, während es von Uran bis zu Blei zerfällt, eine größere Reise durch das Krystallgitter infolge des Rückstoßes, den es beim jedesmaligen Ausschleudern einer Partikel erleidet. Da natürlich nicht daran zu denken ist, daß ein solches Rückstoßatom auf dieser Reise Sauerstoffatome mitschleppt — es wird im Gegenteil noch eines Teiles seiner äußersten Elektronen beraubt als „Rumpfatom" das Gitter durchfliegen —, so wird jedes Bleiatom sozusagen als Metallion geboren. Ob es sich zum Atom neutralisiert oder auf Kosten der Umgebung oxydiert oder die Sauerstoffatome in irgendeiner Weise mit den Nachbaratomen teilt, wird von verschiedenen Faktoren abhängen (von der Wärmetönung des Prozesses $Pb + UO_3 = PbO + UO_2$ oder $2\,Pb + UO_2 = 2\,PbO + U$ und dgl.). Im Durchschnitt werden jedenfalls von jedem zerfallenden Uranatom zwei Sauerstoffatome hinterlassen und das schließlich auftretende Bleiatom wird umso eher Gelegenheit haben, sich irgendein solches Sauerstoffatom anzueignen, als ja durch die radioaktive Strahlung jedenfalls eine gewisse Bewegungsmöglichkeit geschaffen wird. Es mag sein, daß in sehr alten Uraniniten, wo jedes zehnte Kation Blei ist, infolge der rein zufälligen Schwankungen der Konzentration für kleinere Gitterpartien an manchen Stellen doch nicht alle Bleiatome Gelegenheit zur Oxydation bekommen und beim Aufschluß des Minerals als metallisches Blei in Erscheinung treten können. Eine rechnerische Behandlung der Vorgänge dürfte kaum möglich sein, weil wir den Grad der durch die radioaktiven Strahlungen bedingten Beweglichkeiten im Gitter nicht kennen.

Im wesentlichen dürfen wir wohl annehmen, daß der Zerfall des Urans schließlich und endlich zu dem Ergebnis führt, daß für jedes zerfallene Atom ein anderes zu UO_3 oxydiert wird etwa nach der Gleichung

$$2\,UO_2 = PbO + UO_3\ (+\ 8\,He).$$

Wenn wir also annehmen, daß Ein- oder Auswanderung von Substanz nicht stattgefunden hat, so können wir uns den ursprünglichen Oxydationsgrad des Urans, den Anteil an UO_2 bzw. UO_3 zur Zeit der Entstehung, auf die Weise berechnen, daß wir für jedes bei der Analyse gefundene Bleiatom die Zahl der als UO_2 vorhandenen U-Atome um zwei vermehren und die der als UO_3 vorhandenen um eins vermindern.

Haben wir z. B. heute:	so hatten wir ursprünglich:
A Atome Uran als UO_3	A—C Atome Uran als UO_3
B Atome Uran als UO_2	und B + 2 C Atome Uran als UO_2.
und C Atome Blei als PbO,	

Die erste und zweite Kolonne in der Tabelle 24, verglichen mit der drittletzten und vorletzten, geben ein Bild davon, wie stark sich das Verhältnis zwischen vierwertigem und sechswertigem Uran in älteren Uraniniten bis heute zugunsten des letzteren infolge der sogenannten *Autoxydation* verschoben hat. Die absolute Größe der ursprünglichen UO_3-Werte erlaubt uns jetzt auch einen Wahrscheinlichkeitsschluß darauf, ob ein Krystall im Laufe der Zeit Sauerstoff von außen aufgenommen hat oder nicht. Vergleichen wir sie mit denen der synthetischen Produkte HILLEBRANDS (117), aus Boraxschmelze krystallisiertes UO_2:

1. 94.50% UO_2, 3.38% UO_3;
2. 74.48% UO_2, 6.71% UO_3, 17.25% ThO_2;
3. 74.44% UO_2, 13.91% UO_3, 9.87% ThO_2;
4. 15.9 % UO_2, 16.8 % UO_3, 65.7 % ThO_2.

Danach dürften wir als wahrscheinlich annehmen, daß Uraninite ursprünglich allgemein einen gewissen UO_3-Gehalt besaßen. Solche, die in der vorletzten Kolonne von Tabelle 24 einen Wert unter 10% aufweisen, wird man als sicher durch Verwitterung nicht angegriffen ansehen dürfen und mit einer gewissen Wahrscheinlichkeit auch die mit weniger als 15% UO_3, während solche mit höherem Gehalt verdächtig sind. Für die meisten Stücke unter den letzteren wird der Verdacht, daß Substanzaustausch nach außen stattgefunden hat, dadurch gestützt, daß noch andere Momente dafür sprechen, wie höherer Wasser- und Kieselsäuregehalt, geringere Dichte usw.

Bei einer Reihe von Vorkommen könnte die stattgehabte Veränderung in einer Auswanderung von Uran bestehen. Betrachten wir die Analysen 1 bis 5 der Tabelle 24, so sehen wir, daß Analyse 3, nach dem Oxydationsgrad beurteilt, die einzige sein dürfte, die an einem unverwitterten Stück gemacht wurde. Sie weist auch das niedrigste $Pb/(U + k \cdot Th)$-Verhältnis auf; die höheren Werte dieser Größe bei den übrigen wären nach HOLMES durch Auslaugung von Uran zu erklären (133), da eine Einwanderung von Blei angesichts der notorischen Bleiarmut von pegmatitbildenden Magmen etwas doch zu Unwahrscheinliches ist; auch das Atomgewicht des Bleies von Analyse 1 (206.085) spricht dagegen; dabei beträgt der Wassergehalt dieses Cleveits 4.96%. Bei Analyse 2 hatte das betreffende Stück nur die Dichte 7.5, während die Dichte gesunder Ulrichite im allgemeinen in der Nähe von 9 liegt. Das Defizit von 5.5% in der Summe der Bestandteile bei Analyse 2 ist nach dem Autor als Kohlensäure aufzufassen. Nach all dem wäre nur das $Pb/(U+k \cdot Th)$-Verhältnis 0.163 aus Analyse 3 als repräsentativ für die Cleveite von Arendal und Umgebung anzusehen und einer Altersbestimmung dieses Vorkommens zugrunde zu legen.

Ähnlich liegen die Verhältnisse bei einer Gruppe von präkambrischen Pegmatiten entstammenden Uraniniten von Kanada, den Analysen 6

Tabelle 24.

Zusammensetzung einiger Ulrichit (Uraninit) vorkommen.

Nr.	Bezeichnung und Fundort	Land	Heutiger Gehalt an UO_2	UO_3	ThO_2	PbO	H_2O	U	Th	Pb	Ursprünglicher Gehalt an $\overset{IV}{U}$	an $\overset{VI}{U}$	$\frac{Pb}{U+k\cdot Th}$
1	Cleveit, Arendal (126)	Norwegen	23.07	40.60	4.60	10.92	4.96	54.15	4.04	10.13	43.74	22.11	0.184
2	,, ,, (126)		24.18	41.71	<3.66	10.54	1.23	56.03	<3.22	9.78	43.91	23.42	0.172
3	,, ,, (126)		44.18	26.80	4.15	10.95	—	61.25	3.65	10.16	62.43	10.56	0.163
4	,, Tvedestrand (122)		33.10	44.85	<5.34	12.55	—	66.51	<4	11.64	56.08	23.88	0.172
5	,, ,, (122)		28.51	47.32	<6.95	12.26	—	64.52	<6	11.37	51.49	26.21	0.172
6	Uraninit, Villeneuve (126)	Canada	41.06	34.67	6.41	11.27	1.47	65.06	5.63	10.46	60.36	16.78	0.157
7	,, Parry Sound (127)		53.63	26.32	3.22	11.67	0.72	69.18	2.83	10.83	72.30	9.39	0.155
8	,, Cardiff (128)		13.55	52.04	13.56	11.05	1.60	55.26	11.92	10.25	35.63	31.47	0.176
9	,, ,, (129)		45.18	24.90	11.40	10.40	0.61	60.56	10.02	9.65	62.14	9.57	0.153
10	Bröggerit, Ånneröd (130)	Norwegen	41.25	38.82	5.64	8.41	0.83	68.68	4.96	7.80	54.41	23.29	0.112
11	,, ,, (126)		46.13	30.63	6.00	9.04	0.74	66.17	5.27	8.39	60.05	15.81	0.124
12	,, Elvestad (126)		50.74	25.36	8.48	10.06	0.73	65.84	7.45	9.34	66.30	10.32	0.138
13	,, ,, (126)		43.03	22.04	<8.43	8.58	0.74	56.28	<7.41	7.96	56.34	9.14	0.137
14	,, Skraatorp (126)		43.88	32.00	8.98	9.46	0.77	65.32	7.89	8.78	58.97	16.49	0.130
15	,, Huggenäskilen (126)		43.38	35.54	6.63	9.44	0.79	67.87	5.83	8.76	58.49	19.50	0.126
16	,, Moss (131)		50.70	27.28	4.66	9.28	—	67.41	4.10	8.61	64.60	12.76	0.126
17	,, ,, (131)		49.30	28.38	5.27	9.15	—	67.08	4.63	8.49	63.08	13.81	0.127
18	,, (122)		56.23	19.43	6.00	10.21	—	65.75	5.27	9.47	71.45	5.24	0.141
19	Uraninit, Süd Dakota (132)	U.S.A.	48.87	28.58	2.15	16.42	0.44	66.86	1.89	15.24	78.28	6.18	0.226
20	,, Brancheville (126)		72.25	13.27	<7.20	4.35	0.68	74.74	6.33	4.04	73.02	6.38	0.053
21	,, ,, (126)		64.72	21.54	6.93	4.34	0.67	74.98	6.09	4.03	66.36	13.27	0.053
22	,, ,, (126)		70.99	14.00	<6.52	4.35	0.68	74.22	5.73	4.04	71.89	6.99	0.053

bis 9. Die beiden Stücke 7 und 9 weisen beide unter 10% sechswertiges Uran und niedrigen, für Ulrichite normalen Wassergehalt auf; ihr Pb/(U + k · Th)-Verhältnis 0.155 bzw. 0.153 dürften die ihrem wirklichen Alter entsprechenden sein. Nr. 6 mit nahezu 17% sechswertigem Uran und 1.47% H_2O ist schon verdächtig; sein etwas höheres Pb/(U + k · Th)-Verhältnis braucht nicht auf ein wirklich höheres Alter zu deuten. Und bei Nr. 8 mit nahezu der Hälfte des ursprünglichen Urans im sechswertigen Zustand wäre die Wahrscheinlichkeit nach HOLMES sehr groß, daß sein höheres Alter nur vorgetäuscht ist und daß dieses Stück wahrscheinlich in die gleiche Periode gehört, wie die übrigen kanadischen Vorkommen.

Bei den Veränderungen, die hier in Frage kommen, ist es naheliegend, sie auf die Wirkung von Wasser und Kohlensäure zurückzuführen. Am naheliegendsten wäre es anzunehmen, daß jede Pechblende, einem solchen Angriff ausgesetzt, ihm auch erliegt und daß die gelegentliche Erhaltung unveränderter Uraninite nur dem Umstande zu verdanken ist, daß die betreffenden Stücke zufällig nicht an einem Verkehrswege für Mineralisatoren lagen.

Wir möchten aber schon hier darauf aufmerksam machen, daß die HOLMESsche Auffassung keineswegs zwingend ist. Wir werden weiter unten bei der eingehenden Besprechung der einzelnen Altersbestimmungen Verhältnisse kennenlernen, die einen parallelen Gang zwischen Bleiverhältnis, UO_3-Gehalt, Kieselsäure- und Wassergehalt auch ohne Annahme von sekundären Veränderungen vollkommen verständlich machen und die in ihrer Gesamtheit es überhaupt als fraglich erscheinen lassen, ob Ulrichitkrystalle sekundären Veränderungen unterliegen. Wir spielen dabei auf die Bröggerite von RAADE und MOSS an (S. 165ff.).

4. Kritik der Bleimethode für thoriumhaltige Mineralien.

Handelt es sich um auch Thorium enthaltende oder gar eigentliche Thormineralien, die zur Altersbestimmung dienen sollen, so brauchen wir zur Anwendung unserer Formeln (3), (5), (9) und (9a) auch die Zerfallskonstante von Thorium. In den ersten Arbeiten über Altersbestimmung nach der Bleimethode wurde vielfach auf das Thorium noch keine Rücksicht genommen (134, 135), da man das ThD (damals noch als ThE bezeichnet) für instabil hielt; gewisse Verhältnisse bei den Thormineralien, auf die wir noch näher kommen werden, verleiteten sogar dazu, die vermeintliche Halbwertszeit des ThD zu bestimmen (136). Nachdem aber einige Atomgewichtsbestimmungen an Blei aus sehr uranarmen Thormineralien ausgeführt worden waren und sich Werte für das Bleiatomgewicht gegen 208, das theoretische Atomgewicht von ThD ergeben hatten, konnte man an der Stabilität des ThD nicht mehr zweifeln und muß somit bei Anwesenheit von Thorium dasselbe in Rechnung bringen.

Die Halbwertszeit des Thoriums, aus der Zahl der sekundlich ausgesendeten α-Teilchen von 1 g Th, die durch Szintillationszählung ermittelt wurde, berechnet, ist $1.28 \cdot 10^{10}$ Jahre. Aus der Messung der Ionisation durch Thorium fanden verschiedene Autoren 1.78, 1.86, 1.5 bzw. $2.2 \cdot 10^{10}$ Jahre. Alle diese direkten Bestimmungen sind als recht ungenau anzusehen, weil die genaue Definition des Versuchsmaterials beim Thorium kaum möglich ist. Mesothor 1 und Radiothor, letzteres mit Thorium isotop, haben beide eine nach Jahren zählende Halbwertszeit und man kann daher nicht die Einstellung des radioaktiven Gleichgewichts abwarten. Eine weitere Fehlerquelle kann in dem mit Thorium isotopen Ionium liegen, das immer anwesend ist, da es fast keine uranfreien Thormineralien gibt.

Für den zuverlässigsten Weg, die Halbwertszeit des Thoriums zu erfahren, halten wir den der Berechnung aus dem Bleiatomgewicht von Mineralien, die Uran und Thorium in gleicher Größenordnung enthalten (97, 115). Aus denselben Gründen, die uns oben (S. 136) zu der Annahme des Atomgewichts 206.02 für reines RaG und 206.05 für „Uranblei" führten, nehmen wir als Atomgewicht des ThD 208.02. Ergibt sich nun z. B. für das Blei aus einem Thorianit ein Atomgewicht in der Nähe von 207, so können wir daraus den Gehalt an Uranblei (RaG + AcD) und Thorblei (ThD) berechnen. Freilich müssen wir dabei die Annahme machen, daß keine dritte Komponente, kein gewöhnliches Blei darin enthalten ist; sonst ist die Aufgabe nicht mehr eindeutig und das Verhältnis zwischen Uranblei und Thorblei ist nur mit einer gewissen Wahrscheinlichkeit angebbar. Ein glücklicher Zufall hat es nun gewollt, daß unter den drei Ceyloner Thorianiten, deren Blei von Hönigschmid (137) untersucht wurde, einer war, dessen Blei praktisch genau das Atomgewicht von gewöhnlichem Blei ergab, nämlich 207.21. Von diesem Blei mag alles oder nur die Hälfte radioaktiven Ursprungs sein, das Uranblei und Thorblei sind auf jeden Fall in solchem Verhältnis anwesend, daß das resultierende Verbindungsgewicht das von gewöhnlichem Blei wird, und wir sind hierdurch in Stand gesetzt, das Verhältnis von Uranblei zu Thorblei in diesem Material mit unbedingter Gewißheit zu erfahren. Die Zusammensetzung des betreffenden Thorianits war:

11.8% U, 68.9% Th und 2.34% Pb.

Mit Hilfe des Bleiverbindungsgewichtes 207.21 berechnet sich hieraus der Gehalt an Uranblei (Atomgewicht 206.05) zu 0.96% und der Gehalt an Thorblei (Atomgewicht 208.02) zu 1.38%; ferner das Verhältnis von Uranblei:Uran zu 0.0815 und das Verhältnis von Thorblei:Thorium zu 0.0200. Beimischung von gewöhnlichem Blei hätte nur zur Folge, daß diese Ziffern alle im gleichen Verhältnis zu erniedrigen wären. Der Quotient zwischen dem Uranblei:Uran-Verhältnis und dem Thorblei: Thorium-Verhältnis bliebe dadurch unberührt; dieser Quotient ist aber nichts anderes als (in erster Näherung) das Verhältnis des Vermögens Blei zu produzieren von Uran einerseits und Thorium andererseits, also auch das Verhältnis der Zerfallkonstanten bzw. das umgekehrte Verhältnis der Halbwertzeiten von Uran und Thorium. Dieser Quotient ist

$$\frac{0.0815}{0.0200} = 4.07 = \frac{T_{Th}}{T_U} = \frac{\lambda_U}{\lambda_{Th}}.$$

Die Korrekturen, die zwecks genauerer Berechnung noch anzubringen wären, sind erstens die Multiplikation des Uranblei:Uran-Verhältnisses mit 1.15, dem Verhältnis der Atomgewichte, um von dem Verhältnis der Gewichte zu dem Verhältnis der Atomzahlen überzugehen, und analog die Multiplikation des Nenners, des Thorblei:Thoriumverhältnisses mit 1.12 — hierdurch vergrößert sich das Verhältnis $\lambda_U:\lambda_{Th}$ um etwa 3% —; zweitens haben wir ja eigentlich nicht die heutige Uranmenge, sondern die mittlere Uranmenge, die das Uranblei produzierte, in das Uranblei:Uran-Verhältnis einzusetzen. Da vom Uran im ganzen 8% zerfallen sind, ist die ursprüngliche Uranmenge um 8% höher gewesen, und *im Mittel* über die ganze Lebenszeit des Thorianits waren 4% mehr Uran als heute vorhanden. Dies verkleinert den Zähler unseres $\lambda_U:\lambda_{Th}$-Verhältnisses um 4%. Analog ist die Thoriummenge, von der im ganzen 2% zerfallen sind, um 1% zu vergrößern, wodurch sich der Nenner des $\lambda_U:\lambda_{Th}$-Verhältnisses um 1% verkleinert. Dies gibt im ganzen dann eine Verkleinerung um 3%; die beiden anzubringenden Korrekturen heben sich also ungefähr auf. Angesichts einer gewissen Ungenauigkeit von einer ganzen Reihe von Faktoren, die in dieses Resultat eingehen, ist die letzte Ziffer natürlich keineswegs sicher und wir setzen darum einfach

$$\frac{\lambda_U}{\lambda_{Th}} = 4.0 \quad \text{und in Formel (9b)} \quad k = 0.25.$$

Hieraus berechnet sich für das Thorium:

$$T = 1.7 \cdot 10^{10} \text{ J.}, \ \lambda = 4.0 \cdot 10^{-11} \text{ pro Jahr.}$$

Der kleine Unterschied in diesen Angaben gegenüber (97, 115) hat seinen Grund zum Teil in den geänderten ziffernmäßigen Grundlagen (T_U, Atomgewicht usw.), zum Teil in einem dort unterlaufenen Rechenfehler. Die hier angegebenen Werte halten wir für die derzeit besten und den oben erwähnten direkten Bestimmungen vorzuziehenden.

Gegen die Stichhaltigkeit dieser Ableitung des $\lambda_U:\lambda_{Th}$-Verhältnisses läßt sich einmal anführen, daß es sich bei der fraglichen Thorianitprobe nicht um *einen* Einzelkrystall, sondern um eine ganze Handvoll handelt, die verschieden zusammengesetzt gewesen sein könnten; aber es läßt sich leicht zeigen, daß dies auf unser Ergebnis nur dann von Einfluß wäre, wenn die verschiedenen Einzelkrystalle sowohl ein verschiedenes Alter als auch ein verschiedenes Verhältnis von Uran zu Thorium hätten; nur wenn beide Umstände bedeutende Schwankungen aufweisen und dieselben obendrein systematisch in bestimmter Richtung liegen — also wenn etwa die eine Hälfte der Krystalle viermal so viel Uran enthielte wie die andere und *zugleich* diese uranreichere Hälfte rund viermal so alt wäre wie die andere Hälfte —, nur dann würde trotz k = 0.38 sich uns scheinbar k = 0.25 ergeben. Dieser Einwand erfordert also recht unwahrscheinliche Annahmen, wenn er quantitativ etwas ausgeben soll.

Zweitens könnte man meinen, daß Verlust von Uran, wie er möglicherweise bei manchen Ulrichitvorkommen stattgefunden hat, auch hier das Uranblei: Uran-Verhältnis zu hoch erscheinen lassen könnte; auch an eine nachträgliche Einwanderung von Thorium könnte man denken, die das heutige Thorblei-Thorium-Verhältnis scheinbar erniedrigt (138). Dem ist aber entgegenzuhalten, daß Thorianit, ein isomorphes Gemisch von ThO_2 und UO_2, zwar krystallographisch den Pechblenden vollkommen analog ist, aber praktisch gegen äußere Einflüsse viel widerstandsfähiger zu sein scheint. Auf den ersten Blick unterscheidet er sich schon vorteilhaft — so möchte man sagen — von den meisten Ulrichitvorkommen. Es könnte dies auch daran liegen, daß die wenigen, bisher bekannten Vorkommen, ausschließlich von Ceylon, zufällig im allgemeinen von äußeren Angriffen verschont blieben. Jedenfalls aber sind sie tatsächlich so beschaffen, daß man sie als praktisch vollkommen unveränderte, primäre Mineralien ansehen muß, was auch darin zum Ausdruck kommt, daß sie das Helium radioaktiven Ursprungs in viel höherem Grade festhalten, als die meisten Ulrichite, nämlich gegen 50%; letztere enthalten selten mehr als 15% von dem Helium, das ihrem Bleigehalt entsprechen würde (vgl. auch Anhang I). Auch LAWSON (138) hat die Möglichkeit einer nachträglichen Verschiebung des Uran-Thorium-Verhältnisses nur für den weniger deutlich krystallisierten Galle-Thorianit in Anspruch genommen. Veranlaßt wurde er hierzu dadurch, daß die Atomgewichtsbestimmung von RICHARDS und LEMBERT (109) an Blei aus Galle-Thorianit (206.81) mit den Thorium- und Urangehalten desselben unverträglich schien. Aber auch diese Unverträglichkeit verschwindet praktisch vollkommen, wenn man $k = 0.25$ statt 0.38 setzt bzw. $\lambda_U : \lambda_{Th} = 4$ statt 2.6.

Sehen wir noch zu, was sich aus anderen Mineralanalysen ergibt, zu denen Atomgewichtsbestimmungen des Bleies vorliegen. HÖNIGSCHMID hat noch das Blei von zwei weiteren Thorianitproben untersucht (137). Die Zusammensetzung der einen war

20.2% U, 62.7% Th und 3.11% Pb.

Das Atomgewicht des Bleies betrug 206.91, woraus sich seine Zusammensetzung aus 1.74% RaG und 1.37% ThD berechnen läßt. Daraus ergibt sich auf dieselbe Weise wie bei dem ersten Thorianit das Uranblei-Uran-Verhältnis = 0.0861, das Thorblei-Thorium-Verhältnis = 0.0218 und das Verhältnis $\lambda_U : \lambda_{Th} = 3.95$, also innerhalb der Fehlergrenzen übereinstimmend mit dem Ergebnis am ersten Thorianit. Es sei nur angedeutet, daß hier ein Gehalt an gewöhnlichem Blei von einigen Prozent[1] sowohl die vollkommene Übereinstimmung der $\lambda_U:\lambda_{Th}$-Verhältnisse der beiden Thorianite als auch das Gleichwerden der Blei-Uran-Thorium-Verhältnisse, also des Alters bewirken würde. Die dritte Thorianitprobe hatte die Zusammensetzung

26.8% U, 57.0% Th und 3.5% Pb.

Das Atomgewicht des Bleies betrug 206.84, der Gehalt an RaG 2.1%, der Gehalt an ThD 1.4%; das Uranblei-Uran-Verhältnis ergibt sich hieraus zu 0.0780, das Thorblei-Thorium-Verhältnis zu 0.0276. Das Verhältnis $\lambda_U:\lambda_{Th}$ wäre danach kleiner als 3. Wir können die Übereinstimmung mit den Ergebnissen an den beiden anderen Thorianiten in bezug auf letzteres nur dadurch herstellen, daß wir hier einen größeren Prozentsatz, rund ein Viertel, also gegen 1% vom Mineral gewöhnliches Blei annehmen. Die „Bleiverhältnisse", wie wir sie künftig kurz nennen wollen (Pb-ratio in der engl. Lit.) und das Alter werden dadurch auch entsprechend kleiner als bei den beiden ersten Thorianiten. Das mag den Beigeschmack der Willkür haben, verliert aber viel davon, wenn man in Betracht zieht, daß unter 18 Thorianitanalysen (139) (vgl. auch S. 172) sich vier befinden, deren Bleiverhältnis ($Pb/(U + k \cdot Th)$, Atomgewichtsbestimmung liegt ja keine vor!) ungefähr dasselbe ist, wie von HÖNIGSCHMIDS drittem Thorianit nach Abzug des gewöhnlichen Bleies. Daß es sich bei diesen kleineren Bleiverhältnissen nicht um Verwitterung, Auslaugung von Blei, handelt, wie bei den Thoriten und verwandten Mineralien, auf die wir gleich zu sprechen kommen werden, sondern eben um ein geologisch jüngeres Vorkommen, wird dadurch nahegelegt, daß Thorianite mit einem noch kleineren Bleiverhältnis als die erwähnten vier bis jetzt unbekannt sind im Gegensatz zu den Thoriten, wo alle möglichen Bleiverhältnisse vorkommen.

Wollte man die Werte $\lambda_U:\lambda_{Th} = 2.6$ und $k = 0.38$ festhalten, so müßte man zugeben, daß in drei von den vier Fällen einer Atomgewichtsbestimmung von Blei aus Thorianit, dieselben dafür sprechen würden, daß die Thorianitsubstanz tiefgreifende Veränderungen erlitten hat. Z. B. müßte der zweite Thorianit HÖNIGSCHMIDS rund 10% (vom Mineral) an Uran verloren haben; das ist so viel, wie man es im allgemeinen höchstens einem bejahrten Cleveit zumuten würde. Kaum jemand, der Thorianit je selbst in Händen hielt, dürfte sich für diese Alternative entscheiden. Die Ursache für die größere Widerstandsfähigkeit der Thorianite gegenüber dem Angriff vermutlich durch kohlensäureführendes Wasser dürfte darin zu suchen sein, daß zwar Uran in der sechswertigen Form dabei in Lösung zu gehen vermag, aber nicht das Thorium, das *nur* vierwertig auftritt; in den uranreichen Pechblenden vermag sich

[1] Einige Prozent nicht vom Mineral, sondern nur vom Blei!

das kohlensäurehaltige Wasser daher *vielleicht* einen Weg in das Innere zu bahnen, besonders wenn die Autoxydation schon vorgearbeitet hat; in den Thorianiten dagegen mit ihrem geringen Urangehalt findet es keinen Angriffspunkt, weil die nicht reagierenden Thoriumatome den Zutritt zu den Uranatomen sperren, ähnlich wie Goldsilberlegierungen bis zu einem gewissen Silbergehalt von Salpetersäure nicht angegriffen werden.

Ganz andere Verhältnisse treffen wir bei den *Thoriten* und verwandten Mineralien, Uranothoriten und Orangiten an. Diese Mineralien gehören zu denen, die mit der Zeit in den metamikten Zustand übergehen und zersetzenden äußeren Agenzien relativ leicht zugänglich sind. Bevor wir auf die Verschiebungen der Zusammensetzung, die dieselben im allgemeinen erleiden, näher eingehen, sei noch kurz auf zwei Thorite hingewiesen, deren Blei auch von HÖNIGSCHMID untersucht wurde (137, 140):

	1. Thorit von Brevig (141)	2. Thorit von Ceylon (142)
U-Gehalt	0.45 %	1.62 %
Th-Gehalt	30.10 %	54.4 %
Pb-Gehalt	0.35 %	0.36 %
Pb-At.Gew.	207.90	207.77
Uranblei-Verhältnis	0.0474	0.0282
Thorblei-Verhältnis	0.0109	0.0058

Der erste von den beiden würde das Verhältnis $\lambda_U : \lambda_{Th} = 4.3$, der zweite 4.9 ergeben. Diese Werte können erhöht erscheinen sowohl infolge eines gewissen Gehaltes an gewöhnlichem Blei, als auch infolge von Verlust an Uran. Letztere Annahme wäre vielleicht vorzuziehen, da GOLDSCHMID (123) ausdrücklich bemerkt, daß Zirkon, also wahrscheinlich auch Thorit, keine isomorphen Mischungen mit Monorutilen, zu denen auch PbO_2 gehört, zu bilden pflegt im Gegensatz zu den Trirutilen; aber wirklich Sicheres läßt sich darüber nicht aussagen.

Eine Hauptart der Veränderung, welche viele Mineralien der Thoritgruppe häufig erleiden, ist die Auslaugung von Blei. Die ersten zwölf Mineralien in der Tabelle 25, alle von Brevig, machen dies recht deutlich. Ihre Bleiverhältnisse variieren innerhalb weiter Grenzen, obwohl sie alle einem Gesteinskomplex entstammen, also alle ungefähr dasselbe Alter haben müssen. Zwar haben LAWSON (138) und andere gelegentlich gemeint, sie müßten nicht alle „paulo post"-Alters, d. h. im Anschluß an die Gangbildung entstanden sein, doch hat eine solche Annahme vom geologischen Standpunkt aus ihre Schwierigkeiten, wie HOLMES (133) betont, und ist ihr eine andere plausible Erklärung der verschiedenen Bleiverhältnisse sicher vorzuziehen. Bevor wir aber die verschiedenen Erklärungsversuche aufzählen, sei auf einige Einzelheiten hingewiesen. Die Bleiverhältnisse $Pb/(U + k \cdot Th)$ schwanken zwar

Tabelle 25.
Zusammensetzung einiger Thorite und verwandter Mineralien*.

Nr.	Bezeichnung	Fundort	% U	% Th	% Pb	$\frac{Pb}{(U+k\cdot Th)}$	$\frac{Pb}{U}$
1	Uranothorit	Brevig	10.10	14.20	0.428	0.031	0.042
2	,,	,,	8.93	44.24	0.297	0.014	0.033
3	,,	,,	8.70	44.04	0.335	0.015	0.038
4	Thorit	,,	1.48	51.84	0.76	0.0526	
5	,,	,,	1.42	51.04	0.745	0.0525	
6	Orangit	,,	1.183	45.03	0.054	0.0042	0.045
7	,,	,,	1.244	49.44	0.057	0.0042	0.046
8	,,	,,	1.02	63.05	0.82	0.049	
9	Thorit	,,	0.45	30.10	0.35**	0.044	
10	,,	,,	0.70	47.25	0.076	0.0061	0.109
11	,,	,,	0.72	49.43	0.081	0.0062	0.113
12	,,	,,	0.407	29.20	0.020	0.0026	0.049
13	Thorit	Ceylon	4.57	62.80	1.28	0.063	
14	,,	,,	3.50	59.2	0.78	0.043	
15	,,	,,	1.62	54.4	0.36***	0.024	
16	,,	,,	1.88	65.38	1.71	0.094	
17	Uranothorit	Arendal	8.80	45.50	1.55	0.077	0.176
18	Orangit	,,	8.10	46.40	1.25	0.063	0.154
19	Uranothorit	Hitterö	8.1	42.8	1.18	0.0628	0.146

* U, Th und Pb-Gehalte entnommen aus A. Holmes (133).
** At.-Gew. 207.90 (137).
*** At.-Gew. 207.77 (140).

sehr, aber es besteht die merkwürdige Gesetzmäßigkeit, daß mindestens ungefähr so viel Blei da ist, als nach dem Alter Ra G da sein sollte, d. h. der Quotient aus Pb und U allein ohne Rücksicht auf Thorium unterschreitet nie wesentlich den Wert des Bleiverhältnisses, der dem Gesteinskomplex nach seinem Alter zukommt, und den primäre, unveränderte Mineralien aus demselben im Durchschnitt aufweisen. So haben die Mineralien von Brevig das mittlere Bleiverhältnis 0.042 (vgl. S. 174). Unter den in Tabelle 25 angeführten 12 Thoritmineralien von diesem Fundort sind verschiedene mit einem ca. zehnmal kleineren Bleiverhältnis (Pb/(U + k · Th)), sowie andere mit einem ca. dreimal kleineren; stets aber ist dann auch der Urangehalt der entsprechende, so daß das Verhältnis Pb/U mindestens in der Nähe von 0.04 liegt (letzte Spalte). Ebenso ist das Pb/U-Verhältnis der beiden Stücke von Arendal (Nr. 17 u. 18 der Tabelle) 0.176 und 0.154 recht nahe gleich dem Bleiverhältnis der Cleveite von Arendal (Tab. 24, S. 148). Der Uranothorit von Hitterö mit Pb/U = 0.146 fällt ziemlich nahe dem Bereiche der Bröggerite in Tab. 24. Die Reihe ließe sich noch um einige Beispiele vermehren.

Der erste Erklärungsversuch bestand in der Annahme, Thorblei sei instabil und darum ergebe sich nicht Pb/(U + k · Th), sondern Pb/U konstant (135). Auch die Thorite und Thorianite von Ceylon ergeben zwar ein recht hohes, aber zufällig ziemlich einheitliches Pb/U-Verhältnis. Bei dem zweiten Erklärungsversuch, von LAWSON (138), wird solchen Mineralien, wie den Thoriten ein zum Teil bedeutend geringeres Alter zugeschrieben als dem Gestein, in dem sie sich vorfinden, eine Vorstellung, die nach HOLMES ihre bedeutenden geologischen Schwierigkeiten hat. Der dritte Versuch rührt von HOLMES her (133), und stützt sich wesentlich auf die Atomgewichtsbestimmungen an Blei aus Thormineralien, die oben besprochen wurden. Da HOLMES für Thorium die kürzere, direkt bestimmte Halbwertszeit annimmt ($T = 1.3 \cdot 10^{10}$ J.), so deuten nach seiner Ansicht die Atomgewichte auf einen Fehlbetrag an Thorblei gegenüber dem zu erwartenden und er nimmt darum an, daß von den beiden Gruppen von Bleiatomen in diesen Mineralien, das Thorblei vorzugsweise entfernt werde. Der Grund hierfür ist in dem chemischen Gegensatz zwischen Thorium und Uran zu suchen; während Uran als UO_3 saure Funktionen zu erfüllen und Blei als unlösliches Bleiuranat festzuhalten vermag, ist Thorium zu keiner analogen Reaktion befähigt.

Unsere Stellungnahme zum ersten Punkte in HOLMES' Anschauungen, der Deutung der Bleiatomgewichte aus Thormineralien, ist durch unsere vorangehenden Ausführungen bereits gegeben. Die Verhältnisse deuten danach nicht auf eine vorzugsweise Entfernung des einen Isotops Th D. Eine solche wäre auch angesichts der Ausführungen über die Vorgänge in einem radioaktiven Mineral auf S. 141 ff. kaum verständlich, weil wir doch keinen Grund haben, anzunehmen, daß Ra G-Atome vorzugsweise in die Nachbarschaft von Uranatomen und Th D-Atome vorzugsweise in die von Thoriumatomen zu liegen kommen. Können wir aber auch HOLMES' Ansicht, daß vorzugsweise Thorblei der Auslaugung ausgesetzt sei, nicht teilen, so scheint uns doch sein Gedanke, das verschiedene Verhalten von gewissen Uran- und Thormineralien gegenüber äußeren Angriffen auf die chemische Verschiedenartigkeit von Uran- und Thorium zurückzuführen, sehr fruchtbar. Die oben angedeutete, in der Tabelle 25 zum Ausdruck kommende, nahezu quantitative Beziehung zwischen Urangehalt und gegenüber dem Verwitterungsangriff mindestens festgehaltenem Anteil von Blei ist zweifellos darin begründet. Der Vorgang ließe sich etwa folgendermaßen auffassen: Jedes neugeborene, durch den letzten α-Rückstoß irgendwohin geschleuderte Bleiatom hat eine bestimmte Aussicht — es handle sich um ein Thoritmineral mit einem gewissen Urangehalt — gerade ein Uranatom als Nachbar zu bekommen. Diese Aussicht ist natürlich größer als der Prozentsatz von Uranatomen unter den als positive Ionen vorhandenen Atomen (Th, Si, U, Pb usw.), weil ja auf ein Uranatom *mehrere* „benachbarte" Plätze kommen. Es sei z. B. die Bedingung, die für die Bildung eines „Bleiuranatmoleküls" erforderlich ist, auf 8 verschiedenen Plätzen um jedes Uranatom herum erfüllt, die im allgemeinen zur Hälfte mit Si-Atomen, zur anderen Hälfte, wenn es ein sehr uranarmer Thorit ist, mit Thoriumatomen besetzt sind. Das Mineral habe ein $Pb/(U + k \cdot Th)$-Verhältnis 0.04, d. h. vom *Thorium* sei 1% zerfallen. Von allen positiven Ionen, also den Thorium-, Silicium- (und Uran- und Blei)atomen sind also 0.5% Bleiionen. Sind ferner darunter n% Uranionen, so haben $8\,n$% aller positiven Ionen ein Uranatom als Nachbar; von diesen $\frac{8n}{100}$ sind $\frac{0{,}5}{100}$ Bleiionen, also $\frac{4n}{10000}$ von allen positiven Ionen im Mineral sind nicht entfernbares, weil als Uranat gebundenes Blei; von $\frac{n}{100}$, dem Uranbetrag, sind diese $\frac{4n}{10000}$ Bleiionen aber $\frac{4}{100}$, d. h. gerade so viel vom Blei, als vom Uran allein erzeugt wurde. Sind die Uranionen in vergleichbarer Menge mit den Thorium- und übrigen positiven Ionen vorhanden, so werden manche Plätze doppelt mit Uran als Nachbar versorgt werden und das Uran wird daher, je mehr von ihm da ist, um so weniger die volle, dem obigen Ansatze entsprechende Wirkung ausüben können. Die Hauptsache scheint uns aber zu sein, daß die auffallende Tatsache der Abhängigkeit des Minimalgehaltes der Thorite an Blei von ihrem Urangehalt durch Annahme einer „Koordinationszahl" vernünftiger Größenordnung quantitativ erklärt werden kann. Freilich sind wir uns wohl bewußt, daß damit auch einige Schwierigkeiten in den Vorstellungen über den Stoffwechsel der Mineralien erst recht unterstrichen werden. Doch scheint sich hier wieder ein vielversprechender Weg zu ihrer Erforschung zu eröffnen.

Fassen wir zusammen, was heute über die wichtigsten Veränderungen an radioaktiven Mineralien gesagt werden kann: Von den am stärksten radioaktiven Mineralien, die im wesentlichen aus den Oxyden von Uran und Thorium bestehen, sind die hauptsächlich Uran enthaltenden infolge der Fähigkeit des Urans als sechswertiges Element eine Säure zu bilden vielleicht einerseits einer Auslaugung von Uran ausgesetzt, andererseits bewirkt eben diese Fähigkeit des Urans eine relative Sicherheit gegen die Auslaugung von Blei. Der Oxydationsgrad des Urans unter Berücksichtigung der Autoxydation kommt eventuell als Kriterium dafür in Betracht, ob das Mineral eine Veränderung erlitten hat oder nicht. Die thoriumreichen Thorianite dagegen dürften, soweit sie weniger als 20% Uran enthalten, gegen die gewöhnlichen Angriffe, die in Betracht kommen, gefeit sein. Vielmehr sind dagegen die Thorium-Uransilicate der Zirkongruppe äußeren Angriffen preisgegeben. Uranauslaugung und, soweit der Urangehalt nicht wie bei den Pechblenden hindernd wirkt, Bleiauslaugung, sind die Wirkungen, denen sie ausgesetzt sind. Ob und inwieweit ein einzelnes Individuum wirklich verändert wurde, scheint vom Zufall abzuhängen, d. h. davon, ob äußere Angriffe tatsächlich erfolgten. Die Radioaktivität selbst dürfte für die Möglichkeit der Zersetzung durch äußere Agenzien eine wichtige Rolle spielen; einerseits entstehen durch die makroskopische Wirkung der Volumsvergrößerung Risse[1] im Mineral selbst, sowie vor allem in der Umgebung (143), die die zirkulierende flüssige Phase geradezu dem radioaktiven Mineral zuführen; andererseits verwandelt die mikroskopische Wirkung der Strahlung Ionen in ungeladene Atome und Atomgruppen und dadurch, je nach der Stärke oder vielmehr Schwäche der Tendenz zur Bildung eines Ionengitters, das Mineral oft in eine amorphe glasartige Substanz, es geht in den sogenannten metamikten Zustand über. Aus diesem Grunde dürfte auch bei den schwächer radioaktiven Mineralien, von denen bisher nicht die Rede war, die Aussicht, es mit unverändertem Material zu tun zu haben, sowohl von der Neigung der Mineralsubstanz an sich metamikt zu werden, als auch von ihrem Gehalt an Uran und Thorium abhängen. Dementsprechend dürften auch Verbindungen von starken Basen mit starken Säuren, wie z. B. Xenotim, überhaupt Phosphate, günstiges Material für Altersbestimmungen darstellen, während Zirkone viel weniger Aussicht auf unveränderte Erhaltung der Substanz bieten. Bröggers (121) mikroskopische Untersuchungen an Zirkonen, die metamikte und zertrümmerte Schichten zeigen, weisen auch darauf hin. Auch Niobate, Tantalate usw. haben sich nach neueren Arbeiten auf unserem Gebiete von Walker (144), Ellsworth (145) u. a. als ungeeignet erwiesen. Sie scheinen alle hauptsächlich dem Verluste von Blei, dem ihrer Natur fremdesten Element, das ja auch nicht ursprünglich mit aufgenommen wurde, ausgesetzt zu sein.

Unsere persönlichen Anschauungen über Substanzaustausch radioaktiver Mineralien mit der Umgebung weichen von den bisher referierten noch in einigen Punkten ab, wie wir schon auf S. 149 angedeutet haben, doch lassen sie sich nur im engsten Anschluß an die Besprechung aller Einzelheiten des bisherigen Erfahrungsmateriales näher begründen und werden daher erst im 6. Kapitel dieses Abschnitts zur Sprache kommen. Hier sei nur angeführt, daß wir Substanzaustausch mit der Umgebung bei nicht metamikt werdenden Mineralien, also den oxydischen Uran- und Thoriumerzen, für sehr selten halten und daß nach unserer Ansicht auch bei metamikten in erster Linie Auswanderung von Substanz stattfindet, sowie daß als einwandernde Elemente keinesfalls, wie gelegentlich in der Literatur als möglich angedeutet wurde, seltenere Elemente, etwa Blei oder Thorium, in Frage kommen, sondern nur SiO_2, H_2O u. dgl.

5. Das Material für Altersbestimmungen.

Wir sind bei dem Kapitel über die Kritik der „Bleimethode" reichlich lange verweilt, einesteils um zu zeigen, wie voller Fallstricke dieses Gebiet ist, andernteils aber auch um die Wege zu verdeutlichen, die trotz-

[1] Heliumbildung! Eindrucksvolle Bilder hierzu bei H. V. Ellsworth, Geol Surv. Canada, Summary report 1923 C I, S. 157 u. 159.

dem zu befriedigenden Ergebnissen führen können. Das dort Gesagte gibt uns zugleich zum Teil schon die Richtlinien, nach denen die Auswahl von Material für Altersbestimmungszwecke erfolgen wird. Das Ziel der Altersbestimmungen ist ja in den seltensten Fällen, das Alter eines Mineralindividuums zu erfahren, sondern es handelt sich meist darum, das Alter eines Gesteinskomplexes oder eines geologischen Ereignisses, einer Intrusion oder dgl., zu bestimmen[1]. Wo solche zu haben sind, stellen natürlich stark radioaktive, primäre Mineralindividuen entsprechender Größe das ideale Material für solche Untersuchungen dar. Ein Wert kann als zuverlässig gelten, wenn mehrere Stücke vom gleichen Fundort, natürlich nicht Bruchstücke desselben Individuums, dasselbe Bleiverhältnis geben. Bei pegmatitischen Vorkommen wird man dabei im allgemeinen eine Bleiatomgewichtsbestimmung entbehren können, obwohl eine solche erst dem Ergebnis sein volles Gewicht zu geben vermag. Sollte das betreffende Vorkommen aber irgendwie mit Blei vergesellschaftet sein, so ist eine Atomgewichtsbestimmung natürlich unerläßlich und zwar, wie eigentlich nicht erst betont zu werden brauchte, wenn irgend möglich von *derselben* Probe, von der auch die übrige Analyse gemacht wurde. Ansonsten wird man von guten, sichtlich frischen Stücken bei Pechblenden am ehesten dem Minimalwert des Bleiverhältnisses Vertrauen schenken. Bei Thoriten dagegen und ähnlichen metamikten Mineralien dürften auch die gefundenen höchsten Bleiverhältnisse stets Minimalwerte des Alters ergeben. Unter den weiter unten angeführten Altersbestimmungen finden sich Beispiele für beides. Ausgesprochene, sekundäre Mineralien sind aus leicht begreiflichen Gründen nur selten von Interesse, mögen sie doch oft nicht einmal einen Grenzwert für das Alter einer Formation zu geben, auch nicht in Verbindung mit einer Atomgewichtsbestimmung, weil aus den primären Mineralien das Blei radioaktiven Ursprungs mitwandern und in gänzlich unkontrollierbarer Weise in die sekundären Mineralien eintreten kann, wie das Beispiel von Katanga u. a. zeigt.

In Ermangelung ausgesprochener radioaktiver Mineralien im engeren Sinne muß man zu Mineralien mit mehr oder weniger akzessorischem Gehalt an Uran oder Thorium greifen. Die Mehrzahl der seltene Erden enthaltenden Mineralien kommt hierfür in Betracht, weil ja das Uran in die primären Mineralien wesentlich als UO_2 eintritt und daher geochemisch wie das Thorium als vierwertige seltene Erde anzusprechen ist. Wegen Literatur über radioaktive Mineralien wären etwa die Angaben in St. Meyer und E. Schweidlers „Radioaktivität" heranzuziehen. Zusammenstellungen radioaktiver Mineralien haben u. a. W. Brögger (146)

[1] Den Petrographen mag freilich gelegentlich die umgekehrte Fragestellung interessieren, wenn das Alter bereits bekannt ist, festzustellen, inwieweit die Substanz eines Gesteinskörpers primär oder erst später eingewandert ist u. dgl.

und B. SZILARD (147) gegeben. Hier seien nur einige typische Vertreter der bezeichneten Mineralgruppen genannt: Fergusonit, Euxenit, Betafit, Xenotim, Monazit, Orthit, Allanit, Gadolinit.

Abb. 17. Photographien der Gesteinsproben, von denen die auf den Abb. 18—24 wiedergegebenen Radiographien gemacht wurden.

Wo geeignete Mineralindividuen nicht gefunden werden, muß man dazu greifen, die im Gestein fein verteilte Radioaktivität heranzuziehen, indem man sie vor der chemischen Analyse möglichst anreichert. Die

Frage, in welchen Mineralkomponenten eines Gesteins die Radioaktivität sich hauptsächlich findet, war bereits wiederholt Gegenstand eingehenderer Untersuchung. Das Auftreten von Verfärbungshöfen um radio-

Abb. 18. Kinzigitgneis.

Abb. 22. Granulit.

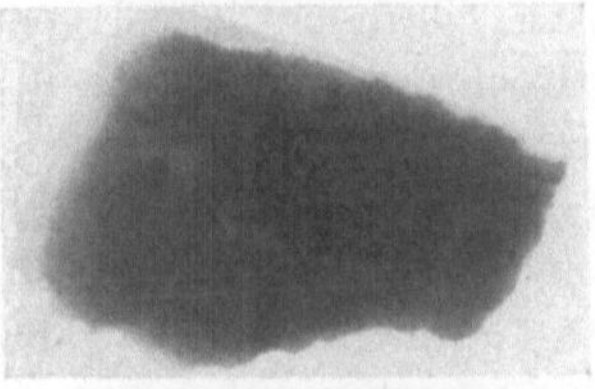

Abb. 19. Hornblendegranit.

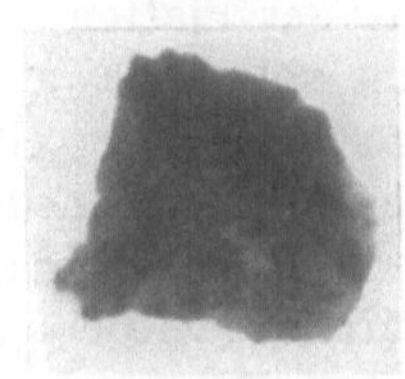

Abb. 23. Gabbro.

Abb. 20. Mischgestein aus Granulit und Sedimentgneis.

Abb. 21. Lithionglimmer.

Abb. 24. Riebeckitgranitgneis.

aktive Kerne vermag wohl auch hier einige Anhaltspunkte zu geben, tritt aber an Bedeutung dadurch sehr zurück, daß nicht nur die Anwesenheit von radioaktiven Stoffen, sondern auch ihre Konzentration in kleinen Kernen, sowie die Empfänglichkeit des umgebenden Minerals gegenüber der verfärbenden Wirkung der Strahlen und ein gewisses Alter des Gesteins für das Zustandekommen dieser Erscheinungen unerläßliche Bedingungen sind. Ein gutes Mittel, um sich über die Art der Verteilung der Radioaktivität in einem Gestein zu orientieren und auch um sich zu vergewissern, daß z. B. spezielle Handstücke die durchschnittliche Aktivität eines Gesteinskörpers nicht wesentlich unterschreiten, ist die photographische Untersuchung. Man legt einfach eine hochempfindliche Platte — Ultrarapidplatten sind die geeignetsten für diesen Zweck — auf eine angeschliffene Fläche des Gesteins, dessen Struktur sich, soweit sie auch radioaktive Unterschiede bedingt, in einigen Wochen mit allen Feinheiten abbildet. Besonders bei größeren, schwereren Stücken vermeide man es, das Stück auf die Platte zu legen, um Druckschleier zu verhüten. Abb. 18—24 enthalten einige auf diese Weise hergestellte Radiographien von Gesteinsproben, die durch ca. viermonatliche Exposition, gewöhnliche Entwicklung mit Metol-Hydrochinon und Quecksilberverstärkung erhalten wurden. Die Abb. 18 bis 24 sind Wiedergaben von *Positivabzügen* der Platten; die aktiven Partien sind daher die hellen; die Umgebung sollte schwarz sein; infolge Verschleierung der Platten durch mangelhaftes Dunkelkammerlicht erscheint sie auf den Abbildungen weiß und manche Konturen sind verschwommen. Im Folgenden werden die Beschreibungen der *Platten* (hier ist Strahlungswirkung gleich Schwärzung) wiedergegeben, um ein Urteil über die Leistungsfähigkeit der Methode zu ermöglichen. Die Reproduktionen zeigen natürlich nicht alle Einzelheiten, die auf den Platten erkennbar waren.

Kinzigitgneis aus dem Kontakthof des südböhmischen Granitbatholithen, Willersbad, niederösterreichisches Waldviertel. Von den Hauptbestandteilen erwiesen sich die Mondsteine, die möglicherweise vom Granit injiziert sind, als die aktivsten. Zahlreiche feine Punkte, die die Platte wie einen kleinen Sternenhimmel erscheinen ließen, zeigen an, daß ein großer Teil der Aktivität in den mikroskopisch kleinen Zirkonkörnchen konzentriert ist.

Hornblendegranit von Blansko, Mähren. Der Anschliff zeigt die deutlichen Umrisse von Feldspäten, Hornblenden, Titanit und Magnetit. Auf der Platte waren die Titanitumrisse deutlich durch erkennbare Schwärzung markiert. Den Feldspäten entsprechen schwächere Flecken. Schwarze Pünktchen weisen auf Akzessorien hin, die sich aber nicht bestimmen lassen.

Besonders interessant ist der *Granulit mit schmalen* ($^1/_3$—$^1/_2$ mm breiten) *Lagen von Sedimentgneis* (Schiefergneis des niederösterreichischen Waldviertels). Diese biotitreichen Bänder zeichnen sich scharf als helle Linien auf der Platte ab (die dunklen Linien in der Abb. 20). Während die im ganzen Anschliff verbreiteten Orthoklase sich wohl als aktiv, wenn auch schwach, erwiesen, wie die fleckige Zeichnung auf der Platte erkennen läßt, ist eine Lage von etwas gröberem Orthoklas auffallend stark aktiv. Hier liegt wohl ein jüngerer Nachschub vor, der einer aktiveren Restschmelze entspricht. Während eine biotitreiche Paragneislage gegen diese Feldspatlage scharf abschneidet und somit auch auf der Platte die scharfe Trennung zeigt, ist eine andere schon makroskopisch heller und erweist sich als durch die Feldspatadern imprägniert. In der Tat ist auch innerhalb dieser Lage ein Haufwerk feiner, verschwommener Flecken zu sehen, die nur von den injizierten Feldspatpartien herrühren können. Mehrere schwarze Pünktchen deuten hier auch auf Rutil, man sieht wenigstens unter dem Binokular Erzkörnchen, die vermutlich Rutil sind. Nebst dem Biotit sind Quarzkörner als inaktiv zu erkennen.

Lithionglimmer, Rožna, Mähren. Schwache Einwirkung auf die Platte mit hellen Flecken, die auf die eingeschlossenen Quarzkörner hinweisen.

Granulit aus dem Steinbruch Granz bei Marbach a. d. Donau, niederösterreichisches Waldviertel. Gemengteile des Gesteins sind: Mikroperthit, saurer Plagioklas, Quarz, Granat, Biotit, Disthen, Magnetit, Rutil. Mit Sicherheit zeigt sich die Schwärzung der Platte durch den Mikroperthit. Als sehr stark aktiv erwiesen sich die Rutilnädelchen, als negativ konnten Quarz, Disthen und Magnetit bestimmt werden.

Im untersuchten *Gabbro* von Nonndorf erwiesen sich die metallischen Erze als die aktivsten Partien.

Der *Forellenstein* von Gloggnitz, Niederösterreich ist ein Riebeckitgranitgneis. Das Plattenbild zeigt deutlich, daß Quarzadern und Riebeckitanschnitte keine Wirkung hervorriefen. Unverkennbar und merkwürdig ist die Tatsache, daß die größte Schwärzung der Platte dort stattfand, wo sich der im Gestein feinverteilte Hämatitgehalt konzentriert.

Eine quantitative Abschätzung der Strahlungswirkung (des Ra-Gehalts) wird ermöglicht durch den Vergleich mit der 5 Minuten währenden Einwirkung von Pechblende (Abb. 25). Die Verwendung von Dünnschliffen (natürlich ohne Deckgläser!) ist gegenüber der von Anschliffen vorzuziehen wegen der besseren Identifizierbarkeit mikroskopischer Bestandteile.

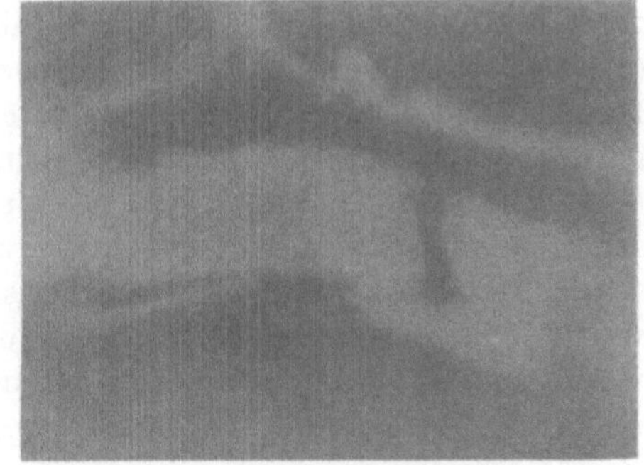

Abb. 25. Radiographie eines Pechblendegangstückes (5 Minuten exponiert).

Hat man einmal, sei es auf Grund einer Voruntersuchung oder ohne eine solche, sich für die Bearbeitung eines bestimmten Materiales entschieden, so lohnt es sich unbedingt, eine Konzentration der radioaktiven Bestandteile des Gesteins mittelst der bei der Untersuchung von Gesteinen üblichen Trennungsmethoden vorzunehmen. Schon STRUTT (2a) hatte erstens durch Untersuchung makroskopischer Individuen wichtiger gesteinsbildender Mineralien festgestellt, daß vor allem Zirkon und auch Perofskit, Sphen und Apatit oft relativ stark aktiv sind; zweitens fand er, daß die in Bromoform sinkende Fraktion des Cornish-Granits, etwa ein Achtel der Gesamtmenge über die Hälfte der Aktivität des Gesteins enthielt. Ähnliches fand M. BAMBERGER (148) für den Tannbacher Granit in Oberösterreich. Auch J. W. WATERS (149) hat auf solche Weise für den Cornwall-, den Dalbeattie- und den Mournegranit die Frage geprüft, welche Mineralkomponenten hauptsächlich die Aktivität führen. Im Cornwallgranit ging die Aktivität zunächst in die schwere Fraktion; die erste magnetische Trennung führte zur Abtrennung inaktiven Magnetits, zurück blieb hauptsächlich Turmalin, aber auch der war in der Hauptsache inaktiv; die stärkstaktive Fraktion, weniger als ein Tausendstel der Ausgangssubstanz, war schließlich ein sehr titanhaltiges opakes Pulver, wahrscheinlich Anatas oder Rutil in der Hauptsache. In Gneis von den Innerhebriden zeigte sich die Aktivität schließlich bei der schwersten unmagnetischen Fraktion, die hauptsächlich aus Zirkon bestand.

Eine gründliche Untersuchung nach solchen Methoden erfuhren mehrere Granite durch H. MACHE und M. BAMBERGER (9). Granitgneis aus dem Tauerntunnel wurde zuerst als Pulver mit Bromoform zentrifugiert, sodann die schwersten 4.6%, die praktisch die ganze Aktivität enthielten, in Methylenjodit weiter fraktioniert. Der schwerere Teil, 0.55% vom Gestein oder 11 g, enthielt ca. 3/4 der Gesamtaktivität und war praktisch schon glimmerfrei. Die magnetische Trennung dieser letzten Fraktion ergab als schwach magnetischen Teil 2 g Granat, etwas Erz und Rutil, als stark magnetischen Teil 9 g (ca. 0.5% vom Gestein) Orthit, Klinozoisit, Titanit und Rutil, die die Hauptmenge der Aktivität in sich vereinigten. Beim Granit von Tannbach bei Kefermarkt in Oberösterreich, ergaben sich ähnliche Verhältnisse wie beim Tauerngranitgneis, nur daß der magnetische Teil der schwersten (Methylenjodid-) Fraktion, aus Titaneisen bestehend, relativ schwach aktiv war, und der unmagnetische Teil derselben, der sehr aktiv war, hauptsächlich aus Zirkon, Sphen und Apatit bestand. Beim Granit von Raspenau bei Friedland in Böhmen, der etwa sechsmal radiumreicher als der Tannbacher Granit war, betrug die schwere Fraktion aus Bromoform nur 3% der Gesamtmenge und enthielt doch praktisch fast die gesamte Aktivität. MACHE und BAMBERGER weisen darauf hin, daß also die Aktivität eines Granits keineswegs seinem Gehalt an schweren Mineralkomponenten oder an den Elementen Zirkon und Titan proportional ist, obwohl die Aktivität an dieselben gebunden erscheint. Sie meinen, daß die schweren Mineralien, die die Hauptmenge der letzten

Fraktionen stellen, möglicherweise noch nicht als die letzten Träger der radioaktiven Substanzen anzusprechen sind, sondern selbst noch Verunreinigungen oder Einsprenglinge radioaktiver Natur enthalten.

Soviel ist aber sicher, daß die Aktivität in den Gesteinen höchst ungleichmäßig verteilt ist, und daß sie durch Herstellung eines Konzentrats der schweren Mineralien wohl immer unschwer auf das Hundertfache angereichert werden kann. Eine mechanische Anreicherung von Euxenit beschreibt ELLSWORTH gelegentlich (127) (S. 68D). Auf Veranlassung des Kommittees für geologische Zeitmessung des National Research Council (U. S. A.) wird diesen Möglichkeiten neuerdings mehr Aufmerksamkeit zugewendet. In einem Bericht dieses Kommittees (150) wird eine Bestimmung des $Pb/(U + k \cdot Th)$-Verhältnisses an einem Konzentrat erwähnt, das den 107 g betragenden, schweren unmagnetischen und am stärksten radioaktiven Anteil aus 41400 g Blueberry Mountain Pegmatit darstellt. Der von ELLSWORTH analysierte Allanit aus dieser Fraktion, der Hauptbestandteil derselben, enthielt 0.11% U, 2.014% Th und 0.036% Pb.

6. Beispiele für Altersbestimmungen nach der Bleimethode.

Im folgenden werden für einige Fälle die Angaben und Erfahrungen, auf denen die Berechnung fußt, mit dem Ergebnis derselben zusammengestellt. Die Rechnung wird dabei, einer Anregung von A. C. LANE (150) folgend, nur bis zum Bleiverhältnis durchgeführt. Das Ergebnis in dieser Form enthält wohl den Faktor k aus Formel (9b) und inwieweit es von einer Änderung desselben abhängt, wird jeweils angegeben werden; von C es ist jedoch noch unabhängig. LANE hat empfohlen, einstweilen in der Geologie noch nicht nach M. J. zu rechnen, da im Falle einer Neubestimmung irgendeiner der in C eingehenden Konstanten ohnedies alle Werte umzurechnen wären, sondern für gewöhnlich nur mit Bleiverhältnissen zu operieren, die ja einen ungleich größeren Sicherheitsgrad haben, da sie nur im Falle thorhältiger Mineralien entsprechend einer Neubestimmung von $\lambda_{Th} : \lambda_U = k$ eine Veränderung erfahren würden. Das, was also vorläufig durchzuführen wäre, ist eine möglichst vollständige wechselseitige Zuordnung von geologisch gegebenen Zeitpunkten und den zugehörigen Werten des Bleiverhältnisses. Haben die bisherigen Methoden in der Geologie nur über die Frage „älter oder jünger“ Entscheidungen zu fällen vermocht, so gibt die Bleimethode vorläufig mit Sicherheit Auskunft über die relativen *Dauern* von Zeitabschnitten; mit vermindertem Anspruch auf Genauigkeit (einige Prozent) ist auch der Übergang zu einer absoluten Zeitskala möglich.

a) Die Bröggerite von Raade und Moss. Kein anderes Vorkommen ist so gründlich untersucht wie dieses; es gibt uns daher Auskünfte, die für die Deutung der Verhältnisse bei anderen, weniger untersuchten Vorkommen eine Unterstützung bedeuten, und soll deshalb hier

Tabelle 26.
Bröggeritanalysen.

Nr.			% U	% Th	% Pb	$\frac{Pb}{(U+k\cdot Th)}$
1	E. GLEDITSCH (96)		61.67	6.30	8.64*	0.137
2			63.36	6.35	8.88	0.137
3			64.39	5.86	8.93	0.136
4			66.14	6.40	9.24	0.136
5	G. KIRSCH (115)		67.25	5.80	9.28	0.135
6			61.21	5.34	8.43	0.135
7			68.90	4.13	9.21	0.132
8			67.02	6.50	9.31	0.136
9			67.36	5.48	9.21	0.134
10			66.07	5.22	8.39	0.125
11			65.31	7.36	9.24	0.138
12			65.86	7.90	8.91	0.131
13			62.77	5.70	8.16	0.127
14			64.85	5.78	8.38	0.126
15	W. RISS (116)		52.32	5.40	3.27	0.061
16			67.61	5.37	6.66	0.097
17			67.80	8.60	6.20	0.089
18			67.74	0.33	7.60	0.112
19			57.80	6.43	6.97	0.117
20			73.10	2.90	8.75	0.119
21			64.00	3.13	7.64	0.118
22			70.92	5.18	8.90	0.123
23			70.18	5.24	9.01	0.126
24			54.93	4.20	7.01	0.125
25			65.90	5.59	8.635	0.128
26			63.82	5.70	8.39	0.129
27			65.86	5.81	8.74	0.130
28			67.31	8.63	9.00	0.130
29			61.69	6.25	8.28	0.131
30			69.59	5.41	9.39	0.132
31			68.32	6.73	9.42	0.135
32			63.75	5.71	8.86	0.136
33			61.05	6.40	8.53	0.136
34			65.75	5.70	9.26	0.138
35			64.03	7.44	9.03	0.137
36			59.63	7.83	8.46	0.137
37			58.20	8.73	8.93	0.148
38			48.64	10.30	5.94	0.116
39	von Karlshus	W. RISS (116)	74.78	0.12	9.39	0.125
40			65.88	7.50	8.71	0.129
41			61.63	9.03	8.82	0.138
42	von Ånneröd		68.25	6.19	8.68	0.124
43			62.02	6.41	8.63	0.136
44	von Berg		66.46	5.99	8.61	0.127
45			67.22	7.65	9.86	0.143
46	von Ryen		62.44	9.08	8.50	0.131
47			64.62	8.73	9.07	0.136
48	von Elvestad		67.37	5.41	9.55	0.139
49			61.76	9.15	9.56	0.149
50	von Rakkestad		62.13	10.20	9.01	0.139

* At.-Gew. 206.12.

an erster Stelle besprochen werden. Von den sogenannten Bröggeriten von Raade und Moss liegen uns im ganzen nicht weniger als 57 Analysen und 2 Bleiatomgewichtsbestimmungen vor. Es sind dies zunächst die 9 in Tab. 24 als Nr. 10—18 angeführten. Die übrigen 48 sind in Tab. 26 zusammengestellt. Nr. 5 und 6 bzw. 13 und 14 sind je zwei Parallelbestimmungen an 2 Stücken vom selben Krystallindividuum, daher je nur als eine Analyse bzw. ein Bleiverhältnis zu werten. Während die 9 Analysen in der Tab. 24 an Einzelkrystallen gemacht sind, ist Nr. 1 und vielleicht auch Nr. 2—4 in der Tabelle möglicherweise an einer Mehrzahl von Krystallen ausgeführt; die übrigen sind ausnahmslos Analysen von Einzelindividuen, die aus demselben Material ausgesucht waren, aus dem auch HÖNIGSCHMID eine größere Menge Blei für seine Atomgewichtsbestimmung (106) extrahiert hat. All dieses Material stammt aus Pegmatitgängen in der Gegend von Raade und Moss, südöstlich von Oslo, die auf Feldspat abgebaut werden und die mit dem sogenannten Frederikshaldgranit in Verbindung stehen, der mit Sicherheit als postkalevisch angesehen wird. Es mag sich, nach Ansicht der Geologen, dabei auch um mehr als eine Intrusion handeln, die aber alle ungefähr ans Ende des Mittelpräkambriums zu verlegen wären.

Wenn wir zunächst von den 44 im Wiener Institut für Radiumforschung gemachten Analysen absehen, so zeigen die Bleiverhältnisse der übrigen zwei Häufungsstellen bei ungefähr 0.126 und 0.137. Da das Atomgewicht des Bleis aus einem Bröggerit mit dem höheren Bleiverhältnis 206.12 betrug, also mit der Annahme von 206.00 für das Atomgewicht von Ra G und bei Vernachlässigung von *Ac*-Blei auf einen Gehalt an gewöhnlichem Blei schließen ließ, der gerade der Differenz des Bleiverhältnisses der beiden Gruppen entsprach, so stand der Annahme nichts im Wege, die beiden Gruppen von Bröggeritvorkommen seien gleichaltrig, ihr Alter entspreche dem niedrigeren Bleiverhältnis und während die eine Gruppe praktisch reines Uranblei enthalte, sei die andere mit einem konstanten Betrag von gewöhnlichem Blei verunreinigt (96). Die vereinzelt stark herausfallenden Bleiverhältnisse wie etwa Nr. 10 (Tab. 24) wurden als durch sekundäre Veränderung verursacht betrachtet. Auch die Wiener Analysenergebnisse versuchten wir anfangs unter einem derartigen oder ähnlichen Gesichtspunkte einzuordnen (115).

Versucht man aber alle Bröggerite einfach nach ihrem Bleiverhältnis ohne irgendwelche Annahmen über Gehalt an gewöhnlichem Blei einzuführen, die in einigermaßen ausgiebigem Umfang doch nicht haltbar sind, so erhält man ein überraschendes Bild, das in Abb. 26 graphisch dargestellt ist. Als Abszissenachse dient die Skala der Bleiverhältnisse, als Ordinate wurde über jedem, einem Tausendstel des Bleiverhältnisses entsprechenden Punkte eine Senkrechte von der Höhe errichtet, die der Anzahl der Bröggerite entsprach, die dieses Bleiverhältnis ergeben hatten. Die oberen Endpunkte dieser Senkrechten wurden dann durch den gebrochenen Linienzug verbunden, der sieben deutliche Maxima in praktisch gleichen Abständen erkennen läßt. In dem Diagramm sind von allen uns bekannten Analysen nur Nr. 15—17 (Tab. 26) und ein Stück angeblich auch von Raade und Moss, das Verf. gelegentlich analysierte mit dem Bleiverhältnis 0.158, nicht berücksichtigt; sie würden außerhalb des dargestellten Bereiches fallen; und schließlich wurde auch Nr. 38 weggelassen, ein Stück, das 16% Glühverlust (!) aufwies.

Dieser in der Verteilung der Bleiverhältnisse zu Tage tretende Rhythmus schließt zunächst die Erklärung des großen Bereiches der Bleiverhältnisse durch ungleichmäßige Verwitterung vollkommen aus. Der Erklärungsversuch durch einen verschiedenen Gehalt an gewöhnlichem Blei — bei dem schließlich aus krystallbaulichen Gründen bestimmte Quantitäten bevorzugt sein könnten — erledigt sich durch die Atomgewichtsbestimmungen, die bedeutenderen Gehalt, wie er hier in Frage käme, vollkommen ausschließen. Wir sehen für den Rhythmus

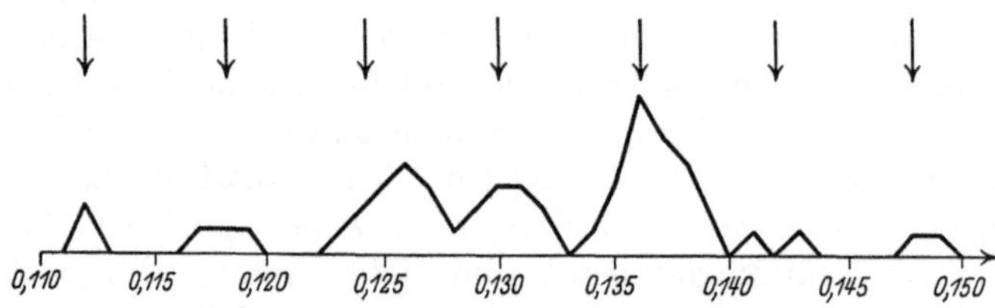

Abb. 26. Verteilung der $\frac{Pb}{(U+k\cdot Th)}$-Verhaltnisse bei den Broggeriten von Moss.

nur eine Erklärungsmöglichkeit: Die Erzeugung der Bröggeritkrystalle hat in dem angedeuteten Rhythmus stattgefunden und die Altersdifferenz zwischen dem ältesten und jüngsten im Diagramm aufgenommenen Bröggerit entspricht tatsächlich der Differenz der Bleiverhältnisse im Betrage von ca. 0.036 (ca. 220 M. J.!). Hätten die meisten Krystalle stoffliche Veränderungen (außer den radioaktiven) auch nur in geringem Ausmaße erlitten, so wäre das Auftreten einer solchen Gesetzmäßigkeit, wie der beobachteten ganz ausgeschlossen. Andere Gesetzmäßigkeiten in der Zusammensetzung, die vom Bleiverhältnis abhängig sind, wie z. B. der ursprüngliche UO_3-Gehalt, man könnte auch sagen der Gehalt an überschüssigem Sauerstoff im Krystallgitter (vgl. S. 142), bei den 9 Bröggeriten in Tab. 24, der mit abnehmendem Bleiverhältnis sichtlich zunimmt, müssen also mit den allmählich sich ändernden Entstehungsbedingungen der Bröggeritkrystalle in Verbindung gebracht werden.

Eine weitere sehr beachtenswerte Tatsache ist die, daß unter den Stücken 39—49, die je paarweise (bei Karlshus 3) von demselben Fundort, also wohl aus demselben Steinbruch, demselben Pegmatitgang stammen, die Krystalle eines Ganges stets verschiedenen Perioden angehören. Sie sind also schon fertig mit dem Magma injiziert und um die

Dauer geologischer Perioden früher in der Tiefe gebildet worden. Die idiomorphe Beschaffenheit gerade dieser Krystalle ist damit im Einklang. Da auch mit Feldspat, Glimmer usw. innig verwachsene Bröggerite vorkommen, so mag unter Umständen auch noch eine Generation Krystalle erst bei der Gangbildung entstehen. Daraus ergibt sich die für die geologische Zeitmessung wichtige Folgerung, daß man nicht ohne weiteres das Alter eines radioaktiven Krystalls dem Zeitpunkt der Bildung des Ganges, in dem es gefunden wurde, gleichsetzen darf. Der Gang kann um geologische Perioden jünger sein. Zur Bestimmung des Zeitpunktes der Erstarrung eines Gesteins wird man daher zweckmäßig nicht schwebend gebildete, sondern womöglich nicht-idiomorphe Krystalle wählen.

Als Abstand eines Maximums der Bröggeritbildung vom nächsten erhalten wir in absolutem Zeitmaß rund 35 M. J. Zur Berechnung ist hier der ursprüngliche Urangehalt zu verwenden, weil es sich ja um Vorgänge handelt, die sich zur Gänze zu einer Zeit abspielten, wo das heutige Uranblei praktisch noch alles als Uran vorhanden war. Es ist jedenfalls sehr auffallend, daß dieser Zeitraum dem ziemlich nahe kommt, den Holmes für seine kleinen Zykeln, die rhythmischen Zustandsänderungen des subkontinentalen Materials, annimmt. Es scheint daher, was ja nicht weiter verwunderlich ist, daß das Garkochen eines Batholithen in rhythmischer Weise, abhängig von den Zustandsänderungen in größerer Tiefe vor sich geht und geologische Perioden hindurch andauert. Ja, die Zahl 7 der Maxima in der Abb. 15 legt die Vermutung nahe, daß die Tätigkeit eines solchen Magmaherdes, immer neu angeregt, eine *ganze große „Revolutionsperiode" hindurch andauern* kann. Es ist sogar auch möglich, daß eine Wiederbelebung desselben Materials bei den folgenden großen Revolutionen stattfindet. Die Bröggerite 15 und 16 mit den Bleiverhältnissen 0.061 und 0.097 haben sowohl voneinander den zeitlichen Abstand, der ungefähr der Zeit zwischen zwei großen Revolutionen entspricht, als auch der ältere der beiden von dem Hauptmaximum mit dem mittleren Bleiverhältnis 0.136. Es mag noch darauf hingewiesen werden, daß die Verteilung der Bröggerite auf die einzelnen Maxima nicht notwendig auf eine entsprechende Häufigkeit der Krystalle verschiedenen Alters in den abgebauten Gangteilen deuten muß, denn das Material war bereits von Hönigschmid in bestimmter Weise dezimiert. Die schönen, großen Krystalle waren zum allergrößten Teil zum Zwecke der Bleiextraktion verwendet worden. In der zweiten Hälfte konnte nur mit Mühe noch eine größere Anzahl Krystalle von ca. 1 g Gewicht sichergestellt werden. Falls also bei der wiederholten Aufschmelzung des Bröggerit gebärenden Magmas mit fortschreitender Differentiation sich der Urangehalt im einen oder anderen Sinne änderte und damit vielleicht auch die Größe der gebildeten Krystalle eine gewisse systematische Änderung erfuhr, wäre die Ausbeute aus der einen oder anderen Periode bei unseren Analysen systematisch benachteiligt oder bevorzugt worden.

Als Hauptergebnisse an den Bröggeriten von Moss fassen wir zusammen: Das Eigenleben intrudierender Granitkörper kann geologische Epochen hindurch währen. Daß die Bleiverhältnisse etwa von Ulrichiten eines Vorkommens einen entsprechend großen Bereich umfassen, braucht also nicht zu bedeuten, daß ein Teil von ihnen stark verändert wurde. Es erscheint im Gegenteil nach den Erfahrungen an den Bröggeriten wahrscheinlich, daß bergbaulich gewonnene Ulrichite und Pechblenden im allgemeinen als unverändert angesehen werden dürfen. Da ein radioaktiver Krystall schon *sehr lange* vor Erreichung seiner endgültigen Lagerstätte, wo wir ihn finden, gebildet worden sein kann, ist die Abschätzung des Alters eines geologischen Ereignisses aus dem Bleiverhältnis radioaktiver Mineralien keine so einfache Sache, als wie sie bisher gewöhnlich aufgefaßt wurde. Inwieweit diesen Ergebnissen allgemeinere Gültigkeit zukommt, wird die Zukunft lehren. Einiges hoffen wir aus der Besprechung der noch folgenden Beispiele dazu beitragen zu können.

b) Die afrikanischen Pechblenden. Primäre oxydische Uranerze sind aus Afrika bis jetzt von zwei Stellen bekannt, von *Morogoro* krystallisiert und von *Katanga* meist derb. Die uns bekannten Analysen der beiden Vorkommen sind in den Tab. 27 und 28 zusammengestellt. An Atomgewichtsbestimmungen vom Blei liegen für beide Vorkommen solche von Hönigschmid (106, 110) vor, die zu den niedrigsten je festgestellten gehören und für vollkommene Abwesenheit von gewöhnlichem Blei sprechen. Von Katanga hat Richards einen Wert ebenso wie Hönigschmid für Blei aus sekundären Mineralien geliefert, der aber 206.2 (111) betrug, also auf die Anwesenheit von etwa 13% gewöhnlichem Blei hindeuten würde. Das Morogoroerz enthält wenig Thorium, das Katangavorkommen scheint praktisch frei davon.

Tabelle 27.
Analysen von Morogoroerz.

Autor	% U	% ThO_2	% Pb	$\frac{Pb}{(U+k\cdot Th)}$
P. Krusch (158)	75.86	0.20	6.37	0.0840
W. Marckwald (159) . . .	74.5	—	6.87	0.0921
,, . . .	71.40	0.3	6.59	0.0922
,, . . .	73.4	—	6.77	0.0923
,, . . .	71.47	0.4	6.68	0.0933
,, . . .	74.4	—	6.96	0.0936
,, . . .	74.4	—	6.96	0.0936
G. Kirsch (115)	72.51	0.31	6.04	0.0832
,, ...	72.45	0.33	6.20	0.0855
,, ...	74.65	0.16	6.91	0.0926
,, ...	72.90	0.46	6.44	0.0883
F. Hecht (160)	74.73	0.16	6.56	0.0878
,, ...	76.71	0.14	6.93	0.0903

Tabelle 28.
Analysen von Katangaerz.

Autor	% U	% Pb	$\frac{Pb}{U}$
C. Ulrich (163)	72.53	5.34	0.0736
W. Steinkuhler (161)	74.42	5.93	0.0797 (0.0735)
A. Schoep (162)	77.15	6.41	0.0831
C. W. Davis (132)	77.76	6.51	0.0838 (0.0824)
F. Hecht (160)	71.00	5.77	0.0813
,, ...	69.43	5.66	0.0815
,, ...	71.23	5.48	0.0769

Aus den Bleiverhältnissen in den Tabellen geht hervor, daß wahrscheinlich der Bildung beider Vorkommen ein größerer Zeitraum entsprach, der auf je ungefähr 70 M. J. zu schätzen wäre. Doch ist diese Angabe wegen der relativ nicht großen Zahl von Analysen natürlich sehr unsicher. Auch die älteren Bröggeritanalysen ohne die Wiener Analysengruppe würden für sich allein ein ähnliches Bild geben wie die gesamten Morogoroerzanalysen, und nur eine Untersuchung an umfangreicherem Material könnte Klarheit darüber schaffen, ob dem Morogoroerz nur der oben genannte Zeitraum oder vielleicht ein ähnlich großer, wie den norwegischen Bröggeriten entspricht. Ebenso ist aus dem vorliegenden Material noch nicht mit Sicherheit auf eine ähnliche Gruppenbildung zu schließen, wie bei den Bröggeriten, wenn sie auch nach Abb. 27, in der beide afrikanischen Vorkommen zusammen ebenso wie oben die Bröggerite geordnet sind, wahrscheinlich vorhanden ist.

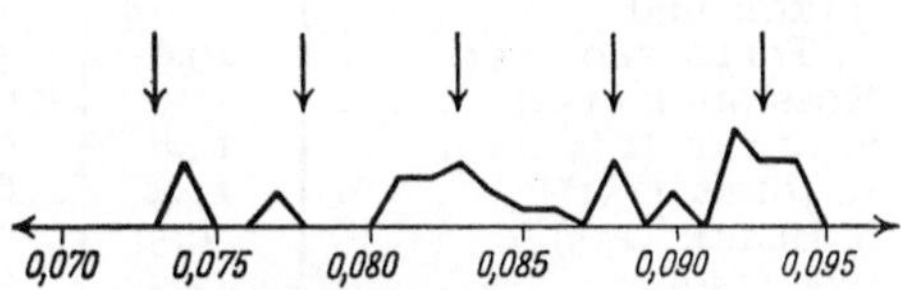

Abb. 27. Die Verteilung der Bleiuranverhaltnisse bei den afrikanischen Uraniniten.

Von geologischer Seite wird dem Morogoroerz oberpräkambrisches Alter zugeschrieben, dem Katangaerz spätpräkambrisches; eventuell gehört es zum Teil schon ins Ordovicium. Danach würde dem Ende des Präkambriums etwa das Bleiverhältnis 0.08 zuzuordnen sein.

c) **Die Mineralien aus den Seifen von Ceylon.** Schon in der Tab. 25 auf S. 155 sind vier Thoritanalysen angeführt, die sehr verschiedene Bleiverhältnisse aufweisen, von denen die Maximalwerte zwar mehr Vertrauen verdienen als die übrigen, aber durchaus nicht etwa als untere Grenze aufgefaßt werden können, da man ja bei diesen Mineralien, wie die Pb-Atomgewichtsbestimmungen beweisen, auch Uranverlust gewärtigen muß. Eher schon darf das Bleiverhältnis aus folgender Pechblendenanalyse Anspruch darauf erheben, als Maximalwert angesehen zu werden, der nach Erfahrungen von anderen Fundorten (Kanada, Arendal, Moss) vielleicht einige Prozent zu hoch, wahrscheinlich aber überhaupt ein wirklich dem Alter entsprechendes Bleiverhältnis ist:

Pechblende: 71.40% U, 7.86% Th, 4.75% Pb, $\frac{\text{Pb}}{(\text{U} + \text{k} \cdot \text{Th})} = 0.065$.

Vor allem liegen aber eine ganze Anzahl von Thorianitanalysen an Material aus verschiedenen Provinzen von Ceylon vor, die hier zusammengestellt sind:

Tabelle 29.

Thorianitanalysen.

Autor	% U	% Th	% Pb	$\frac{\text{Pb}}{(\text{U} + \text{k} \cdot \text{Th})}$
Hönigschmid I (137) . .	11.8	68.9	2.34	0.081
„ II (137) . .	20.2	62.7	3.11	0.086*
„ III (137) . .	26.8	57.0	3.50	0.085**
B. M. Jones (151)	24.8	54.9	2.16	0.056
„	27.8	51.7	2.38	0.058
W. Ramsay (152)	13.1	67.3	1.87	0.063
R. D. Denison (152) . . .	12.6	< 67.2	1.86	> 0.063***
B. M. Jones (151)	23.7	55.9	2.70	0.072
„	23.0	55.0	2.78	0.076
W. Jakob und St. Tolloczko (154) . .	19.9	55.8	2.66	0.079
Le Rossignol (152) . . .	11.0	< 67.7	2.24	> 0.080***
G. S. Blake (155)	12.8	69.4	2.42	0.080
B. M. Jones (151)	11.4	69.5	2.36	0.082
G. S. Blake (155)	9.5	63.7	2.10	0.083
Ogawa (156)	12.3	68.5	2.41	0.084
„	28.2	52.3	3.49	0.085
(157)	21.2	45.0	2.77	0.085
Ogawa (156)	28.2	51.3	3.53	0.086
E. H. Büchner (153) . . .	11.1	60.3	2.3	0.088
G. S. Blake (155)	10.4	67.1	2.66	0.098
Gimingham (152)	11.2	< 68.1	3.17	> 0.112***

* Vielleicht mit Rücksicht auf gewöhnliches Blei etwas kleiner (0.081).

** Mit Rücksicht auf gewöhnliches Blei (At.-Gew.!) korrigiert ca. 0.066.

*** Da hier die übrigen seltenen Erden nicht vom Thorium getrennt wurden, sind die angegebenen Ziffern für Thorium ein Maximum, für das Bleiverhältnis ein Minimum!

Die ersten drei sind die schon früher besprochenen, die zu Hönigschmids Atomgewichtsbestimmungen gehören (S. 155ff.). Für Thorianit I ist die Frage, ob er gewöhnliches Blei enthält, nicht entscheidbar, da sein Blei vollkommen mit gewöhnlichem Blei übereinstimmendes Atomgewicht hat. Thorianit II kann nur wenig, Thorianit III muß relativ viel gewöhnliches Blei enthalten. Es ergibt sich hieraus, daß die Ceyloner Thorianite nicht alle gleichaltrig sein können, sondern daß mindestens zweierlei Bleiverhältnissen, 0.066 und 0.081, entsprechende Altersgruppen vorliegen.

Würden wir an dem Verhältnis $\lambda_{\text{Th}} : \lambda_{\text{U}} = 0.35$ oder so ähnlich festhalten, so müßten wir für den Thorianit I annehmen, daß er ca. 5% Uran verloren hat, für den Thorianit II dagegen, daß er ca. 8% Uran verloren hat, aber beide weder Blei noch Thorium eingebüßt haben;

sie hätten dann beide ein Alter entsprechend einem Bleiverhältnis in der Gegend 0.06. Der dritte Thorianit dagegen, gerade der uranreichste, wäre als unverändert zu betrachten und hätte ein höheres Alter, entsprechend einem Bleiverhältnis von der Größenordnung 0.08, so daß wir auch so nicht um die zwei Altersgruppen herumkämen. Denn gewöhnliches Blei dürften wir ja in diesem Falle nicht im Thorianit III annehmen, um nicht mit dem Atomgewicht in Widerspruch zu kommen, das sonst um ca. 0.1 Atomgewichtseinheit höher sein müßte; und die Annahme, daß dieser Thorianit allein Uran *und* Thorium im richtigen Verhältnis (über 10% Uran und über 20% Thorium!) aber kein Blei verloren habe, ist doch undiskutabel.

Eine weitere Stütze für die Existenz der jüngeren Gruppe ist die oben angeführte Pechblendeanalyse mit 0.065, während die ältere Gruppe durch eine unverkennbare Häufung oberhalb 0.08 gesichert erscheint. Dafür, daß in diesen Thorianitvorkommen gewöhnliches Blei eine gewisse Rolle spielt, sprechen außer dem Thorianit III noch die stark nach oben herausfallenden Einzelwerte, so daß wir möglicherweise die Bleiverhältnisse 0.085 bis 0.088 auf das Konto des gewöhnlichen Bleies zu setzen haben. Es sei noch darauf hingewiesen, daß der ursprüngliche Bleigehalt bei den Thorianiten, diesen relativ bleiarmen, weil jüngeren und viel Thorium enthaltenden Erzen hierzu nicht höher angenommen zu werden braucht, als er etwa bei den Cleveiten von Arendal gelegentlich sein mag. Nur wirkt er dort, wegen der ungleich größeren Menge an Blei radioaktiven Ursprungs, viel weniger auf Atomgewicht und Bleiverhältnisse. Schon ein ziemlich geringfügiger Gehalt an gewöhnlichem Blei kann hier eine ähnlich rhythmische Entstehung der Thorianite, wie sie für die Bröggerite feststeht, vollkommen verwischen. Auch ein nicht sehr großer Fehler in dem Verhältnis $\lambda_U : \lambda_{Th}$ würde in ähnlichem Sinne wirken und ist möglicherweise als Ursache anzusprechen.

Abschließend bemerken wir: Thorianite aus den Seifen von Ceylon, die den Pegmatiten in den Einzugsgebieten der betreffenden Gewässer entstammen, weisen gelegentlich Altersunterschiede einer Differenz der Bleiverhältnisse von ca. 0.015 entsprechend auf. Möglicherweise haben wir es hier mit Erzbildungen ähnlichen zeitlichen Umfanges wie bei den Bröggeriten von Moss zu tun. Es ist möglich, daß auch die kleinsten und größten Bleiverhältnisse wirklich auf das ihnen entsprechende Alter der Krystalle hindeuten. Jedenfalls ist auffallend, daß die jüngsten Bröggerite in die gleichen Zeiten fallen. Den Thorianitbleiverhältnissen 0.056, 0.058, 0.063 usw. würde Bröggerit Nr. 15 (Tab. 26) mit 0.061 entsprechen; analog zu den drei letzten Thorianiten der Tabelle 29 mit 0.088, 0.098 und 0.112 wären die Bröggerite Nr. 16 bis 18 mit 0.089, 0.097 und 0.112.

Durch Vergleich der Verhältnisse in Indien, Ostafrika und Ceylon ergibt sich für die geologische Datierung der fraglichen Pegmatite, daß sie ins oberste Präkambrium vielleicht auch ins frühe Palaeozoikum zu verlegen wären. Auch die Ceyloner Mineralien weisen also in Übereinstimmung mit den afrikanischen auf das Bleiverhältnis ca. 0.08 für das Ende des Präkambriums hin.

d) Das Mitteldevon von Brevig, Langesundfjord. Die Eläolithsyenite und zugehörigen Gesteine dieses Gebietes gelten als zeitlich wohl definiert und werden ins Mitteldevon verlegt, obwohl nach HOLMES ein etwas geringeres Alter nicht ausgeschlossen werden kann. Analysen von radioaktiven Mineralien aus diesem Gesteinskomplex liegen in großer Zahl vor. Da aber bei den meisten U, Th und Pb nur in ganz untergeordneten Mengen auftreten, so kann ihre Bestimmung keine große Genauigkeit beanspruchen und wir sind erstens auf die stark aktiven Mineralien der Thoritgruppe, zweitens auf diejenigen Analysen an schwach aktiven Mineralien angewiesen, die von HOLMES (134) speziell mit Hinblick auf die hier interessierenden Bestandteile gemacht wurden. Leider gilt von beiden, was oben an Hand der Tabelle 25 (S. 155) von den Thoriten auseinandergesetzt wurde, daß sie fast durchwegs zu den Mineralien gehören, die metamikt zu werden vermögen und vor allem Blei, gelegentlich wohl auch Uran, verlieren können. Am meisten Vertrauen verdienen hier wohl noch die Bleiverhältnisse der schwach aktiven Mineralien, weil dieselben infolge der viel geringeren Strahlungswirkung, der sie ausgesetzt waren, weniger metamikt wurden, und daher den äußeren Angriffen doch ihr Werk sehr erschwert war.

Von den 18 Analysen von HOLMES und LAWSON sind sechs bereits in der Tabelle 25 enthalten (Nr. 1, 6, 7, 10, 11, 12). Von den übrigen zwölf lassen wir vier auch schon von LAWSON (138) als zweifellos sekundär bzw. verändert bezeichnete (Freyalith, Tritomit, Homilit und Mosandrit) weg und geben hier die Daten für die restlichen acht:

	% U	% Th	% Pb	$\frac{Pb}{(U + k \cdot Th)}$
Eudidymit	0.0090	0.036	0.0007	0.039
Eukolit	0.0170	0.040	0.0012	0.044
Zirkon	0.1460	0.114	0.0055	0.032
Zirkon	0.1941	0.082	0.0085	0.040
Pyrochlor	0.1855	0.075	0.0093	0.046
Ägirin	0.0253	0.007	0.0015	0.056
Zirkon	0.9310	0.141	0.0370	0.038
Biotit	0.1602	0.017	0.0069	0.042

Das Mittel aus diesen acht Bleiverhältnissen ist 0.042; angesichts der Erfahrungen an den Thoriten dürfte auch hier der Verlust von Blei die in erster Linie zu gewärtigende Veränderung sein (vgl. auch die kanadischen Pegmatitmineralien zum Teil verwandter Art (144)). Das unveränderten Mineralien zukommende Bleiverhältnis kann daher wohl über dem Mittelwert aus diesen acht Mineralien liegen und vielleicht dem vorkommenden Maximum entsprechen. Leider ist gerade der Ägirin so schwach aktiv, daß dem Resultat an ihm kein großes Gewicht beizumessen ist.

Unter den Thoriten der Tabelle 25 geben die Analysen 1, 4, 5, 8 und 9 ein Ergebnis wenigstens der richtigen Größenordnung, und drei von ihnen liegen derart nahe an 0.05, daß man wohl von einem Zusammendrängen um den Maximalwert sprechen kann. Den von zwei Stücken übereinstimmend erhaltenen Maximalwert 0.0525 sind wir geneigt, als das richtige dem Mitteldevon zuzuordnende Bleiverhältnis anzusehen. Vielleicht handelt es sich aber auch hier um einen gewissen zeitlichen Bereich, dem die Entstehung der Mineralien zuzuordnen ist.

e) Das Pechblendenvorkommen von St. Joachimstal. Die ideale Forderung nach chemischer Analyse und Bleiatomgewichtsbestimmung an *derselben* Erzprobe ist bisher leider nicht erfüllt worden. Daher müssen wir uns auch hier auf die Diskussion eines etwas umfangreicheren Materiales einlassen. Zunächst seien einige Analysenwerte für Blei und Uran mitgeteilt:

Tabelle 30.

	% U	% Pb	$\frac{Pb}{U}$
A. Becker u. P. Jannasch (164)	64.81	4.33	0.067
,, ,, ...	65.17	4.30	0.066
C. Ulrich*	64.74	2.72	0.042
,, ...	64.73	2.35	0.036
C. Rammelsberg (165)	71.40	3.02	0.042
Scheiderzprobenanalysen des k. k. Generalprobieramtes in Wien (166)	64.7	3.2	0.049
	58.5	2.9	0.050
,,	55.8	2.5	0.045
,,	53.0	1.06	0.020
,,	52.9	2.47	0.047
,,	33.5	1.83	0.055
,,	42.4	0.9	0.021
,,	40.4	2.0	0.050

* Nach persönlicher Mitteilung.

Um das wirkliche Bild, das wir uns von der Zusammensetzung der St. Joachimstaler Pechblende heute machen können, zu vervollständigen, müssen wir noch mitteilen, daß uns noch ungefähr ebenso viele wissenschaftliche und technische Analysen von diesem Vorkommen bekannt sind, die ein bedeutend höheres Bleiverhältnis geben[1]. Ferner sei bemerkt, daß Thorium praktisch abwesend ist. An Atomgewichtsbestimmungen von Blei aus St. Joachimstaler Pechblende seien angeführt:

Hönigschmid u. Horovitz (169)	206.736
,, ,, ,, (106)	206.405.
Richards u. Lembert (109) . .	206.57
M. Curie (167)	206.64

[1] Vgl. C. Dölters Hdb. d. Min.-Chem. Bd. 4, S. 910ff. Dresden: Verlag Steinkopff.

Angesichts der starken Vergesellschaftung des Vorkommens mit Bleiglanz, also wohl mit gewöhnlichem Blei können die Schwankungen des Pb-Atomgewichts und des Pb/U-Verhältnisses nicht wundernehmen.

Ein Weg zu einem Ergebnis, dem immerhin einiges Gewicht beigemessen werden könnte, wäre der, aus dem Mittel aller Atomgewichtsbestimmungen 206.6 zu schließen, daß durchschnittlich die Hälfte des Bleies in der Pechblende als Ra G zu betrachten sei und demgemäß der Pechblende ein Alter entsprechend der Hälfte des analytisch festgestellten Pb/U-Verhältnisses zukäme. Das Mittel aus allen, auch den hier nicht angeführten, höheren Bleiverhältnissen ist ca. 0.06, so daß für die Altersberechnung 0.03 zugrunde zu legen wäre. Glücklicherweise sind wir aber, die Pechblendeprobe, aus der HÖNIGSCHMID das Blei für seine zweite Atomgewichtsbestimmung extrahierte, betreffend, in der Lage, wenigstens ihren Bleigehalt annähernd zu kennen. HÖNIGSCHMID erhielt bei der präparativen Abscheidung 2.6% PbO; da diese Abtrennung vielleicht nicht ganz quantitativ verlief, kann der Bleiwert möglicherweise etwas zu erhöhen sein; er mag etwa 2.8% betragen. Da wir für die Wahl des Urangehaltes kaum einen sehr großen Spielraum haben — 65% U dürfte jede so sorgfältig wie die HÖNIGSCHMIDsche aufbereitete Probe geben —, die RAMMELSBERGanalyse ist nach Abzug akzessorischer Bestandteile auf Summe 100% umgerechnet, so daß der Uranwert zu hoch erscheint — so werden wir nicht viel fehlgehen, wenn wir das Pb/U-Verhältnis in HÖNIGSCHMIDS Probe gleich $2.6/65 = 0.04$ setzen. Da sich der Uranbleigehalt des Bleies aus dem Atomgewicht 206.40 zu etwa 70% ergibt, so wäre das Bleiverhältnis, das für das geologische Alter repräsentativ ist, gleich 0.028. Wenn wir diesen Wert als den derzeit besten für die St. Joachimstaler Pechblende annehmen, aber auch die beiden Werte 0.020 und 0.021 unter den Scheiderzanalysen als reell, d. h. nicht durch Verwitterung unter Bleiverlust zu erklären, ansehen, so ergibt sich wieder die interessante Folgerung (aber einstweilen noch nicht zwingend!), daß es im St. Joachimstaler Revier Pechblenden verschiedenen Alters gibt, bzw. daß die Erzbildung dortselbst recht lange gedauert hat.

Sehen wir nun zu, welchen geologischen Perioden die Bildung der Pechblende und die gefundenen Bleiverhältnisse zuzuordnen sind (166). Das Uran bringende Magma ist in dem in der Nachbarschaft zutage tretenden Eibenstock-Neudecker Granitmassiv zu suchen, dessen Intrusion als spät- oder nachkarbonisch angesehen wird. Die Erzvorkommen liegen in den östlich davon die Gegend beherrschenden, krystallinen St. Joachimstaler Schiefern. Das granitische Magma hat der Reihe nach Biotitgranit, Zweiglimmergranit und schließlich Lithionit-Albit-Granit ausgeschieden. Im Gebiete der Gruben zeigen sich Porphyrgänge, Minettegänge, Aplit- und Pegmatit- sowie greisenartige Gänge. Von diesen Gesteinen gilt es nur von den Minettegängen als nicht ganz gewiß, daß sie den Differentiationsvorgängen der granitischen Teilmagmen entstammen. In der genannten Reihenfolge auftretend, zeigen sie, je jünger sie werden, eine umso größere Abhängigkeit von den beiden aufeinander senkrechten Spaltsystemen der sogenannten Mitternachts- und Morgengänge, von denen erstere als die jüngeren angesprochen werden. Diese sind es hauptsächlich, die später von den aufsteigenden Erzlösungen erfüllt wurden, während die W—O streichenden Morgengänge meist taub sind. Die mit der Entstehung dieser Spalten zu verknüpfenden tektonischen Vorgänge waren im älteren Tertiär sicher, wahrscheinlich mit Beginn der Kreide abgeschlossen, denn die letzten Eruptivgesteine, Basalte und Phonolithe folgen denselben im allgemeinen nicht mehr. Die Spaltenbildung ging langsam vor sich und erreichte ihren Höhepunkt erst kurz vor der Ablagerung der Erze, d. h. bald nach der Eruption des jüngsten uns hier bekannten granitischen Spaltungsproduktes. Können wir so einerseits einen späteren Zeitpunkt der Erzbildung als Anfang der Kreide ausschließen, so kann sie andererseits mit Beginn des Mesozoikums eingesetzt haben. Trias- und Jurazeit kommen also in Frage für die Zuordnung der Bleiverhältnisse 0.02 bis 0.028. Wir müssen auch hier wieder damit rechnen, daß die erzbildende Tätigkeit der Restmagmenherde während mehr als eines Basaltzyklus wiederbelebt wurde, also die Erzbildung nicht in einem Zuge, sondern in mehreren Akten durch geologische Perioden erfolgte.

f) Die Colorado-Pechblende. Die Entstehung der Erzvorkommen, denen sie angehört, wird an die Grenze von Mesozoikum und Tertiär verlegt. Das Pb/U-Verhältnis (diese Pechblende ist thoriumfrei) nach der Analyse von HILLEBRAND (126), 0.009 wäre damit in bestem Einklang. Neuerdings wurde dieses Vorkommen von O. FREE (170) einer Untersuchung unterzogen, der in seiner Probe Blei nur in Spuren nachweisen konnte und für das Pb/U-Verhältnis ungefähr 0.0002 erhielt. D. h. diese Pechblende wäre praktisch rezent. Ist der Gehalt von HILLEBRANDs Probe gewöhnliches Blei gewesen oder hat auch hier die Erzbildung, evtl. schubweise, durch geologische Perioden angedauert?

g) Der Ulrichit von Süd-Dakota. Unter den Analysen, die in der Tabelle 24 S. 148 zusammengestellt sind, gibt Nr. 19 das höchste Bleiverhältnis, das je, durch Atomgewichtsbestimmung kontrolliert, festgestellt wurde, nämlich 0.226. Das Atomgewicht des Bleies beträgt 206.07 (114). Selbst wenn man relativ leichte Verwitterbarkeit von UO_2-Krystallen annehmen würde, so sprechen Oxydationsgrad, Wassergehalt und Dichte zusammengenommen bei diesem Stück durchaus dagegen, daß es je äußeren, verändernden Wirkungen ausgesetzt war. Sein wirkliches Alter kann daher als das seinem Bleiverhältnis theoretisch entsprechende angesehen werden (1400 M. J.) und ist wegen des geringfügigen Thoriumgehaltes auch weitgehend unabhängig von Annahmen betreffs der Zerfallsgeschwindigkeit von Thorium. Die algonkischen Schichten, in die die Pegmatitmasse westlich von Keystone in Süddakota, die dieses Uranerz beherbergte, eingedrungen ist, sollten also nach den landläufigen Anschauungen ein noch höheres Alter haben (F. L. Hess) (114).

h) Australische Mineralien. Die Analysen in der Tabelle 31 sind einer Zusammenstellung von L. A. Cotton (171) entnommen bis auf die von T. H. Laby (172) mitgeteilte Pechblendeanalyse Nr. 8.

Tabelle 31.

Nr.	Bezeichnung	Fundort	% U	% Th	% Pb	$\frac{Pb}{(U+k \cdot Th)}$
1	Fergusonit	Cooglegong W. A.	1.98	0.47	0.17	0.080
2	Mackintoshit	Wodgina W. A.	31.4	21.72	7.33	0.199
3	Thorogummit	„ „	31.07	21.50	7.22	0.198
4	Konzentrat	Olary S. A. . . .	1.36	—	0.148	0.109
5	Carnotit	„ „	40.53	—	1.21	0.030
6	Lodestuff	„ „	1.91	—	0.37	0.195
7	Monazit	Normanville S. A.	—	9.40	0.51	0.217
8	Pechblende	Neu-Süd-Wales	65.2	—	5.6	0.085

Ein hier nicht angeführter, ebenfalls von Cotton mitgeteilter Pilbarit mit dem Bleiverhältnis ca. 0.5 ist sicher als Verwitterungsprodukt aufzufassen, ebenso wie die sicher sekundären Mineralien in Katanga mit ähnlich hohem Bleigehalt.

Der Fergusonit und die Pechblende sind als etwa gleichaltrig mit den jüngsten Morogoroerzen und den ältesten Katangaerzen und Ceyloner Thorianiten zu betrachten, also ans Ende des Präkambriums zu verlegen.

Der Mackintoshit und der Thorogummit, sein Oxydationsprodukt geben so auffallend miteinander übereinstimmendes Bleiverhältnis, daß man wohl zugeben muß, daß hier die Oxydation des gesamten Urans, also eine durchgreifende Verwitterungserscheinung, stattgefunden haben muß, ohne daß merkbare Mengen Uran, Thorium oder Blei verloren gingen. Das Alter dieser westaustralischen Mineralien ist merklich dasselbe, wie das des südaustralischen Lodestuff, einer innigen Mischung von Ilmenit, Rutil und Magnetit mit kleinen, anderweitigen Beimengungen. Auch der Monazit gehört ungefähr in die Nähe.

Das Konzentrat (Nr. 4) hat wieder ein anderes Bleiverhältnis. Und doch stammen alle diese Mineralien aus Graniten und Pegmatiten, die heute von den Geologen als gleichaltrig angesehen werden. Ob dieses Urteil feststeht, können wir nicht beurteilen, aber wir wollen es annehmen. Dann müssen entweder die Intrusionen frühestens am Ende des Präkambriums erfolgt sein und die älteren Krystalle, Mackintoshit, Ilmenit, Rutil usw. sind, ohne zerstört zu werden, in die Aufschmelzung mit eingegangen oder die Mineralien des Konzentrats, der Fergusonit usw. sind durch nachträgliche Änderung des Mineralbestandes, durch spätere

Umkrystallisation des Tiefengesteins gebildet worden. Wenn auch die Entscheidung dieser Fragen einstweilen offen bleiben muß, scheint uns doch angesichts der Erfahrungen an den norwegischen Bröggeriten die erste Annahme eher zutreffend als die zweite. Diese Beispiele unterstreichen zwar einerseits die *Sicherheit der Altersbestimmung von Mineralien* (Mackintoshit, Thorogummit!) andererseits aber auch die *Unsicherheit in der Datierung geologischer Ereignisse* auf Grund des Alters von Mineralien. Nur sehr eingehende Untersuchungen werden hier Klarheit schaffen.

Schließlich haben wir noch einen Carnotit, der auf Grund seines Bleiverhältnisses 0.03 sicher als sekundär zu betrachten ist. Ist RICHARDS Atomgewichtsbestimmung an Blei aus derselben Probe von australischem Carnotit gemacht[1], so wäre er noch jünger und sein richtiges Bleiverhältnis betrüge 0.022. Er wäre also auf jeden Fall in die gleiche Zeit wie die St. Joachimstaler Pechblende zu verlegen. Aber dieser Kombination haftet natürlich größte Unsicherheit an, sobald es sich nicht um dieselbe Probe handelt. Für gänzlich unstatthaft halten wir es auf jeden Fall, etwa die zitierte Atomgewichtsbestimmung auf ganz andere, primäre, Mineralien zu beziehen und deren Bleiverhältnisse danach zu korrigieren.

i) Noch einige mittelpräkambrische Vorkommen. Die Vorkommen, die wir im Auge haben, die von Texas, Kanada und dem westlichen Norwegen, sind ungefähr um eine große Epoche, eine Revolutionsperiode älter als die Bröggerite von Moss; sie sind zu spärlich untersucht, als daß man über sie schon Näheres aussagen könnte. Von den Analysen, die beiden letzten Fundorte betreffend, war schon in anderem Zusammenhang (S. 147) die Rede, soweit sie in Tabelle 24 aufgenommen sind. Es folgen hier noch einige dort nicht aufgenommene Analysen aller drei Vorkommen.

	% U	% Th	% Pb	Pb/(U + k·Th)
Cleveit, Norwegen (113)	66.74	0.82	10.60	0.144*
Nivenit, Texas (126	56.34	5.88	9.35	0.162
„ „ (173)	57.69	6.65	9.43	0.159
Uraninit, Kanada (124)	66.02	1.08	9.82	0.148
„ „	64.24	0.71	9.62	0.149
„ „	66.12	2.94	9.71	0.146
„ „ (174)	63.80	4.32	10.78	0.179

* Schon korrigiert für gewöhnliches Blei nach der Atomgewichtsbestimmung 206.17.

Außer diesen Uraninitanalysen gibt es noch eine Reihe Analysen von anderen Mineralien, deren Bleiverhältnisse aber nur zum Teil in den Bereich von 0.144 bis 0.184 fallen. Zum großen Teil handelt es sich bei

[1] 206.34.

denselben um metamikte Mineralien, wie die, welche T. L. Walker (144) aus den kanadischen Pegmatitgängen zusammengestellt hat und deren Bleiverhältnisse zwischen einem Zehntel und der Hälfte derjenigen der Uraninite liegen. Auch das Konzentrat von Maberley-Euxenit, das Ellsworth (145) analysierte, gehört wohl dazu.

Es dürfte sich bei diesen mittelpräkambrischen Mineralien um Gruppen handeln, deren Entstehung einen ebenso großen Zeitraum umfaßt wie die der Bröggerite von Moss, und bei denen ebenfalls wie bei diesen die Datierung der Pegmatite, in denen sie gefunden werden, der Bildungszeit der Mineralien nicht einfach gleichgesetzt werden darf. Nach der fennoskandischen Einteilung des Präkambriums wären die Intrusionen wahrscheinlich postbottnisch und wäre dieser Diskordanz also ungefähr das Bleiverhältnis 0.144 zuzuordnen.

Das Hauptergebnis unserer kritischen Betrachtung der Altersbestimmungen nach der Bleimethode besteht einerseits darin, daß metamikten Mineralien zu mißtrauen ist, nichtmetamikte Mineralien dagegen im allgemeinen ihren Bestand an Uran, Thorium und Blei sehr gut bewahren und *Altersbestimmungen der Krystalle mit ziemlicher Sicherheit* ermöglichen. Andererseits ist eine *Datierung von Formationen und Bewegungen* nach dem Alter der Mineralien eine Sache, die in jedem einzelnen Falle *nur* nach einer gründlichen Untersuchung des Vorkommens auf der *breiten Basis* ganzer Serien von Analysen möglich sein dürfte. Aus diesem Grunde sehen wir auch davon ab, eine Tabelle der geologischen Formationen mit den zugeordneten Bleiverhältnissen zu geben, denn dieselbe könnte heute doch nur einen recht provisorischen Charakter haben.

Ältere und neuere Zusammenstellungen der Ergebnisse von radioaktiven Altersbestimmungen finden sich u. a. bei Lawson (175), in den wiederholt zitierten Arbeiten Holmes', sowie bei Holmes und Lawson (95), ferner bei O. Hahn (176), A. Hamberg (177) usw.

7. Spezielle Fälle von Altersbestimmungen und dergl.

Zur Ergänzung werde hier noch auf einige besondere Fälle hingewiesen, in denen versucht wurde, aus der Zusammensetzung von Mineralien auf deren Alter zu schließen. Muguet und Seroin (178) haben den Radiumgehalt von spanischen Autunitproben untersucht und bedeutend weniger als die zum Urangehalt gehörige Gleichgewichtsmenge gefunden und daraus auf ein Alter dieser Autunite geschlossen, das nach Jahrtausenden zu zählen wäre, weil sonst längst sich das radioaktive Gleichgewicht eingestellt haben müßte. Da indes kaum angenommen werden kann, daß das Zwischenprodukt zwischen Uran und Radium, das Ionium, bei der Bildung des Carnotits quantitativ in der Gleichgewichtsmenge eingegangen ist, so ist ein eindeutiger Schluß auf das Alter aus dem Radiumgehalt überhaupt nicht möglich; wahrscheinlich ist aber das Radium im Gleichgewicht zum Ionium vorhanden, und das Ionium befindet sich eben noch nicht im Gleichgewicht zum Uran; bei dieser Auffassung wäre das Alter der fraglichen Proben auf Jahrhunderttausende zu schätzen entsprechend der Größe der Halbwertszeit des Ioniums.

Es kann auch vorkommen, daß ein Gestein bedeutende Mengen Radium enthält, ohne Uran zu enthalten, wie der Reissacherit, ein Quellsinter von Gastein. Eine solche Bildung muß natürlich ganz rezent sein; ihr Alter kann nur nach Jahrtausenden zählen (wenn Ionium abwesend ist), weil sonst das Radium längst ausgestorben wäre.

G. KIRSCH (115) glaubte einst aus dem Thoriumgehalt verschiedener Pechblenden auf eine Abhängigkeit desselben vom Alter und daraus weiter auf eine Bildung von Thorium aus einem Uranisotop vom Atomgewicht 236 durch α-Zerfall schließen zu dürfen. Dieses Uranisotop, Thoriumuran genannt, wäre heute in jedem Uran gleichviel aber nur noch in sehr geringem Ausmaße vertreten, sollte aber entsprechend einer Halbierungszeit von 62 M. J. früher einen größeren Anteil vom Uran ausgemacht haben, also vor 600 M. J. etwa das Tausendfache von heute und vor 800 M. J. das Zehntausendfache usw. Das zur Zeit der Entstehung in ein Mineral mit den übrigen Uranisotopen eingegangene Thoriumuran wäre heute praktisch vollkommen zu Thorium zerfallen und müßte als solches daher in entsprechender Mindestmenge für jedes Alter vorhanden sein. Der Umstand, daß die damals bekannten Vorkommen entsprechende Thorgehalte besaßen, das St. Joachimstaler ca. $5 \cdot 10^{-5}$, das Morogoroerz ca. $1—5 \cdot 10^{-3}$, die Bröggerite ca. $5 \cdot 10^{-2}$, und keine sicher alten und thorfreien Erze bekannt waren, schien sehr für diese Hypothese zu sprechen. Dazu kam noch eine, anfangs bei den wenigen damals vorliegenden Analysen in ihrer Genauigkeit überschätzte Abhängigkeit des Thoriumgehaltes vom Alter innerhalb der Bröggerite von Moss.

Dieser Hypothese ist schon durch die zahlreichen Bröggeritanalysen von RISS (116) zum Teil der Boden entzogen worden. Vollkommen unhaltbar wurde sie aber durch die Entdeckung von Uraniniten, die einerseits sicher älter wie die Bröggerite, dabei aber thorärmer waren, vor allem durch den Fund von KEYSTONE in Süddakota. Andererseits ist aber doch kaum daran zu zweifeln, daß innerhalb gewisser Grenzen eine Abhängigkeit zwischen Thorgehalt und Alter wenigstens annähernd erfüllt ist. Sie dürfte darin ihren Grund haben, daß die Bedingungen für den Eintritt von Thorium in einen Ulrichit oder eine Pechblende mit fortschreitender Differentiation immer ungünstiger werden, sei es, daß das Restmagma tatsächlich thoriumärmer wird, sei es, daß dies an den geänderten physikalischen Bedingungen liegt, denn die Differentiation führt ja wohl zu immer größerer Anreicherung von Kieselsäure, Alkali *und Wasser* zusammen mit dem Uran. Bei jeder folgenden Aufschmelzung findet der letzte Akt, die Erstarrung des obersten Restmagmas, dementsprechend bei immer tieferer Temperatur statt und vielleicht ist der Übergang von der Injektion von Magma in Gänge zum Aufsteigen von Lösungen in Spalten, der Übergang vom magmatischen zum hydrothermalen Prozeß ein ganz stetiger. Die praktische Thorfreiheit der hydrothermal gebildeten Pechblenden paßt gut dazu. Da anscheinend auch Größe der Krystallindividuen und Thorgehalt parallel gehen — man denke an die Thorianite, zumeist nur millimetergroße Krystalle, man könnte sagen, eines extrem thoriumreichen Ulrichits und an die 30 kg erreichenden Morogoroerzkrystalle, die thoriumärmsten unter den krystallisierten Vorkommen —, so würden uns eine ganze Reihe von Merkmalen zur Verfügung stehen, die uns auch für einen ganz vereinzelten Fall sagen können, ob das betreffende Stück eher an den Anfang oder eher an das Ende einer solchen Reihe von periodischen Aufschmelzungen gehört, wie sie durch die Bröggerite von Moss nahegelegt werden. Diese Merkmale wären: Wassergehalt, Sauerstoff-(UO_3-)Gehalt, Thoriumgehalt und Krystallgröße. Vielleicht können ihnen später noch welche hinzugefügt werden. Es mag betont werden, daß diese Größen mehr geeignet sind, relative denn absolute Angaben zu machen, da sie ja natürlich nicht ausschließlich von der Stellung innerhalb eines Vorkommens sondern auch von Umständen abhängen werden, die für das ganze Vorkommen charakteristisch sind, vielleicht aber auch lokal innerhalb weiterer Grenzen schwanken können. Es dürfte aber doch kein Zufall sein, daß die jüngsten Morogoroerzkrystalle mit den ältesten Thorianitkrystallen recht genau zusammenfallen und daß dieses Datum mit großer Wahrscheinlichkeit das der vorkaledonischen Revolution ist. Diese Andeutungen wollen eher als Fragestellungen denn als Lösungen betrachtet werden; ist doch die Basis für bündige Schlüsse heute nicht breit genug.

Schließlich sei noch das im Anschluß an die radioaktiven Forschungen in den letzten Jahren erschlossene Gebiet der *Atomzertrümmerung* gestreift. Gelegentlich kommt es vor, daß ein α-Teilchen den Kern eines Atoms derart zentral trifft, daß eine den Kern verändernde Reaktion eintritt. Die einzige Folge einer solchen Reaktion, die bisher beobachtet werden konnte, war das Auftreten von Wasserstoffatomkernen, die vom Kollisionspunkt mit großer Geschwindigkeit den α-Teilchen vergleichbar weggeschleudert wurden. Der einzige Fall, bei dem der Kollisionspunkt selbst beobachtet wurde (mittels der Nebelstrahlenmethode), ist die Zertrümmerung des Stickstoffs; und da zeigte sich, daß nach dem zur „Zertrümmerung" führenden Treffer das α-Teilchen im getroffenen Atomkern stecken blieb. Aus dem Stickstoffkern würde durch Aufnahme des α-Teilchens mit seiner zwei Elementarquanten betragenden positiven Ladung ein Fluorkern, dessen Ladung um zwei Einheiten größer ist, als die eines Stickstoffkerns; die

Ausschleuderung eines Wasserstoffkerns, eines sogenannten H-Teilchens, bewirkt aber die Verminderung der Kernladung um eine Einheit, so daß das Resultat der „Atomzertrümmerung" bei Stickstoff die Entstehung von Sauerstoff sein muß (und zwar Sauerstoff mit dem Atomgewicht $14 + 4 - 1 = 17$), vorausgesetzt, daß dieses Produkt stabil ist und nicht etwa unter Abgabe von α-, β- oder sonstigen Teilchen zerfällt. Ob der Vorgang bei anderen Elementen ebenso verläuft oder vielleicht doch nur in der einfachen Abspaltung eines H-Teilchens vom getroffenen Atomkern besteht, wissen wir nicht. Aber jedenfalls sind außer dem Wasserstoff die wahrscheinlichsten Produkte der Atomzertrümmerung das dem α-bombardierten Element im periodischen System vorangehende und das ihm folgende Element. Obwohl die Atomzertrümmerung ein relativ seltener Vorgang ist — einige α-Teilchen unter Zehntausenden erleben ihn —, so erhebt sich doch die Frage, ob nicht die Zertrümmerungsprodukte in älteren radioaktiven Mineralien eine Rolle spielen könnten und in welchem Ausmaße, sowie welche Atomarten, welche chemischen Elemente als Produkte zu erwarten wären. Da die Zahl der α-Teilchen resp. der von α-Teilchen insgesamt in einem bestimmten Volumen radioaktiven Materials im ganzen zurückgelegte Weg, z. B. für Pechblende der Zahl an zerfallenen Uranatomen, also der Zahl der gebildeten Bleiatome proportional ist, so sind also die verschiedenen möglichen Atomzertrümmerungsprodukte, von der Konzentration der Atomart, deren Zertrümmerung in Frage kommt, abgesehen, der gebildeten Uranbleimenge proportional. Die Hauptbestandteile jeder Pechblende sind zunächst Uran und Sauerstoff und eventuell noch Blei; diese drei kommen jedenfalls in einer sehr alten Pechblende, wo wir Atomzertrümmerungsprodukte am ehesten nachweisen können, immer in Frage. Das Bremsvermögen für α-Teilchen eines Uranatoms zu dem eines Sauerstoffatoms verhält sich wie $\sqrt{92} : \sqrt{8}$ oder ungefähr $3.3:1$; da wir mindestens doppelt soviel, eventuell dreimal soviel Sauerstoffatome wie Uranatome in der Pechblende haben, so ist gegen die Hälfte des Gesamtweges der α-Teilchen als in Sauerstoff zurückgelegt zu betrachten und reichlich die Hälfte in Uran. Bei der Bildung eines Bleiatoms aus einem Uranatom werden 8 α-Teilchen mit im ganzen ca. 32 cm Luftäquivalent Weglänge ausgeschleudert. Die letzten ein oder zwei cm jedes α-Teilchens sind wahrscheinlich als unwirksam für die Atomzertrümmerungsvorgänge zu betrachten, so daß wir etwa mit 20 wirksamen Luftäquivalent-Wegzentimetern für jedes Bleiatom zu rechnen haben, von denen ca. 10 auf Sauerstoff und ebensoviel auf Uran entfallen würden. Die Ausbeuten bei der Atomzertrümmerung, die in Wien erhalten wurden, ergeben hieraus für je 5000 Bleiatome ein zertrümmertes Sauerstoffatom. Bei 10% Pb-Gehalt einer Pechblende wären das $1.6 \cdot 10^{-4}$ Gewichtsprozent Sauerstoff, die entweder in Fluor oder Stickstoff verwandelt wurden. Da bei dieser Abschätzung nur mit den bisher als raschfliegende Einzelteilchen nachweisbaren Atomtrümmern gerechnet wurde, so stellt der angegebene Wert eine untere Grenze dar. Vielleicht ist der von HILLEBRAND in Pechblenden nachgewiesene Stickstoff zum Teil auf diese Weise zu erklären. HILLEBRAND hielt seinen Befund, daß Stickstoff in dem bei der Auflösung erhaltenen Gas enthalten sei, auch nach der Entdeckung der Radioaktivität und des Heliums in radioaktiven Mineralien wenigstens für das Glastonburyerz, das schönste und glänzendste Material, das er je in Händen hatte, ausdrücklich aufrecht[1]. Für schwere Elemente ist die Ausbeute an Atomtrümmern wesentlich größer und wir haben auf 100, vielleicht sogar auf 50 Bleiatome schon mit einem „zertrümmerten" Uranatom[2] zu rechnen, also mit der Bildung etwa des Elementes Nr. 91 oder 93 in der Größenordnung der Promille vom Mineral bei 10% Bleigehalt; das wären Prozente vom Blei. Sehr wahrscheinlich wäre das gebildete Element nicht stabil und der Stammvater einer radioaktiven Zerfallsreihe, die in der Nähe vom Blei endet. Sollte das am Ende die Actiniumreihe sein? Dann müßte das Actinium, Protactinium usw. von der Konzentration des Urans im Mineral abhängig sein und in Mineralien mit 1% Urangehalt praktisch fehlen. Wenn dies also nicht die Herkunft der Actiniumreihe ist, wo sind die zertrümmerten Uranatome? Um eine Größenordnung weniger als von den Uranzertrümmerungsprodukten, also in den Hundertstel Prozenten wären in einer sehr alten Pechblende die Bleizertrümmerungsprodukte (Wismut? Thallium?) zu erwarten. Es ist nicht ganz ausgeschlossen, daß auch die Untersuchung von Mineralien auf Atomzertrümmerungsprodukte noch einmal größere Bedeutung gewinnen wird.

Zusammenfassung.

Der Gehalt sowohl der kontinentalen Gesteine als auch der basaltischen oder eklogitischen Unterlage an radioaktiven Substanzen, Uran, Thorium und Kalium ist ein derartiger, daß der durch die Erdoberfläche in den Weltraum fließende Wärmestrom nicht genügt, die von diesen Substanzen dauernd freigemachte, als Wärme in Erscheinung tretende Energie abzuführen. Als wichtige Angaben zur Beurteilung des Gesamtgehaltes der Erde an radioaktiven Stoffen dienten dabei hauptsächlich die aus Isostasieüberlegungen und auch seismischen Daten abgeleiteten, mindesten Mächtigkeiten der in Betracht kommenden Massengesteinsgruppen sowie evtl. noch geochemische Überlegungen (Meteoriten).

[1] Vgl. auch Anhang I, S. 194 und (191).

[2] Die Zertrümmerung des Uranatoms ist selbst noch nicht nachgewiesen. Da sich aber alle, auch die schwereren, bisher eingehend genug untersuchten Elemente als zertrümmerbar unter Abgabe von H-Teilchen erwiesen, so erscheint die Diskussion dieser Fragen betreffs des Urans durchaus gerechtfertigt.

Als nächste Folgerung ergibt sich in Verbindung mit unseren Kenntnissen über die Schmelzintervalle der in Frage kommenden Gesteine, daß in gewisser Tiefe des heute dort sicher festen Erdkörpers Schmelzung eintreten muß. Würde dieser Prozeß zu einem Temperaturgleichgewicht führen, so könnte die Erde heute nicht in den fraglichen Tiefen fest sein. Die Wiederverfestigung der geschmolzenen Schichten kommt dadurch zustande, daß sich eine solche geschmolzene Zone nicht im Gleichgewicht mit der Umgebung befinden kann, weil sich an ihrer oberen Seite ein Temperatursprung zwischen Flüssigkeit und fester Substanz befindet, der das Aufwärtsrücken der Magmazone zur Folge hat. Derselbe bewirkt sogar dann noch ein Aufwärtsdringen der Zone flüssigen Zustandes, wenn das Magma im Aussterben begriffen ist, d. h. durch rasche Wärmeabgabe durch die dünn gewordene Decke an Mächtigkeit verliert. Man könnte direkt sagen, die als latente Schmelzwärme in der flüssigen Zone vorhandene Energie besitzt einen gewissen Auftrieb und bahnt sich den Weg nach oben selbst.

Die nach der Isostasielehre in den äußeren Teilen der Lithosphäre herrschende Verteilung der Gesteine, Kontinentaltafeln und kleinere Partien leichterer, aber schwerer schmelzbarer Gesteine in schwererem, aber leichter schmelzbarem Medium gleichsam schwimmend, bewirkt, daß der flüssige Zustand unter den Ozeanflächen höhere Niveaus erreicht als unter den Kontinenten. Dadurch kommen periodische Änderungen der Höhenlage der Festlandflächen der Erde gegen den Meeresspiegel zustande. Hand in Hand mit denselben müssen auch periodische Vergrößerungen und Verkleinerungen der gesamten Erdoberfläche gehen, da die Änderungen des Aggregatzustandes im Erdinnern ja mit Volumsänderungen verbunden sind. Nur auf diese Weise können für größere oder kleinere Perioden der Erdgeschichte Beträge an Zusammenschub erklärt werden, wie sie heute zur Erklärung der Gebirgsbildung gefordert werden. Der periodische Verlauf von Transgressionen und Gebirgsbildung, der so qualitativ und quantitativ das erstemal eine angemessene Erklärung findet, bildet daher eine weitere Stütze für die Theorie der magmatischen Zykeln.

Die Abschätzung der Zeit, die zum Ablauf eines Zykels nötig ist, berechnet sich unter Zugrundelegung der Zusammensetzung der Deckenbasalte für das subkontinentale Magma auf 30 bis höchstens 50 M. J. Für den Abstand der großen Erdrevolutionen voneinander, etwa der alpinen von der variszischen und dieser von der kaledonischen ergibt aber die Bleimethode einen Zeitraum, der dem Bleiverhältnis ca. 0.03 entspricht, also ungefähr 200 M. J. beträgt. Die basaltischen Zykeln können also nicht mit den großen Erdrevolutionen verknüpft werden. Da überdies die seismischen Daten für eine relativ geringere Mächtigkeit der basaltischen Schicht sprechen, als man sie früher annahm und auch das darunter folgende Material mit größter Wahrscheinlichkeit noch einen gewissen Gehalt an Radioaktivität besitzt, so ist es naheliegend, die dieser nächsttieferen, mächtigen Schicht zukommenden, um eine Größenordnung langsameren, periodischen Zustandsänderungen mit den großen Erdrevolutionen in Verbindung zu bringen. Die kleineren, tektonischen Bewegungen, welche die Zwischenzeiten ausfüllen, würden dann ihre Wurzel in den Zustandsänderungen der basaltischen Schicht haben.

Das Vorhandensein bestimmter Krystallgenerationen in gleichmäßigen zeitlichen Abständen voneinander bei den norwegischen Bröggeriten, meist auch auf Perioden in der Wiederbelebung von Intrusionskörpern hin, die man wohl mit den Perioden der subkontinentalen Aufschmelzungen in Verbindung bringen darf. Und das um so mehr, als die beiden Periodenlängen so gut als nur möglich übereinstimmen. Die Länge eines Basaltzykels schätzt HOLMES auf ca. 30 M. J. Die mittlere Differenz der Bleiverhältnisse zweier aufeinander folgender Bröggeritgenerationen beträgt 0.006. Diese Größe ist mit Rücksicht auf den ursprünglichen Urangehalt um ca. 13% zu verkleinern auf 0.0052, was etwa 37 M. J. entspricht. Dies dürfte heute die genaueste und sicherste Angabe darstellen, die wir über die Dauer eines Basaltzykels machen können.

Für die Dauer eines großen Zykels (Peridotitzykels) dürften wir eine gute Angabe in den St. Joachimstaler Pechblenden haben, deren Bildung im Anschluß an die variszischen Bewegungen wahrscheinlich zu einer Zeit erfolgte, die zur variszischen Revolution in ähnlichem Verhältnis stand, wie die Gegenwart zur alpinen Revolution. Ihr maximales Alter, dem Bleiverhältnis 0.028 entsprechend, dürfte auch die obere Grenze für die Dauer eines großen Zykels darstellen. Zu fast demselben Ergebnis kommen wir, wenn wir die Zeit seit Ende des Präkambriums, das ja auch mit einer großen Revolutionsperiode abschloß, durch drei dividieren, da zwischen dieser und der alpinen Revolution noch die kaledonische und variszische liegen; wir erhalten so als obere Grenze, die nicht weit vom wahren Wert liegen kann, das Bleiverhältnis 0.027. Machen wir endlich die Annahme, daß die erste ausgiebige Bildung von Bröggerit (mit dem Bleiverhältnis 0.136) im Frederikshaldgranit im Anschluß an das Aufdringen des peridotitischen Tiefenmagmas zur Zeit einer Revolution stattfand, so müssen wir, um in der richtigen Größenordnung zu bleiben, seit diesem Zeitpunkt den Ablauf von fünf Zwischenrevolutionsperioden annehmen und erhalten unter Berücksichtigung des Umstandes, daß wir uns schon um reichlich einen Basaltzyklus nach dem ersten Höhepunkt der alpinen Revolution befinden, den Wert 0.026, der fünf Basaltzykeln umfassen und 185 M. J. entsprechen würde. Seit Entstehung des Süddakotaerzes mit dem Bleiverhältnis 0.226 müßten vor der „Bröggeritrevolution" dann wenigstens noch drei große Revolutionen stattgefunden haben, so daß das Präkambrium fünf und die ganze Dauer der Erdgeschichte *wenigstens* acht Zwischenrevolutionsperioden umfassen würde.

Es erhebt sich nun natürlich noch die Frage, ob die Länge sowohl der großen, wie auch der kleinen Perioden, sich nicht im Laufe der Erdgeschichte geändert haben könnte. In beschränktem Maße kann dies natürlich nicht ausgeschlossen werden und damit verlieren solche Extrapolationen wie die eben versuchten sehr an Sicherheit. Es könnte sehr wohl anläßlich jeder Revolution zu einer Zuführung von radioaktiven Stoffen zur basaltischen Schicht auf Kosten der peridotitischen kommen und der Umstand, daß Holmes auf je sechs bis sieben Basaltzykeln für jede Zwischenrevolutionsperiode der postkambrischen Zeit glaubt schließen zu können, während uns die mittelpräkambrischen Bröggerite auf die Zahl fünf führen, könnte in diesem Sinne gedeutet werden. Eine Verkürzung der Basaltzykeln braucht aber mit keiner merkbaren Verlängerung der Peridotitzykeln verknüpft zu sein, da ein Entzug radioaktiver Substanz in dem Ausmaß, daß die relativ dünne Basaltschicht um Prozente reicher wird, die wahrscheinlich ungleich mächtigere Peridotitschicht vielleicht nur um Promille verarmt. Auch ein teilweiser Ersatz aus noch tieferen Schichten kommt in Betracht.

Die Korrektur, die an den Bleiverhältnissen bei älteren Vorkommen angebracht werden muß, um dem Zerfall des Urans Rechnung zu tragen, also um die Abweichungen der Bleiverhältnisse von der strengen Proportionalität mit der Zeitskala auszugleichen, wäre natürlich im selben Umfange auch bei den Zykeldauern anzubringen, wenn die Uranreihe die einzige radioaktive Wärmequelle im Erdinnern wäre. Denn dann würde die Wirksamkeit derselben ja mit dem Abklingen des Urans geringer und die Dauer eines Zyklus länger werden. Da in den uns bekannten Gesteinen aber zwei Drittel der radioaktiven Wärmequellen praktisch konstant sind, so wäre diese Korrektur nur für das vom Uran herrührende Drittel der Wärmeerzeugung in Rechnung zu bringen. Thorium zerfällt ja viermal langsamer; die Änderung seiner Gesamtmenge kann also für die Dauer der geologischen Geschichte zunächst vernachlässigt werden. Für das Kalium gilt dasselbe, obwohl G. v. Hevesy (179) vor kurzem durch teilweise Trennung der Isotopen des Kaliums durch ideale Destillation nachgewiesen hat, daß nur das in geringer Menge vorhandene, schwerere Isotop mit dem Atomgewicht 41 aktiv sei. Für die Halbierungszeit der Kaliumaktivität ist natürlich die Zerfallsgeschwindigkeit dieses Isotops maßgebend, die größer ist als die früher angegebene für Kalium, weil nunmehr die Zahl der pro Sekunde zerfallenden Atome nur auf die Menge des Isotops 41 zu beziehen ist. Aber auch die Halbierungszeit von K_{41} ist noch größer als die von Thorium, nämlich $T = 7.5 \cdot 10^{10}$ Jahre.

Gelegentlich ist auch die Rolle erörtert worden, die möglicherweise heute praktisch ausgestorbene radioaktive Elemente für die Erdgeschichte und unsere Kenntnis von derselben gespielt haben könnten. Damit ein solches Element heute praktisch wirkungslos ist und, sagen wir zur Zeit des Oberpräkambriums, noch eine ins Gewicht fallende Wärmeproduktion ausgeübt haben könnte, müßte es eine derart kurze Halbwertszeit besitzen, daß es am Anfang des Mittelpräkambriums rund die hundertfache Wärmemenge entwickelt hätte wie in der nachkambrischen Zeit Uran, Thorium und Kalium zusammen. Ein Bestand von Kontinenten im heutigen Sinne, eine Erhaltung so mächtiger Sedimentserien, wie wir sie auf dem kanadischen Schild kennen, wäre unter solchen Umständen unmöglich gewesen. Aus demselben Grunde ist auch JOLYS Auffassung, die er bis heute vertritt, daß nämlich Uran früher ein rascher zerfallendes Isotop enthalten habe, das auch zu Blei zerfiel, nicht haltbar. JOLY stützt seine Ansicht, daß das Alter der Erde, d. h. die Dauer der geologischen Geschichte 300 bis 400 M. J. nicht überschreite, erstens, indem er die Basaltzykeln mit den großen Revolutionsperioden identifiziert; zweitens hält er die Schätzungen des Alters der Erde nach der Natriumwirtschaft (Salzgehalt des Ozeans) sowie der Gesamtmächtigkeit aller Sedimentformationen für ungefähr richtig; drittens deutet er das Auftreten gewisser Einzelheiten in pleochroitischen Höfen (s. Anhang II) dahin, daß das Uran früher schneller zerfallen sein müsse. Demnach wären die Bleiverhältnisse von älteren Uranmineralien nach seiner Ansicht irreführend und ergäben zu große Alterswerte, weil die Fähigkeit des Urans Blei zu produzieren früher eben unverhältnismäßig größer gewesen sei. Die Bleiverhältnisse von Thormineralien, besonders von Thoriten, die unter Umständen viermal kleiner seien, werden auch herangezogen. Außer allem schon früher über die Zeitschätzung nach den Erosions- und Sedimentationsmethoden sowie über Altersbestimmungen an verschiedenen Arten von Mineralien Gesagten ist dem nun entgegenzuhalten, daß ein ausgestorbenes Uranisotop, das in nachkambrischer Zeit noch eine namhafte Rolle spielte, nicht allzulange vorher das im Uran vorherrschende gewesen sein müßte und daß damit solche Vorkommen wie die Bröggerite oder gar das Süddakotaerz zeitlich außerordentlich nahe zusammenrücken würden. Ihr Blei müßte zur Hälfte und mehr von dem angenommenen Isotop herstammen. Dem widersprechen aber die Atomgewichte des Bleies aus solchen Vorkommen. Auch eine wesentliche Verschiebung im Anteil der Actiniumreihe an der Aktivität des Urans im Laufe der geologischen Geschichte kommt aus denselben Gründen nicht in Frage.

Die Möglichkeit, daß die Erde bei ihrer Entstehung eine gewisse Mitgift an radioaktiven Stammelementen mitbekommen habe, die schneller als Uran zerfallen, kann natürlich nicht prinzipiell ausgeschlossen werden; aber auf Grund analoger Überlegungen wie oben müßten sie ungefähr zur Zeit des Beginnes der geologischen Geschichte ihre Rolle ausgespielt haben und es ist nicht anzunehmen, daß die Zeit ihrer Herrschaft eine Zeitspanne von der Größenordnung der geologischen Geschichte gewährt haben kann.

Anhang I.
Helium.

Sobald das Auftreten von Helium als wesentliches Abbauprodukt beim radioaktiven Zerfall sichergestellt war, begannen die systematischen Untersuchungen von Mineralien auf Helium. Auch auf diesem Gebiete war R. J. STRUTT, der jetzige Lord RAYLEIGH, der Hauptpionier, dem wir das meiste verdanken.

Die Methode der Messung des Heliumgehaltes von Mineralien (2) besteht im Aufschluß im zugeschmolzenen Bombenrohr, darauffolgender quantitativer Überführung der freigemachten Gase in eine Bürette mit eingeschmolzenen Platindrähten, in der sie mit überschüssigem Sauerstoff anhaltend einem elektrischen Funken ausgesetzt werden, bis keine Volumsverminderung mehr eintritt; der überschüssige Sauerstoff wird hierauf mit etwas geschmolzenem Phosphor entfernt und der Rest als Helium angesehen. Nach STRUTT liefert dieses Vorgehen bei nicht gar zu kleinen Mengen Helium zuverlässige Ergebnisse. Selbst Bruchteile eines Kubikmillimeters lassen sich so bestimmen.

STRUTT hat auf diese Weise sowohl den *Heliumgehalt* einer sehr großen Reihe von Mineralien, als auch in gewissen Fällen die *Heliumproduktion* von Substanzen untersucht, indem er das in einer gewissen Zeit in einer Lösung entwickelte Helium bestimmte. Zunächst stellte er fest, daß Helium zwar, ebenso wie die radioaktiven Stoffe ein sehr verbreiteter Körper sei, aber in Mineralien und Gesteinen nie in größerem Ausmaße vorhanden sei, als dies mit der Anwesenheit der radioaktiven Stammelemente vereinbar ist. So fand er z. B. (180)

in Samarskit	1.5	cm^3 He/g	oder 14 cm^3 He/g	U_3O_8,
„ Hämatit	7.10^{-4}	„	„ 9	„
„ Galenit	2.10^{-6}	„	„ 17	„
„ Quarz	2.10^{-6}	„	„ 10	„

Da ein Kubikzentimeter Helium ca. 0.18 mg wiegt und beim Zerfall von Uran auf 0.18 mg Helium zugleich etwa 1.2 mg Blei entsteht, so würden z. B. 10 cm^3 Helium per Gramm U_3O_8 ungefähr in einer Zeit entwickelt werden, in der 1.4% des Urans zerfallen, d. h. bei Ausschluß von Heliumverlust müßte das fragliche Mineral ein Alter entsprechend einem Bleiverhältnis von 0.014 haben, was eine durchaus vernünftige Größenordnung darstellt.

Die einzige Ausnahme, wo trotz sehr geringen Urangehaltes unverhältnismäßig große Mengen Helium gefunden wurden, bildet das Mineral Beryll. So fand STRUTT in Beryll (180) von

Acworth, New Hampshire, trüb 4200 mm^3 He in 250 g oder 954 cm^3 (He/g U_3O_8,
„ „ „ klarer viel weniger,
Chester, Pennsylvania 550 mm^3 He in 81 g oder 620 cm^3 He/g U_3O_8,
Arendal, Norwegen 153 „ „ 63 „ „ 66 „
Massachusetts, U.S.A. 5.1 „ „ 16 „ „ 628 „

Argon war in diesen Beryllen keines enthalten. Der Gehalt anderer, Beryllium enthaltender Mineralien, wie Phenakit, Chrysoberyll, Melliphanit, Beryllonit an Helium erwies sich als normal, so daß also das Element Beryllium als Heliumquelle nicht in Betracht kommt. BOLTWOOD hat als Erklärungsmöglichkeit vorgeschlagen, Ionium, das nach Uran und Thorium langlebigste α-strahlende Element könnte bei der Bildung des Berylls in derartigen Mengen eingegangen sein, daß es für das Helium verantwortlich gemacht werden könnte; dank seiner Halbierungszeit von weniger als 100000 Jahren müßte es praktisch so vollkommen abgeklungen sein, daß eine Aktivität heute an den Beryllen nicht mehr feststellbar ist. Das ist aber angesichts der Abwesenheit des isotopen Thoriums kaum wahrscheinlich. Eher dürfte an Gallium zu denken sein, von dem im Anhang II noch die Rede sein wird (S. 201) und das auch mit Beryllium eine gewisse chemische Verwandtschaft besitzt.

Der Heliumgehalt von Kaliummineralien (181) dürfte dagegen mit dem Element Kalium wohl in einem ursächlichen Zusammenhang stehen, was folgende Zusammenstellung nahelegt:

		$\frac{mm^3\ He}{100\ g}$	$gU_3O_8/100g$	$\frac{cm^3\ He}{gU_3O_8}$
Steinsalz . . .	NaCl	0.0233	$7 \cdot 10^{-6}$	3.3
Sylvin	KCl	0.55	$2.15 \cdot 10^{-6}$	256
Carnallit . . .	$KMgCl_3 \cdot 6H_2O$	0.151	$3.23 \cdot 10^{-6}$	47
Kieserit . . .	$MgSO_4 \cdot H_2O$	0.0179	$6.47 \cdot 10^{-5}$	0.277

Die Frage, ob die Heliumproduktion in Kaliummineralien, die wohl nur mittelbar als spärliche, seltene und energiearme, α-Strahlung aus einem Zerfallsprodukt des Kaliums, vielleicht einem Calciumisotop, aufzufassen ist, je Bedeutung für geologische Zeitmessung erlangen wird, ist am besten im Zusammenhang mit der Kritik der sogenannten „Heliummethode" überhaupt zu beantworten. Auf die Diskussion der eingehenden Konstanten und der formelmäßigen Berechnung des Alters eines radioaktiven Minerals aus dem „Heliumverhältnis" verzichten wir hier, denn die Heliummethode ebenso wie die Methode der „pleochroitischen Höfe", die im Anhang II Erwähnung finden wird, kann heute nicht Anspruch darauf erheben als Meßmethode angesehen zu werden.

Dies hat seinen Grund darin, daß das Helium als Edelgas zum Eingehen chemischer Bindungen im gewöhnlichen Sinne unfähig ist. Daher enthalten auch die radioaktiven Mineralien nach den bisherigen Erfahrungen niemals das ganze Helium, das sie im Laufe der Zeit produziert haben. Die Möglichkeit, den Prozentsatz festzustellen, der vom Sollgehalt vorhanden ist, liegt darin, das Alter nach der Heliummethode mit dem Alter nach der Bleimethode zu vergleichen. Das Verhältnis dieser beiden Altersziffern schwankt für die meisten untersuchten Mineralien zwischen einem Zehntel und der Hälfte; bei vielen bewegt es sich um ein Drittel. Viele Autoren gingen darum so vor, daß sie, um einen wahrscheinlichen Alterswert zu erhalten, das Heliumverhältnis mit 3 multiplizierten.

Daß dieses Verfahren nur eine *sehr* rohe Annäherung bedeutet, sieht man sofort, wenn man z. B. die in Frage kommenden Pechblenden nach dem Alter geordnet betrachtet. Die relativ jungen, krystallisierten Ulrichite von Connecticut (Glastonbury und Brancheville) enthalten nach HILLEBRAND ca. 60—70% des Sollgehaltes an Helium, das Katangaerz nach DAVIS 15%, die norwegischen Bröggerite nach HILLEBRAND ca. 10% und das viel ältere Süddakotaerz ca. 3%. Es besteht wohl kein Zweifel, daß der Prozentsatz an festgehaltenem Helium u. a. vor allem eine Funktion des Alters ist. Gehen wir nun zu anderen Mineralien über, so finden wir z. B., daß die mit dem Katangaerz gleichaltrigen Thorianite nach den Untersuchungen von STRUTT (182) beinahe noch die Hälfte ihres Sollgehaltes besitzen, und ebensoviel enthalten nicht nur die Ceyloner archäischen Zirkone, sondern auch ein vermutlich den kanadischen Ulrichiten an Alter gleichzuhaltender Zirkon von Renfrew Co. (183). Das macht es in gewissem Grade wahrscheinlich, daß die Intensität der radioaktiven Strahlungswirkung ein der Heliumdiffusion die Wege bahnender Faktor ist und daß man auch bei schwächer radioaktiven Mineralien eher damit rechnen kann, einen namhaften Prozentsatz des erzeugten Heliums noch vorzufinden. Auch, ob ein Mineral metamikt zu werden vermag oder nicht, dürfte *sehr* ins Gewicht fallen[1]. Unter Mitheranziehung aller eben erwähnten Umstände zur Beurteilung erscheint auch bei älteren Mineralien eine angenäherte Altersschätzung als möglich; gute Resultate dürften aber nur für sehr junge, tertiäre, allenfalls noch mesozoische Mineralien zu erhalten sein. Auf diesem Gebiete liegt unseres Erachtens die Zukunft der Heliummethode; sie mag hier sogar gegenüber der Bleimethode in gewissen Fällen dadurch eine Überlegenheit besitzen, daß ein Milligramm Blei in 100 g Substanz nicht leicht mit einiger Genauigkeit zu erfassen ist, während der diesem Milligramm Blei entsprechende Kubikzentimeter Helium eine bequem und sehr genau meßbare Menge darstellt.

[1] Vgl. hierzu auch die interessanten Ergebnisse von A. PIUTTI (199), die für einen deutlichen Zusammenhang von relativem He-Gehalt und Aktivität bei Zirkon sprechen.

Dies wird recht eindrucksvoll durch STRUTTS Untersuchungen (184) von phosphatischen, organischen Relikten dargetan, die ja einen recht geringen Urangehalt besitzen. Und doch war schon in Zähnen und Koprolithen von pliozänem Alter Helium nachzuweisen in einem Ausmaße, das auf 250000 Jahre für den Abstand von der Gegenwart hindeutete. Für den oberen und unteren Grünsand erhielt STRUTT 3—4 M. J.; ein Hämatit, der sicher jünger als carbonisch war, ergab 141 M. J., was von seinem wirklichen Alter nicht *sehr* verschieden sein kann. Andere Hämatite usw. (182), alle jünger als Eocän ergaben die Heliumverhältnisse in cm^3 He/g $(U+h\cdot Th)$[1] 0.76, 0.87 und 2.8; dabei entspricht dem Heliumverhältnis 1 ein Bleiverhältnis von etwas mehr als 0.001.

STRUTT hat sich, wie schon erwähnt, auch der schwierigen Aufgabe unterzogen, die Heliumproduktion aus den Lösungen radioaktiver Erze, die nach vollkommener Befreiung von Helium einige Monate sich selbst überlassen wurden, direkt zu messen (185). Es gelangten hierbei Mengen von einigen 100 g Erz zur Anwendung und die angesammelten Heliummengen betrugen milliontel Kubikzentimeter, die unter vermindertem Druck gemessen wurden. Die Übereinstimmung mit den theoretisch zu erwartenden Mengen war in allen Fällen eine recht befriedigende.

Auch eine Reihe interessante Untersuchungen über die Art der Festhaltung des Heliums in Mineralien, bzw. ihr Vermögen Helium abzugeben, haben STRUTT und seine Schüler unternommen. Er selbst stellte schon fest (186), daß durch Pulvern von Monazit Prozente vom Helium befreit werden, sowie daß ein seit zwei Jahren ruhendes Stück, unzerbrochen $0.002\,\frac{mm^3}{kg\ Tag}$ abgab, d. i. bedeutend mehr als die Heliumerzeugung in dem ganzen Stück betrug. Eine Probe Thorianit gab $0.069\,\frac{mm^3}{kg\ Tag}$ bei 15° C ab, bei 0° C dagegen nur 0.018; Änderung des äußeren Luftdruckes, Atmosphärendruck oder Vakuum, änderte nichts an der Heliumabgabe. Ein frischeres Stück Thorianit gab nur 0.0127 in denselben Einheiten. Nach STRUTT wäre die „Verwitterung der *inneren* Oberfläche", also die Veränderungen in den feinsten Rissen und Sprüngen dafür verantwortlich zu machen. J. A. GRAY (187) fand, daß durch Pulvern von Thorianit bis zu 28% des Heliums gewonnen werden kann. Und zwar erfolgte die Heliumabgabe hauptsächlich beim Erreichen einer ganz bestimmten Korngröße. Körner über 10 μ hielten noch praktisch alles Helium zurück, von 5—3 μ war die Abgabe am größten, um bei weiterer Zerkleinerung recht unbedeutend zu werden. GRAY schließt daraus, daß 72% des Heliums sehr fest gebunden sind, der Rest aber in den feinsten

[1] Der Faktor, mit dem das Thorium zu multiplizieren ist, um die *in bezug auf Heliumproduktion* äquivalente Menge Uran zu erhalten, ist *nicht* derselbe wie der, welcher die in bezug auf Bleiproduktion äquivalente Menge ergibt, weil Thorium nur 6, Uran dagegen 8 α-Teilchen beim Zerfall bis zum Blei abgibt.

Spältchen oder dgl. sitzt. D. O. WOOD (188) untersuchte die Heliumabgabe unter dem Einfluß höherer Temperaturen. Bei 1000° gelang aus Monazit und Thorianit die vollständige Austreibung des Heliums binnen Stunden; unter 300—400° fand noch keine merkliche Abgabe statt; bei dazwischen liegenden Temperaturen stellten sich in Hunderten von Stunden stabile Zustände ein; so konnten bei 500° im ganzen 10%, bei 750° im ganzen 60% des Heliums ausgetrieben werden; nur durch weitere Erhöhung der Temperatur war dann jeweils noch mehr zu erreichen.

Aus jüngster Zeit liegt auch noch eine Untersuchung einiger Mineralien aus Japan auf Helium vor (189). Auch heliumfreie Berylle sind darunter. Auch J. W. WATERS (149) hat seine Konzentrate (vgl. S. 161) auf Heliumgehalt geprüft und in der titanreichen Fraktion aus dem Cornwall Granit 1.5 mm^3/g He gefunden. Von anderen Konzentraten bemerkt er, daß eine Untersuchung auf Helium wertlos wäre, weil angesichts der geringen Korngröße (die Krystalle waren zum Teil kleiner als die Reichweite der α-Teilchen in der Substanz) angenommen werden müsse, daß das Helium schon als raschbewegte α-Teilchen die aktiven Körner zum größten Teil verlassen habe.

Wir können das Gebiet der Heliummethode nicht verlassen, ohne noch auf die neuesten Arbeiten von F. PANETH und K. PETERS hinzuweisen, die die Nachweismethoden für Helium (spektroskopisch) ganz außerordentlich verfeinert haben. Es gelang ihnen in sehr radiumarmen Eisenmeteoriten den Heliumgehalt zu bestimmen und aus dem so erhaltenen Heliumverhältnis ein Mindestalter des betreffenden Meteoriten von 600 M. J. zu erschließen (190).

Die Frage der Herkunft des Heliums in der Atmosphäre und in Quellgasen wurde jüngst wieder von S. C. LIND (191) erörtert. Er kommt zu dem Schlusse, daß die Annahme radioaktiven Ursprungs mehr als ausreichend ist, um für alles Helium aufzukommen. Die auf den ersten Blick verblüffend groß erscheinenden Mengen, die sich in den Gasquellen amerikanischer Ölfelder finden, können ohne weiteres durch Ansammlung des im Laufe einer geologischen Epoche von wenigen Kilometern Gesteinsschicht abgegebenen Heliums unter einer flachen Antiklinale, einem Dome einer thonreichen, undurchlässigen Schicht, erklärt werden. Wir möchten hinzufügen, daß man vom heutigen Natriumgehalt des Ozeans ausgehend und auf die Gesamtmenge in Lösung gegangener Massengesteine schließend, aus einem mittleren Urangehalt von 10^{-5} für diese Gesteine für die ganze Dauer der geologischen Geschichte ebenfalls zu einer insgesamt der Atmosphäre zugeführten Mindestmenge von Helium gelangt, die die heutige Konzentration um ein bedeutendes Vielfaches übertrifft. Der heutige Gehalt der unteren Atmosphäre muß daher, wie es auch LIND auf Grund etwas anderer Überlegungen erschloß, einem Gleichgewichtszustand zwischen Zufuhr von unten und Verlust nach oben entsprechen, sei es, daß sich das Helium in den obersten Schichten der Atmosphäre anreichert, sei es, daß es an den Weltraum verloren geht.

Weiters finden sich in der zitierten Arbeit von LIND noch interessante Erörterungen über das Zusammenvorkommen von Helium mit Stickstoff sowohl in Quellgasen, als auch in dem Gasgehalt radioaktiver Mineralien. Es wird angenommen, daß vielleicht die Befreiung der ursprünglich chemisch gebundenen Gase durch die radioaktive Strahlungswirkung für das Auftreten freien Stickstoffs und freien Sauerstoffs von Bedeutung sei. Für sekundäre Mineralien ist wohl auch gelegentlich einfach ein gewisser Gehalt an atmosphärischer Luft anzunehmen.

Den Mechanismus der Bildung freien Sauerstoffes (der ja, solange kein Überschuß über den zur Bildung von UO_3 nötigen vorhanden ist, einfach vom Uran gebunden werden kann) stellen wir uns so vor, daß die anfängliche regelmäßige Verteilung der Uranatome durch den Rückstoß beim Zerfall, wenn einmal Prozente vom Uran zerfallen sind, doch derart gestört wird, daß in einigen Fällen unter 10000 ein Sauerstoffatom schließlich sich in so sauerstoffreicher Umgebung befindet, daß es bei der Auflösung des Minerals in statu nascendi keine Gelegenheit findet, von einem Uranatom gebunden zu werden. Was den Stickstoff betrifft, so ist für ihn vielleicht ebenso wie für den Wassergehalt der Pechblenden und Ulrichite daran zu denken, daß das Uran ja zum Teil in den letzten Restlaugen konzentriert wird, wo u. a. auch das Wasser, obwohl der Natur des UO_2 artfremd, sich den Eintritt in die Pechblendesubstanz durch seine Konzentration erzwingt; auch der Stickstoff wird vielleicht nicht chemisch gebunden mit Uran oder Eisen, sondern im Wasser gelöst in feinster Verteilung (evtl. in den sogenannten Lockerstellen der Krystalle) okkludiert. Es könnte daher sein, daß die Vergesellschaftung von Helium und Stickstoff ihren letzten Grund darin hat, daß Stickstoff und Uran beides Elemente sind, die weder in den Erst- noch in den Hauptkrystallisationen unterzukommen vermögen.

Anhang II.
Verfärbungshöfe.

Den Mineralogen und Petrographen waren schon lange vor Entdeckung der Radioaktivität kleine kreisrunde Gebilde von einigen hundertstel Millimetern Radius aufgefallen, die in Glimmern, vor allem Biotit, aber auch in anderen Mineralien auftreten und als pleochroitische Höfe bezeichnet wurden (pleochroic Haloes). Gelegentlich enthalten diese Höfe im Zentrum einen mikroskopischen Einschluß eines anderen Minerals. Oft ist derselbe aber wegen der starken Verdunkelung im Hof unsichtbar. Wenn er wirklich fehlt, so ist die Ursache, daß der in Wirklichkeit ja kugelförmige Hof exzentrisch geschnitten wurde. Auf den

Abb. 28—48 sind Mikrophotographien von einigen solchen Höfen und hierhergehörigen Erscheinungen wiedergegeben.

O. MÜGGE (192) und J. JOLY (193) erkannten 1907 unabhängig voneinander, daß diese Gebilde von den α-Strahlen radioaktiver Substanzen erzeugt sein mußten und MÜGGE versuchte die Erscheinung sofort nachzuahmen, indem er die Körnchen eines Konzentrats schwerer Gemengteile aus Granitit von Karlsbad auf eine feuchte photographische Emulsion streute. 1910 beschrieb RUTHERFORD (194) die Verfärbung einer Glaskapillare, die ebenso wie die pleochroitischen Höfe auf den Bereich der α-Strahlenwirkung beschränkt war.

Die bereits ziemlich zahlreichen Untersuchungen über dieses Erscheinungsgebiet bewegten sich hauptsächlich in zwei Richtungen. Eine Reihe von Autoren, allen voran JOLY, versuchten aus den mannigfaltigen Ausbildungsformen weitere Schlüsse zu ziehen, die uns gleich näher beschäftigen werden, während andere, hauptsächlich deutsche Autoren vor allem das Wesen des Bildungsmechanismus aufzuklären strebten. Daneben enthalten natürlich die meisten Arbeiten reiches Material an Beschreibungen und Messungen.

Zweierlei ist an den durch α-Strahlen erzeugten Höfen meßbar, die räumliche Ausdehnung der Gebilde und die Intensität der Verfärbung. An der Grenze eines radioaktiven Minerals gegen ein verfärbbares Mineral reicht die Wirkung der α-Strahlen bei genügender Intensität in letzteres so weit hinein, als der Reichweite der α-Strahlen (S. 12) entspricht. Bei einem Einschluß eines größeren radioaktiven Minerals in einem verfärbbaren umgibt der Hof das erstere wie ein Saum (Abb. 28), ist der radioaktive Einschluß aber klein gegen die Reichweite der α-Strahlen im verfärbten Mineral, so wird der Hof um denselben kugel-, im Durchschnitt kreisförmig. Der äußerste Radius wird verschieden, je nachdem das den Kern des Hofes bildende Kryställchen Uran oder Thorium enthält und je nach der Intensität der Gesamtwirkung, d. h. je nach dem Alter des Gesteins und dem Gehalt des Kernes an radioaktiver Substanz. Die Reichweiten der α-Strahler der Uran- und der Thoriumreihe schwanken von Element zu Element von weniger als 3 cm bis 7 cm (RaC) und 8.6 cm (ThC). Da die verfärbende Wirkung der α-Strahlen in den meisten Fällen längs der ganzen Bahn vorhanden ist, so sind in der nächsten Umgebung des Einschlusses noch die α-Strahlen sämtlicher α-strahlenden Glieder wirksam, und je weiter wir uns der äußersten Grenze nähern, bis zu welcher die weitestreichenden α-Strahlen gelangen können, werden

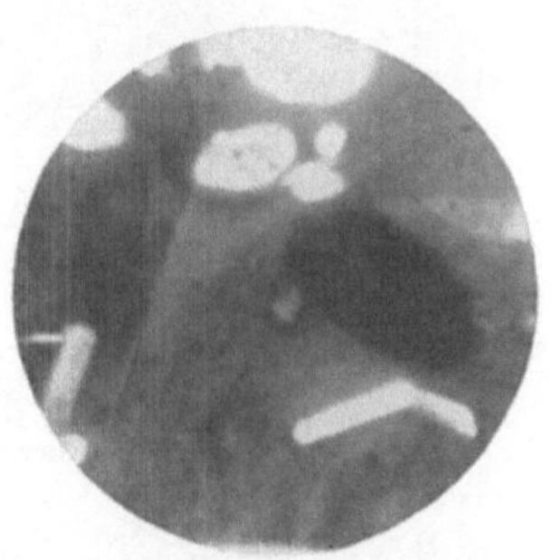

Abb. 28. Pleochroitische Hofe um Zirkone in Biotit; man beachte die Verschiedenheit des Gehaltes an Radioaktivitat; Vergr. ca. 125×.

der Substanzen und ihrer α-Strahlgruppen, die noch wirksam sind, immer weniger; außerdem nimmt die räumliche Dichte der α-Bahnen, die von einem Zentrum ausgehen, natürlich auch verkehrt proportional dem Quadrat der Entfernung von diesem ab. Dies bringt es mit sich, daß die Entwicklung eines Hofes meist eine stufenweise von innen nach außen vordringende ist. Bei geringer Gesamtwirkung, also geringer Radioaktivität des Einschlusses oder geringem Alter, ist nur der innerste Teil des Hofes vorhanden (sogenannter embryonaler Hof). Mit fortschreiten-

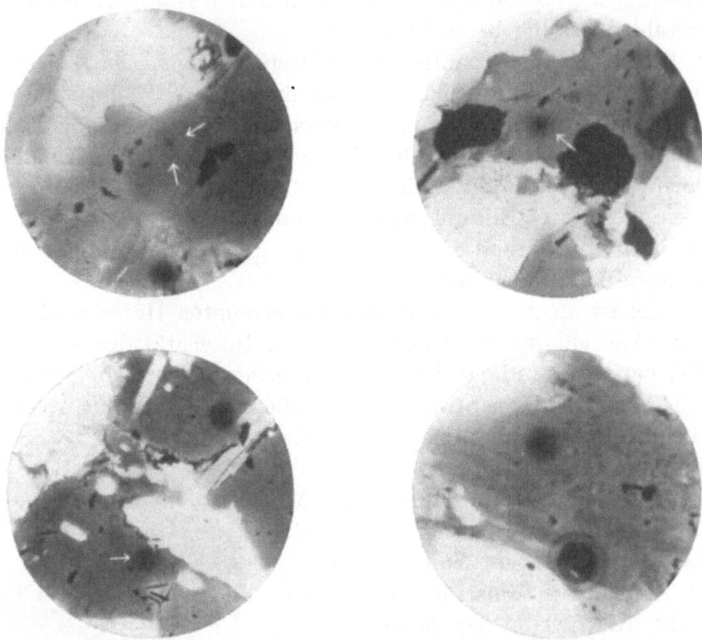

Ab. 29—32. Pleochroitische Hofe in Biotit in verschiedenen Entwicklungsstadien, alle aus *einem* Dunnschliff, daher gleichaltrig; alle zentrisch geschnitten; Vergr. ca. 125×.

der Zeit oder bei gleichem Alter und stärkerer Aktivität des Kernes dringt die Färbung zu größeren Radien vor; bei genügend kleinen Radien der Einschlüsse (unter 1 μ) bilden sich die Höfe mit gewisser Intensität meist bis zu einer Entfernung aus, die der Reichweite eines bestimmten α-Strahlers entspricht, während gleich außerhalb des Reichweitenendes desselben die Wirksamkeitsschwelle noch nicht überschritten wird. Auf diese Weise entstehen Höfe, wie die auf Abb. 29—34 abgebildeten.

Doppelhöfe wie Abb. 32 und 34, die die Reichweiten von Ra A (die innere Grenze) und Ra C abzeichnen, beschrieb zuerst Joly (195). Joly und Fletcher (196) führten die Zusammenhänge zwischen den Entwickelungsstadien der Höfe und den Reichweiten der verschiedenen α-Strahler sowie der daraus folgenden Verteilung der Ionisation näher aus. Eine sehr umfassende Arbeit vom mineralogischen Standpunkte aus ist die von G. HÖVERMANN (197), 1912. Die vom physikalischen Standpunkte kritischeste Beleuchtung bis heute erfuhren die Fragen der Bildungsweise der pleochroitischen Höfe 1919 durch B. GUDDEN (198). Dieser zeigte vor allem, daß die Verstärkung der Ionisation längs der α-Bahn gegen das Ende derselben durch die Abnahme der Ionisations-

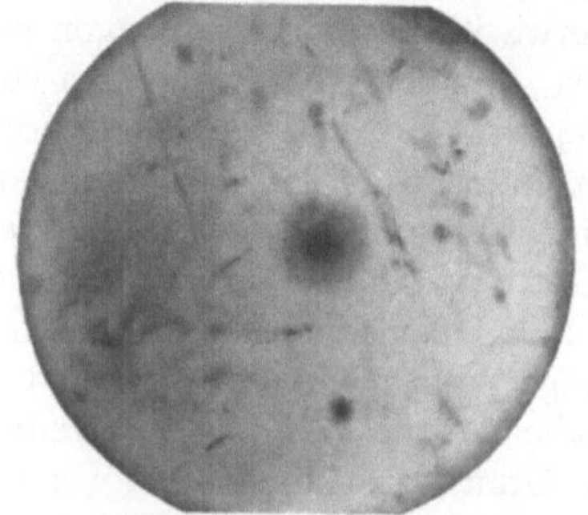

Abb. 33. u. 34. Zwei pleochroitische Hofe in verschiedenen Entwicklungsstadien; Vergr. ca. 200 ×.

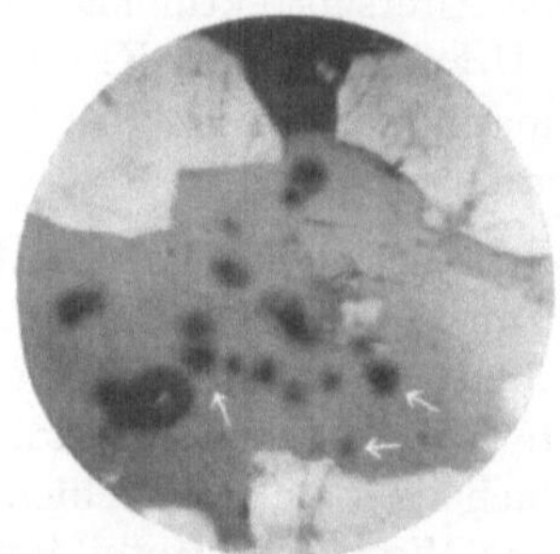

Abb. 35. Biotit mit zahlreichen pleochroitischen Hofen in verschiedenen Stadien; die mit → bezeichneten sind zentrisch geschnitten und ließen im Mikroskop die Kerne erkennen; Vergr. ca. 50 ×.

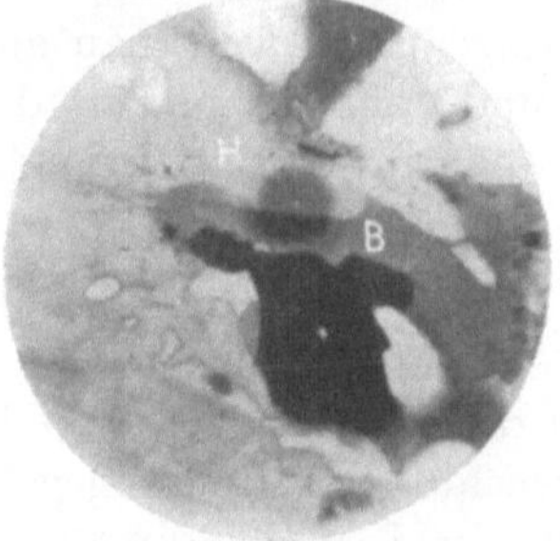

Abb. 36. Die Reichweite der α-Strahlen ist in Hornblende (H) etwas kleiner als in Biotit (B). Vergr. ca. 125 ×.

dichte infolge der Zunahme der Entfernung vom Kern bei RaC vollkommen kompensiert wird. Er wies ferner nach, daß die sogenannte Randverstärkung bei noch nicht vollständig dunklen Höfen auf eine optische Täuschung zurückgeführt werden kann. Er untersuchte ferner den Einfluß höherer Temperaturen auf die Rückbildung von Höfen und fand die Rückbildungsgeschwindigkeit in dem von ihm untersuchten Temperaturintervall um 700° als exponentiell abhängig von der Temperatur. Es besteht daher eine gewisse Wahrscheinlichkeit dafür, daß auch bei Zimmertemperatur, um so mehr also bei den Gesteinen in situ, im Laufe geologischer Zeiträume die selbständige Rückbildung der Färbungsintensität sehr wohl in Betracht zu ziehen ist. Besonders mag es sich bei sehr alten und trotzdem embryonalen Höfen um einen Gleichgewichtszustand zwischen färbenden und die Färbung zerstörenden Wirkungen handeln.

Aus demselben Grund wären auch die Altersschätzungen z. B. von JOLY und RUTHERFORD (200) nach dem Vergleich künstlich und natürlich verfärbten Glimmers nach GUDDEN als untere Grenzwerte anzusehen, weil bei ihrer Berechnungsweise die Rückbildung nicht berücksichtigt wurde. Sie erhielten für den etwa in die Zeit Silur-Devon gehörigen Haughtonit von Co. CARLOW als „Minima" unter Annahme von 10% U_3O_8 in den Kernen der Höfe 20—400 M. J. Nach der Bleimethode erhalten wir für das Silur aber auch ungefähr 400 M. J. als Abstand von der Gegenwart. Nehmen wir aber weniger als 10% U_3O_8 an, so erhielten wir noch bedeutend höhere Werte. GUDDEN fand in seinem Material nach einer sehr eleganten Methode — Aufgießen von photographischer Emulsion auf Dünnschliffe und Zählung der in mehreren Wochen von einem Hofkern ausgeschleuderten α-Teilchen, die sich als Punktreihen markieren — nur in einem Falle 0.5% Uran, sonst immer viel weniger als Gehalt der Kerne. Nun *kann* zwar die Aktivität in verschiedenen Gesteinen sehr verschieden verteilt, an verschiedene Gemengteile gebunden sein, aber am Haughtonit noch eine Alterskorrektur nach oben anzubringen, nachdem man auf plausible Urangehalte der Kerne herunter und damit schon mit dem Alter hinaufgegangen ist, das dürfte einen wohl mit der Erfahrung in Widerspruch bringen.

Dies weist uns darauf hin, daß wahrscheinlich noch nicht alle Faktoren, die die Hofbildung beeinflussen, bekannt sind und daß damit auch die Bedingungen, um bei Altersbestimmung mittels pleochroitischen Höfen richtige Resultate zu erhalten, heute trotz GUDDENS gründlicher Untersuchung noch nicht gegeben sind. Nach einer jüngst erschienenen Arbeit von J. H. J. POOLE (201) besteht das Wesen der Hofbildung in Dehydratation der Substanz und ist die Anwesenheit von Eisen eine wesentliche Bedingung für das Auftreten der tiefen Farbtöne im Biotit. Danach könnte der, vielleicht in einem Gestein von Individuum zu Individuum schon wechselnde Eisengehalt, wenn nicht ausdrücklich berücksichtigt schon jede Altersschätzung nach der Intensität von Höfen illusorisch machen. Ein Faktor, der unseres Wissens noch nie erwähnt wurde, ist der Druck, der durch die Heliumentwicklung zustande kommt. JOLY erwähnt nur einmal (196), daß das Helium, das in dem Volumen eines pleochroitischen Hofes enthalten ist, allein einen Druck von ca. $\frac{1}{100}$ Atmosphäre entwickeln würde. Rechnen wir aber folgendermaßen: ein pleochroitischer Hof mit dem Volum 10^{-7} cm^3 enthalte 10^{-9} cm^3 He bei Normaldruck und -temperatur — das wären etwa die von JOLY angenommenen Verhältnisse, — dann füllen die Heliumatome ungefähr 10^{-5} des Hofvolumens wirklich aus und das Hineinschleudern der α-Teilchen in das Gitter kommt im Effekt auf eine Kompression des Gitters um 10^{-5} hinaus. Eine solche Kompression eines festen Körpers entspricht einem Druck von Kilogrammen pro Quadratzentimeter. Berücksichtigen wir noch, daß das Helium nicht gleichmäßig im Hofvolumen verteilt, sondern in den Schalen, die den Reichweitenenden entsprechen, angesammelt ist, so ergibt sich erstens für die innersten Schalen eine um eine Größenordnung höhere Konzentration und zweitens muß es sich nicht um allseitigen, sondern bis zu gewissem Grade einseitigen Druck handeln. Wir haben also besonders in den innersten Teilen der Höfe Druckwirkungen zu gewärtigen, die auf die Verfärbungserscheinungen sehr wohl von Einfluß sein können. Als Meßmethode für die geologische Zeitrechnung kommt also die Messung der Intensitäten in pleochroitischen Höfen heute noch weniger in Frage wie etwa die Heliummethode. Höchstens kann man auf Grund eines größeren Beobachtungsmateriales eine einigermaßen sichere Entscheidung zwischen sehr jungen und sehr alten Gesteinen treffen und mit Vorsicht Wahrscheinlichkeitsschlüsse über absolute Alter ziehen, wie dies H. Hirschi (202) getan hat, der eine Reihe von Schweizer Gesteinen sehr gründlich untersuchte.

Wir haben nun noch einer Reihe von absonderlichen Erscheinungen zu gedenken, die bisher fast ausschließlich bei sehr alten Gesteinen beobachtet wurden. Die verbreitetste von diesen ist die von Joly (203) entdeckte teilweise oder vollständige Umkehrung von Höfen, die er in einer großen Arbeit (204) zusammen mit anderen Abweichungen von normalen Hoftypen beschreibt. Der Vergleich dieser Erscheinung mit der Solarisation beim photographischen Prozeß, den Joly zieht, ist zumindest in formaler Hinsicht sehr treffend. Von den Höfen in Biotit, die überhaupt die häufigsten und am besten ausgebildeten sind, und erst recht von denen in Cordierit usw., von denen schon unser Wissen um den Verfärbungsvorgang recht spärlich ist, wissen wir eigentlich so gut wie nichts über den Mechanismus des Solarisationsprozesses. Es kommen sowohl vollkommen ausgebleichte Höfe, als auch solche mit ausgebleichten ringförmigen Zonen vor. Vielleicht gibt es wie bei der photographischen Solarisation auch hier eine mehrmalige Umkehrung, so daß der dunkle Teil innerhalb einer Ausbleichungszone nach der Ausbleichung schon das zweitemal gefärbt wurde.

Eine besondere Art kleiner Höfe fand Joly in einem Handstück von schwarzem Glimmer von Ytterby. Diese Höfe, in Schwärmen auftretend, waren vollkommen ausgebleicht; die sehr kleinen Kerne in den Zentren waren durchsichtig und stark brechend. Die meisten dieser Höfe hatten um 5 μ Radius, aber auch solche mit 8.6 μ Radius und vielleicht auch noch größere kamen vor. Schwache Ringe mit 5 μ Radius wurden auch als Teile anderer (Uran- usw.) Höfe beobachtet. Trotz aller Bemühungen gelang es Joly nicht, je in einem anderen Stück Höfe mit diesen kleinen Radien zu finden. Er schrieb diese Höfe einem heute ausgestorbenen, sehr seltenen radioaktiven Element zu, das er *Hibernium* nannte. S. ROSSELAND (205) diskutierte die Möglichkeit, daß es sich dabei um Yttrium handeln könne.

In den letzten Jahren sind solche „Hiberniumhöfe" von verschiedenen Autoren beobachtet worden; so von VAN DER LINGEN (206) im Kap-Halbinsel-Granit, von IIMORI und YOSHIMURA (207) im Ishigure-Biotit und von MAHADEVAN (208) in Cordierit aus Südindien. Nur der letztere hat indes so wie JOLY die kleinen Reichweiten als Zwerghöfe für sich allein ausgebildet gefunden. Es soll sich dabei um deutliche Ringe von *dreierlei* Reichweiten handeln, die in Cordierit 7—8 μ, 10—12 μ und 21 μ Radius haben. Diese Ringe sind allein, zu zweit oder alle drei zusammen in einem Hof beobachtet worden. In Biotit sind die Reichweiten in μ etwas kleiner. Bei IIMORI und YOSHIMURA, die ihre Höfe, als Z_1-, Z_2- und Z_3-Haloes bezeichnet, sowohl für sich allein als auch in Verbindung mit Uran- und Emanationshöfen (s. weiter unten) gefunden haben, fehlt nie die größte der drei Reichweiten, 17.4—18.4 μ, die sie mit der des Protactiniums identifizieren, für die kleineren Reichweiten finden sie 5.4 und 6.3 bzw. 9.1 und 10.8 μ. Sie vertreten die Ansicht, daß diese Höfe der Actiniumreihe zugehören, die somit nicht als Zweigreihe der Uranradiumreihe aufzufassen wäre, sondern auch selbständig aufzutreten vermöchte. Dazu wäre erforderlich, daß eine Muttersubstanz des heute im Uran vorhandenen Actinourans, etwa ein Isotop des Protactiniums oder in die Plejade des Elements Nr. 93 gehörig, früher auch selbständig in Mineralien aufgetreten und heute praktisch ausgestorben wäre. Das wäre gerade in diesem Falle (wo es sich also zwar um ein heute ausgestorbenes Element handelt, von dem aber nicht verlangt wird, daß es zu einer bestimmten Zeit in einem bestimmten Verhältnis zum Uran vorhanden war) denkbar, um so mehr als die Kerne dieser Höfe von den Japanern als schwarz, amorpher Pechblende ähnlich beschrieben werden, was auf Columbit u. dgl. Minerale, in die ein Protactiniumisotop am ehesten eintreten würde, gut paßt. Auch an die einstige Existenz einer vierten Zerfallsreihe könnte man denken, aber die auf S. 188 angeführten, solchen Vorstellungen anhaftenden Schwierigkeiten, sind natürlich auch hier im Auge zu behalten. Viel weniger wäre gegen die Vorstellung einzuwenden, daß irgendein Element, von dem nie so viel da war, daß es für die Wärmeproduktion in Frage kam, das daher keine zu kleine Halbwertszeit haben dürfte, auch heute noch als radioaktives Element sein Wesen treibt, aber um seiner Seltenheit und der Schwäche seiner Aktivität willen bis jetzt den Beobachtungen entgangen ist. Dabei könnte es sich sowohl um einen Vorgänger des Actinourans als auch um irgendein anderes nicht mit Uran oder Thorium isotopes Element handeln.

Und so etwas scheint es tatsächlich zu geben. Mit dem hochempfindlichen, von G. HOFFMANN gebauten Vakuumelektrometer hat H. ZIE-

GERT (209) u. a. die Ionisation durch sehr seltene Teilchen feststellen können, die von Zinkflächen ausgeschleudert werden. Daß die Aktivität nicht den Zinkatomen zukommt, geht daraus hervor, daß sie chemisch abgetrennt werden konnte. Macht man die Annahme, daß es sich um α-Teilchen handelt, so ergeben sich für diese beim Zink gefundene Aktivität Reichweiten, die den verschiedenen Radien von Zwerghöfen und inneren Ringen bei angeblichen Ac-Höfen usw. recht gut entsprechen können. Auch ZIEGERT sprach in seiner Mitteilung sofort die Ansicht aus, es könnte sich um Gallium handeln, das ja mit dem Zink vergesellschaftet vorkommt. Die Vermutung, daß es sich bei der Ursache des Heliumgehaltes mancher Berylle um dasselbe Element handle, wurde ja im Anhang I gestreift. So konvergiert also eine ganze Reihe von Erfahrungen dahin, daß es noch eine bisher nicht näher bekannte vierte Zerfallsreihe geben kann.

Es sei hier eingefügt, daß sämtliche theoretisch möglichen Isotopen, falls man den spontanen Übergang von einem in ein anderes nur durch α- oder β-Zerfall zuläßt, im ganzen 4 voneinander unabhängige Zerfallsreihen bilden würden, deren Glieder die allgemeinen Atomgewichte 4n, 4n + 1, 4n + 2 und 4n + 3 hätten, wobei n eine ganze Zahl ist. Drei derselben kennen wir als die Thorium-, die Uran-Radium- und die Actiniumreihe. Die Frage nach der vierten Reihe *im Gebiete der schwersten Elemente* bzw. ihrem Verbleib kann derzeit keine Antwort finden. Vielleicht gelingt es einst, Anzeichen ihrer Wirkung in vorlaurentischer Zeit zu finden. Daß es sich bei den von ZIEGERT gefundenen Aktivitäten und JOLYS Hiberniumhöfen um *diese* vierte Reihe handelt, muß derzeit als äußerst unwahrscheinlich bezeichnet werden.

JOLY beschreibt in der oben erwähnten Arbeit (204) auch sogenannte X-Haloes aus den dunklen Glimmern von Ytterby und Arendal; am häufigsten waren sie in demselben Stück, wo er auch die Hiberniumhöfe beobachtet hatte. Die angedeuteten Reichweiten schwanken relativ stark, schließen aber nach JOLYS Ansicht ihre Zurückführung auf die Elemente der Uran- und Thoriumreihe aus. IIMORI und YOSHIMURA halten ihre Z-Höfe für identisch mit diesen X-Höfen von JOLY, deren Zusammenvorkommen mit den Hiberniumhöfen danach auch die Zurückführung auf eine gemeinsame Ursache mit diesen nahelegen würde. Das Vorkommen von vollkommen ausgebleichten Zwerghöfen ohne eine Spur äußerer Ringe, wie auch das Auftreten von Ausbleichungszonen in der Breite von 5μ entlang von Spaltenfüllungen ohne weiterreichende Wirkungen erscheint aber wieder kaum als damit verträglich. Jedenfalls bedeuten die Beobachtungen auf diesem Gebiete, die überzeugenden Arbeiten von ZIEGERT natürlich ausgenommen, eher Fragestellungen als Lösungen.

Bevor wir auf den letzten Abschnitt von JOLYS Arbeit (204) eingehen, müssen wir kurz eine empirisch gefundene Beziehung zwischen Zerfallskonstante und Reichweite bei den α-Strahlen besprechen. Je kurzlebiger nämlich ein α-Strahler ist, mit desto größerer Energie schleudern seine Atome die α-Teilchen aus und desto größer ist auch ihre Reichweite. Man kann daher bei einem radioaktiven Element, das α-Strahlen aussendet, aus deren Reichweite *ungefähr* ihre Halbwertszeit berechnen; genau deswegen nicht, weil erstens die Beziehung nicht ganz streng erfüllt ist und zweitens einer sehr kleinen Änderung der Reichweite (um mm) bereits eine Änderung der Halbwertszeit um Größenordnungen entspricht.

Nun fand JOLY an Uranhöfen verschiedenen Alters eine systematische Zunahme der kleinsten Ringe mit dem Alter, während die größeren Ringe keine solche Absonderlichkeit zeigen. So fand er in

Mournegranit, tertiär	13.5 μ
Ballyellengranit, palaeozoisch	14.6 μ
Rapakivigranit, oberpräkambrisch	15.2 μ
Arendalgranit, mittelpräkambrisch	15.7 μ
Ytterbygranit, mittelpräkambrisch	16.0 μ

für die primären Uranringe als Radius. Er will dies dahin deuten, daß die α-Teilchen aus Uran früher eine größere Reichweite hatten, weil die Zerfallsgeschwindigkeit des Urans früher eine größere war, sei es, daß es sich um dasselbe Isotop handle, das auch heute vorwiegt, sei es, daß diese Reichweiten einem heute ausgestorbenen Isotop zuzuordnen seien[1]. JOLY führt diese mit wachsendem Alter wachsenden Hofradien also *auch* als Stütze für seine Ansicht eines bedeutend geringeren Alters der Erde (ca. 400 M. J.) an, indem er mit Hinblick auf das nach seiner Ansicht früher bedeutend größere Bleiproduktionsvermögen des Urans — das ja der Zerfallsgeschwindigkeit proportional ist —, die Berechtigung bestreitet, das Alter von Mineralien den Bleiuranverhältnissen

[1] Es sei hier darauf aufmerksam gemacht, daß die Beziehung zwischen Zerfallskonstante und Reichweite, die sog. GEIGER-NUTTALLsche Beziehung, aus der Erfahrung an den bisher bekannten α-Strahlern gewonnen ist, die ausschließlich zu den schwersten Elementen gehören. Und auch da gilt sie für jede Zerfallsreihe mit etwas veränderten Konstanten und durchaus nicht für alle α-Strahler einer Reihe mit der gleichen Strenge. Besonders die extrem kurz- und langlebigen Elemente scheinen systematisch abzuweichen. Es muß daher davor gewarnt werden, überhaupt einer z. B. aus einer sehr kleinen α-Reichweite berechneten sehr großen Halbwertszeit (10^{12} bis 10^{20} Jahre u. dgl.) ein nennenswertes Gewicht beizulegen, auch wenn es sich um ein Schwerelement handelt. Schon gar nicht erscheint es aber angängig, die GEIGER-NUTTALLsche Gleichung für leichte Elemente zu extrapolieren. Es ist im Gegenteil fast mit Bestimmtheit zu erwarten, daß sie in unveränderter Form dort gänzlich versagt; sollten doch auch Kalium und Rubidium nach der der GEIGER-NUTTALLschen Beziehung entsprechenden Regel für die β-Strahler Halbwertszeiten von Tagen oder höchstens Wochen haben, während sie tatsächlich die langlebigsten α-Strahler Uran und Thorium übertreffen.

proportional zu setzen. Wir haben im Verlaufe der vorliegenden Arbeit wiederholt verschiedene Gründe erörtert, die JOLYS Ansichten widersprechen und brauchen dieselben hier wohl nicht zu wiederholen. Soviel wir wissen, steht JOLY mit seinen Ansichten gänzlich vereinzelt da; jedenfalls haben seine Deutungen der wachsenden Hofradien von Uran wiederholt Widerspruch gefunden. Eine befriedigende Erklärung dieser Erscheinungen kann derzeit noch nicht gegeben werden; vielleicht sind Druckwirkungen des Heliums mit im Spiel; daß primäre Thoriumringe in denselben Gesteinen keine analoge Vergrößerung mit dem Alter zeigen, ist aber kein zwingender Grund, die Ursache in einer wirklichen Reichweitenänderung des Urans zu suchen. Denn erstens ist die Thoriumwirkung ceteris paribus schon wegen seiner kleineren Zerfallskonstante geringer und zweitens enthält die Thoriumreihe nur sechs α-Strahler, deren Reichweiten durchschnittlich bedeutend größer sind. Beim Uran haben wir innerhalb der Reichweite $R_{15} = 3.2$ cm *drei* α-Strahler beim Thorium nur einen und innerhalb $R_{15} = 4$ cm sogar deren fünf gegen einen beim Thorium; die Heliumkonzentration und auch die Konzentration der α-Wirkung überhaupt ist also in der kritischen Gegend beim Uran eine ganz unverhältnismäßig größere. Vielleicht ist für das Zustandekommen der Erscheinung auch wesentlich, daß die Reichweiten von Ionium und Uran II nach den neuesten Messungen praktisch zusammenfallen. Nach HOLMES (133) wäre zur Erklärung der Anomalien bei den präkambrischen Uranhöfen vielleicht auch die Wirkung des Actinourans heranzuziehen. Nach HIRSCHI (210) wäre auch an die optische Wirkung der Anwesenheit des Heliums zu denken.

Nicht in allen Mineralien verlaufen die Verfärbungserscheinungen in den radioaktiven Höfen gleichartig. Ob dieser Ungleichartigkeit auch Unterschiede im Wesen des Verfärbungsvorganges entsprechen, kann heute wohl noch nicht mit Sicherheit entschieden werden. Während in Biotit und Hornblende z. B. die Höfe voll entwickelt sind, ehe die ersten Umkehrungs-(Ausbleichungs-)erscheinungen einsetzen, folgt die Wiederausbleichung beim Cordierit (198) dem Zustand intensivster Verfärbung derart bald, daß die Umgebung des Zentrums schon gebleicht ist, wenn die Verfärbung noch nicht die Außengrenze der α-Reichweite erreicht hat, so daß stets breite nach außen und innen mehr oder weniger abgeschattete Ringe resultieren. Noch extremer liegen die Verhältnisse beim Flußspat von Wölsendorf, der von GUDDEN und SCHILLING (211) ziemlich gründlich untersucht wurde[1]. Hier ist die Abhängigkeit von der Wirkungsdichte nicht nur im ganzen, sondern anscheinend bei der einzelnen α-Bahn (oder vielleicht auch wieder mit vom Druck des sich allmählich ansammelnden Heliums?) eine derartige, daß sich neben einer

[1] Da der Flußspat eine isotrope Substanz ist, so sind die Verfärbungshöfe natürlich keine „pleochroitischen" Höfe, wie sie von nichtmineralogischer Seite manchmal auch bezeichnet wurden.

auf die engste Umgebung des Kernes beschränkten, intensiven Färbung zuerst die Reichweitenenden der verschiedenen α-Strahlen als feine Ringe abzeichnen (Abb. 37—41). In schon von vornherein intensiv ge-

Verfärbungshöfe im Wölsendorfer Flußspat.
Vergr. ca. 160×.

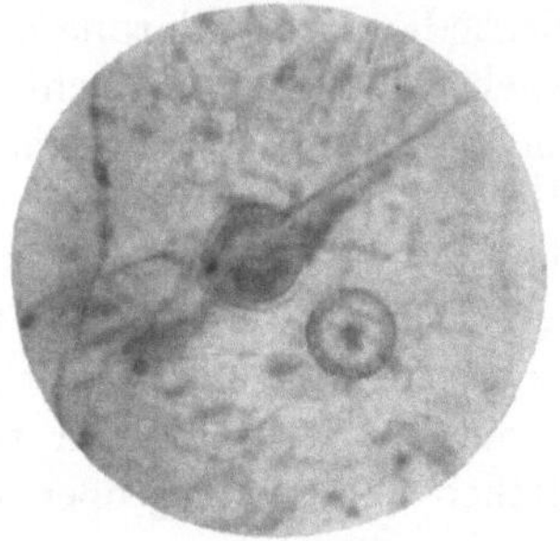

Abb. 37. 1. Stadium, der rechte Hof: nur Uran- und Io-Ra-Ring sind sichtbar.

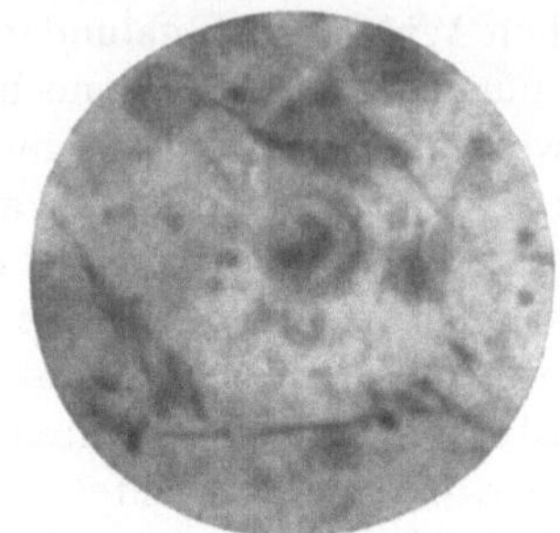

Abb. 38. 2. Stadium: 3 bis 4 Ringe (bis Ra A) treten auf.

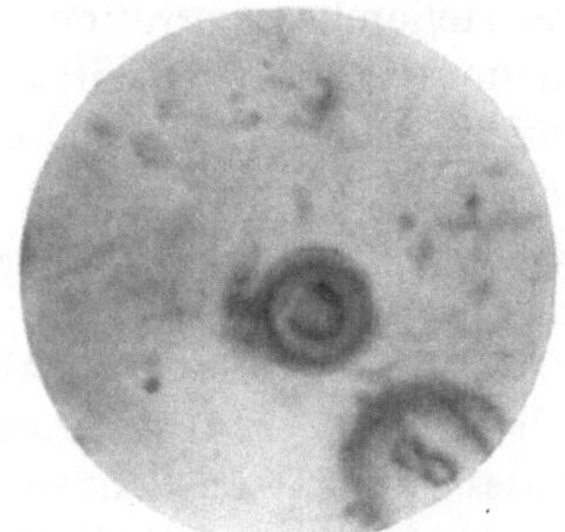

Abb. 39 und 40. Weitere Stadien: allgemeine Verfärbung im Inneren beginnt, der innerste Ring verliert bereits an Deutlichkeit, während die Andeutung des Ra C-Ringes beginnt.

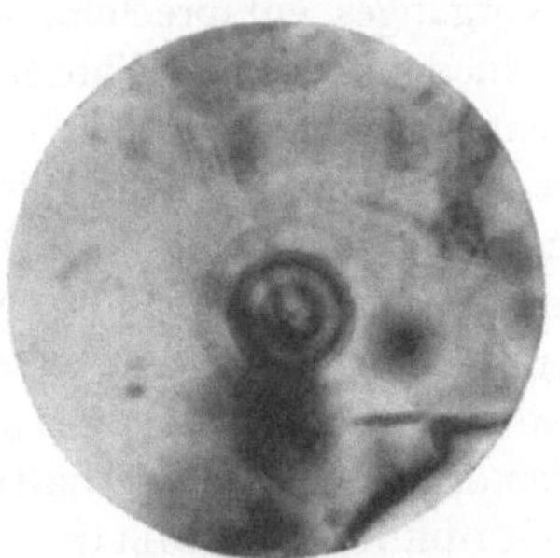

Abb. 41. RaC-Ring deutlich; beginnende Umkehrungserscheinungen bei den inneren Ringen.

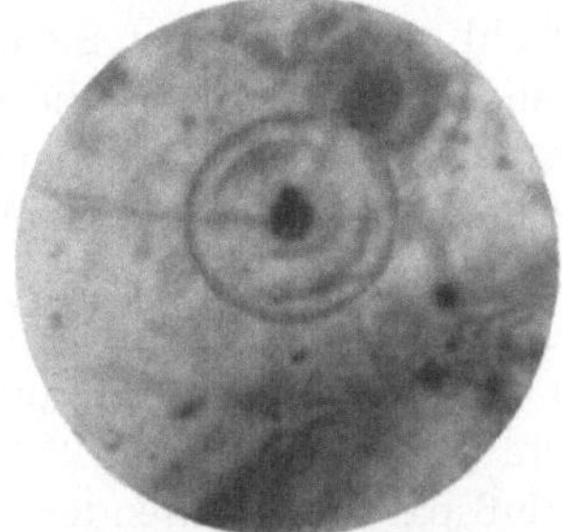

Abb. 42. Intensive zweite Verfärbung vom Kern ausgehend; alle Ringe ausgebleicht außer dem Ra C-Ring, der schon doppelt ist.

färbtem Flußspat beginnt die Ausbleichung in derselben Anordnung. Weiter kommen Verdopplungen von Ringen vor, indem die Verfärbung durch Verbreiterung des Ringes nach außen und innen fortschreitet, während die Gegend des ursprünglichen schmalen Ringes schon wieder gebleicht wird (Abb. 42). Wir können hier leider auf die Mannigfaltigkeit dieser interessanten Erscheinungen nicht näher eingehen. Es sei nur angeführt, daß das Wesen der Verfärbung im Flußspat auf die Ausscheidung

Verfärbungserscheinungen im Wölsendorfer Flußspat.

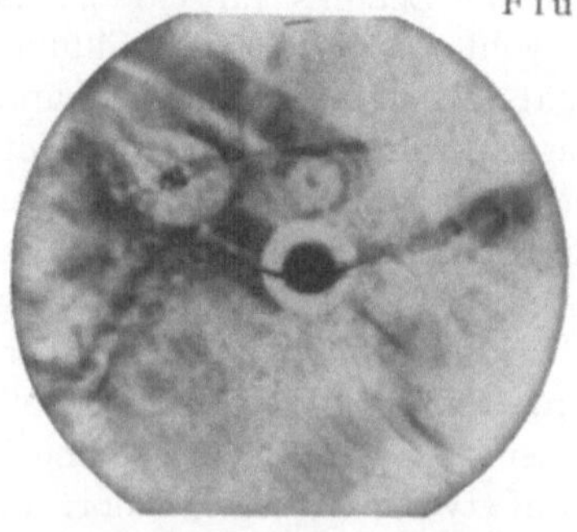

Abb. 43. Vollkommen „solarisierter“ Hof mit intensiver zweiter vom Kern fortschreitender Verfarbung; Vergr. ca. 100×.

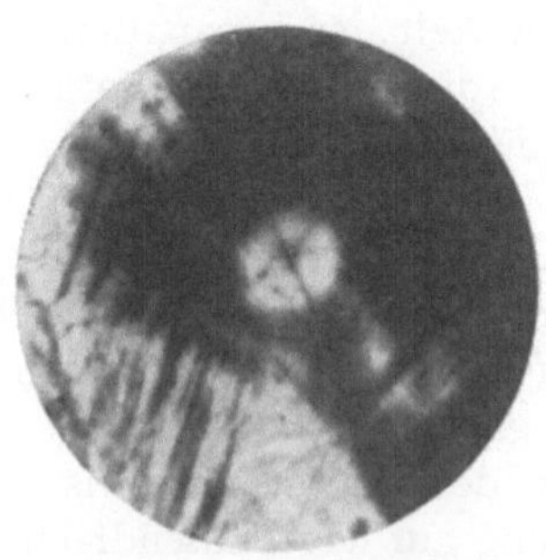

Abb. 44 Ausgebleichter Hof in ursprunglich gefarbtem Flußspat; etwa den positiven Hofen Abb. 38 und 39 entsprechend; Vergr ca. 160×.

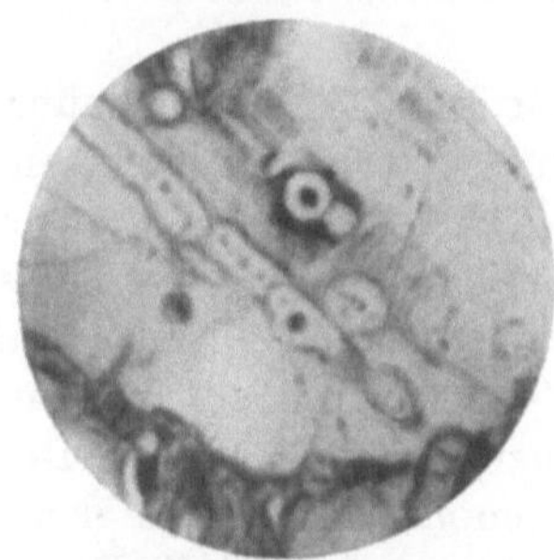

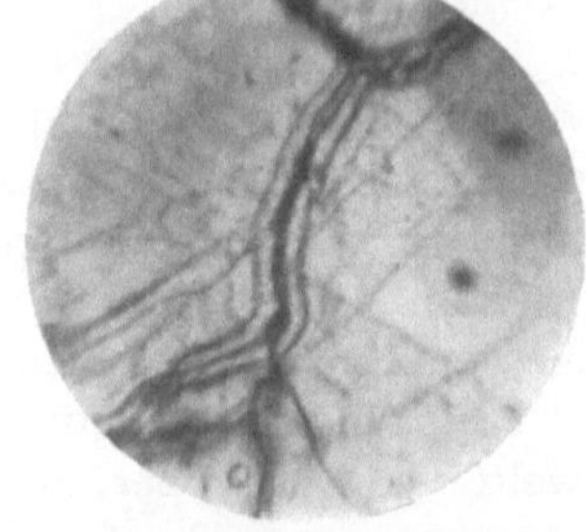

Abb 45 und 46. Wo die aktiven Kerne in Reihen liegen, verwachsen die Hofe miteinander und schließlich zeichnet sich nach eingetretener „Solarisation“ nur noch die gemeinsame Einhullende ab; Übergang zu Ausbleichungszonen, die mit aktivem Material gefullte Spalten begleiten; Vergr. ca 50×.

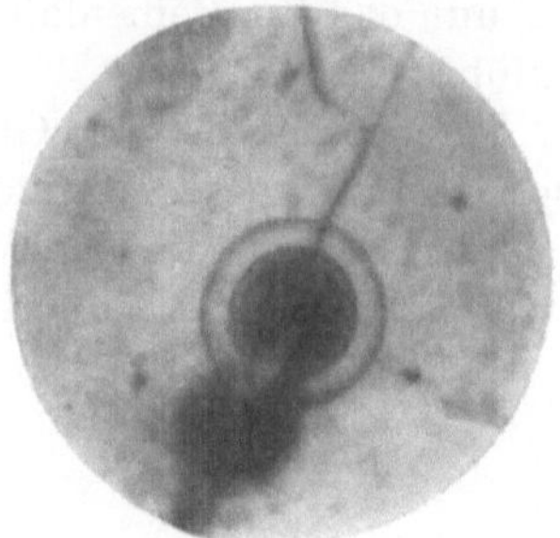

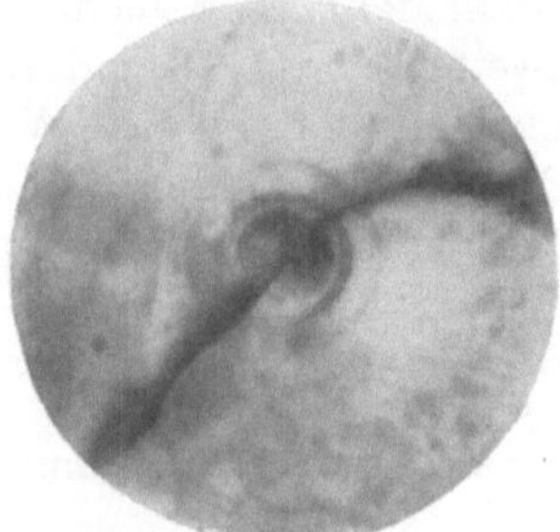

Abb. 47 und 48. „Emanationshofe“; Vergr. ca. 160×.

von kolloidem Calcium zurückgeführt wird; die Ausbleichung ist dann wohl die Wirkung der Vergrößerung der Calciumpartikeln über eine gewisse Grenze hinaus.

Ferner wurden auch im Flußspat reine *Emanationshöfe* gefunden (Abb. 47 und 48), wie sie gelegentlich auch JOLY in Biotiten beobachtete, d. h. Höfe, die nur die Reichweiten der Emanation und ihrer Folgeprodukte aufweisen, also auch nur durch die Wirkung dieser gebildet wurden. Diese Höfe stellen zweifellos ein Zeugnis für eine gewisse Beweglichkeit der Emanation dar, die wohl aus den Spaltenfüllungen stammt, die im Wölsendorfer Flußspat als Uranite und verwandte Mineralien anzusprechen sind. Für das Zustandekommen von Höfen genügt es dann, anzunehmen, daß die einmal aus dem Gitterverband der radioaktiven Mineralien entschlüpfte Emanation in einem Spaltensystem aus im allgemeinen vielleicht ein Milliontel mm und weniger breiten Spältchen verkehren kann. Sie wird sich dann praktisch überall in der gleichen Konzentration befinden, wenn wir keinen allzugroßen Bereich des Spaltsystems ins Auge fassen. Ist nun irgendwo eine Erweiterung auf das Tausendfache, also auf etwa 1 μ, so wird dort auch ohne irgendeinen Kondensationsvorgang nur durch das vergrößerte Volumen ein gegen andere Spaltteile vertausendfachter Absatz der Folgeprodukte stattfinden und so dieser Punkt zu dem Kern eines Emanationshofes werden.

Die in vielen Fällen außerordentlich scharfe Aufzeichnung des Reichweitenendes in Flußspat ermöglicht auch Reichweitemessungen für die α-Strahler, die in gewissen Fällen sicher den Bestimmungen aus der Ionisation in Gasen an Genauigkeit überlegen sind. So hat schon MÜGGE (212) darauf hingewiesen, daß statt zweier Uranringe stets nur ein Ring von zuweilen auffallender Schärfe vorhanden ist. Es kann kein Zweifel bestehen, daß, wie dies die Radien dieser Ringe andeuten, die Reichweite von U I größer, als bisher angenommen, und die den Ringradien entsprechende ist. Der Schluß von GUDDEN, daß die Reichweite von U II mit der von U I nahe zusammenfällt, ist indes nicht zwingend. Die neuesten Bestimmungen der Uranreichweiten[1] lassen im Gegenteil vermuten, daß das Fehlen eines Ringes auf das Zusammenfallen der Reichweiten von U II und Io zurückzuführen ist.

SCHILLING hat für den Wölsendorfer Flußspat ebenso wie GUDDEN für Biotit den Zusammenhang zwischen Entfärbungsgeschwindigkeit und Temperatur untersucht und kommt zu dem Schluß, daß der Wölsendorfer Flußspat seit der Bildung der Höfe nie längere Zeit erhöhten Temperaturen ausgesetzt war.

[1] Nach der Nebelstrahlmethode (213).

Literaturverzeichnis.

1. H. MACHE, ST. MEYER und E. SCHWEIDLER, Wien. Anz. 16. Febr. 1905; H. MACHE und ST. MEYER, Phys. Z. **6**, 642 (1905).
2. R. J. STRUTT, Proc. roy. Soc. **76** (A), 88, (1905).
2a. R. J. STRUTT, Proc. roy. Soc. **77** (A), 472 (1906); **78** (A) 150 (1907).
3. J. JOLY, Philosophic. Mag. (6) **16**, 190 (1908).
4. J. JOLY, Philosophic. Mag. (6) **22**, 134 (1912).
5. J. H. J. POOLE und J. JOLY, Philosophic. Mag. (6) **48**, 819 (1924).
6. E. EBLER, Z. f. Elektrochem. **18**, 532 (1912).
7. H. E. WATSON und G. PAL, Philosophic. Mag. (6) **28**, 44, (1914); W. F. SMEETH und H. E. WATSON, Philosophic. Mag. (6) **35**, 206 (1918).
8. E. H. BÜCHNER, Jb. d. Radioaktivität u. Elektronik **10**, 516 (1913).
9. H. MACHE und M. BAMBERGER, Wien. Ber. IIa **123**, 325 (1914).
10. M. KOFLER, Mitt. Ra-Inst. Nr. 33, Wien. Ber. IIa **121**, 2169 (1912).
11. J. JOLY, Philosophic. Mag. (6) **17**, 760 (1909).
12. J. JOLY, Philosophic. Mag. (6) **18**, 140 (1909).
13. J. H. J. POOLE, Philosophic. Mag. (6) **29**, 483 (1915).
14. A. S. EVE und D. MAC INTOSH, Philosophic. Mag. (6) **14**, 231 (1907).
15. R. J. STRUTT, Proc. roy. Soc. **84** (A), 377 (1911).
16. J. JOLY, Philosophic. Mag. (6) **24**, 694 (1912).
17. R. A. DALY, Proc. Amer. Acad. Arts Sci. **45**, 211 (1910).
18. J. JOLY, Philosophic. Mag. (6) **20**, 125, 353 (1910).
19. A. L. FLETCHER, Philosophic. Mag. (6) **23**, 279 (1912).
20. F. W. CLARKE, Smithsonian Misc. Coll. **56**, Nr. 5 (1910).
21. C. C. FARR und D. C. H. FLORANCE, Philosophic. Mag. (6) **18**, 812 (1909).
22. A. L. FLETCHER, Philosophic. Mag. (6) **20**, 36 (1910).
23. A. L. FLETCHER, Philosophic. Mag. (6) **21**, 102 (1911).
24. A. L. FLETCHER, Philosophic. Mag. (6) **21**, 770 (1911).
25. J. JOLY, Philosophic. Mag. (6) **23**, 201 (1912).
26. J. JOLY, Philosophic. Mag. (6) **18**, 577 (1909).
27. Videnskapsselskapets Skrifter (Oslo), I. Mat.-Naturv. Klasse 1921—1927, Gute Referate s. F. PANETH, Naturwiss. **13**, 805 (1925), sowie Beitr. z. Geophys. **15**, 38 (1926).
28. A. HOLMES, Q. J. G. S. **74**, 64 (1918).
29. A. HOLMES, Geol. Mag. **63**, 318 (1926).
30. Bull. Com. Géol. de Finlande, Nr. 70 (1925).
31. A. HOLMES, Q. J. G. S. **72**, 275 (1917).
32. J. JOLY und J. H. J. POOLE, Nature **119**, 524 (1927).
33. H. S. WASHINGTON, Amer. J. Sci. (5) **9**, 351 (1925).
34. A. HOLMES, Geol. Mag. **52**, 63 (1915).
35. T. T. QUIRKE und L. FINKELSTEIN, Amer. J. Sci. (4) **44**, 237 (1917).
36. G. HALLEDAUER, Mitt. Ra-Inst. Nr. 175, Wien. Ber. **134**, 39 (1925).
37. FARRINGTON, Field Museum Nat. Hist. Publ. Nr. **151**, 213 (1911).
38. F. W. CLARKE, U. S. Geol. Surv. Paper **132**-D, 76 (1924).
39. R. SCHWINNER, Beitr. z. Geophys. **16**, 195 (1927).
40. G. B. PEGRAM und H. WEBB, Phys. Rev. **27**, 18 (1908); Le Radium **5**, 271 (1908).

41. H. H. Poole, Philosophic. Mag. (6) **19**, 314 (1910); (6) **21**, 58 (1911); (6) **23**, 183 (1912).
42. St. Meyer und V. F. Hess, Wien. Ber. **121**, 612 (1912); E. Rutherford und H. Robinson, Wien. Ber. **121**, 1491 (1912).
43. Kelvin and Tait, Treatise on Natural Philosophy, Part **2**, 482; deutsch: W. Thomson und G. P. Tait, Hdb. d. theor. Phys. 1, Zusatz D, 434 (1871).
44. L. R. Ingersoll und O. I. Zobel, J. Geol. 1911, 686.
45. F. Himstedt, Phys. Z. **5**, 210 (1904).
46. C. Liebenow, Phys. Z. **5**, 625 (1904).
47. J. Königsberger, Phys. Z. **7**, 297 (1906).
48. J. Elster und H. Geitel, Weltall **8**, 249 (1908).
49. J. Joly, Radioactivity and Geology, London 1909.
50. A. Holmes, The Age of the Earth, London and New York 1913; Geol. Mag. **52**, 60, 102 (1915); **53**, 265 (1916); Proc. Geol. Soc. **26**, 289 (1915).
51. G. F. Becker, Bull. geol. Soc. Amer. **19**, 113 (1908); **26**, 171 (1915); Smithsonian Misc. Coll. **56**, Nr. 6 (1910); Science **41**, 157 (1915).
52. H. Jeffreys, Philosophic. Mag. (6) **32**, 575 (1916).
53. H. Jeffreys, The Earth, Cambridge University Press 1924.
54. R. W. Lawson, Naturwiss. **5**, 429 (1917).
55. Lord Rayleigh, W. J. Sollas, Nature **108**, 279 (1921).
56. L. H. Adams, Journ. Washington Acad. **14**, 459 (1924).
57. O. Schmiedel, Das Alter der Erde nach dem Abkühlungsprozeß; Berlin, F. Dümmler 1927.
58. O. Fisher, Philosophic. Mag. (5) **23**, 145 (1887); (5) **24**, 391 (1887); (5) **25**, 7 (1888).
59. J. Joly, Philosophic. Mag. (6) **45**, 1167 (1923).
60. A. Wegener, Die Entstehung der Kontinente und Ozeane; Sammlung Wissenschaft Bd. 66; Braunschweig: Friedr. Vieweg u. Sohn 1922.
61. J. Joly, Philosophic. Mag. (6) **46**, 170 (1923).
62. H. H. Poole, Philosophic. Mag. (6) **46**, 406 (1923).
63. J. R. Cotter, Philosophic. Mag. (6) **48**, 458 (1924).
64. J. Joly, Radioactivity and the Surface History of the Earth, Halley Lecture, Oxford 1924; Gerlands Beitr. Geophys. **15**, 189 (1926).
65. J. Joly, The Surface History of the Earth, Clarendon Press, Oxford 1925.
66. J. Joly und J. H. J. Poole, Philosophic. Mag. (7) **3**, 1233 (1927).
67. J. H. J. Poole, Philosophic. Mag. (7) **3**, 1246 (1927).
68. A. Holmes und R. W. Lawson, Nature **117**, 620 (1926).
69. A. Holmes, Geol. Mag. **62**, 504 (1925).
70. A. Holmes, Geol. Mag. **62**, 529 (1925).
71. A. Holmes, Geol. Mag. **63**, 306 (1926); A. Holmes und R. W. Lawson, Philosophic. Mag. (7) **2**, 1218 (1926).
72. H. Jeffreys, Philosophic. Mag. (7) **1**, 923 (1926).
73. J. Joly, Philosophic. Mag. (7) **1**, 932 (1926).
74. G. R. Mac Carthy, Geol. Mag. **63**, 301 (1926).
75. H. Jeffreys, Geol. Mag. **63**, 516 (1926).
76. J. Joly Philosophic. Mag. (7) **4**, 338 (1927).
77. G. W. Tyrrell, Geol. Mag. **63**, 284 (1926).
78. H. Jeffreys, Philosophic. Mag. (7) **5**, 208 (1928).
79. J. Joly, Philosophic. Mag. (7) **5**, 215 (1928).
80. Th. Thorkellsson, Philosophic. Mag. (7) **5**, 441 (1928).
81. A. Holmes, Nature **120**, 804 (1927).
82. H. Jeffreys, Gerlands Beitr. Geophys. **18**, 1 (1927).

83. H. HIRSCHI, Schweizer min.-petr. Mitt. **1**, (1921); **4**, 81 (1924); **5**, 173 (1925).
84. H. HIRSCHI, Vjschr. naturforsch. Ges. Zürich **64**, 65 (1919); **65**, 545 (1920); Schweizer min.-petr. Mitt. **1**, (1921).
85. J. JOLY, Philosophic. Mag. (6) **22**, 357 (1911).
86. W. J. SOLLAS, Presidential Address to the Geol. Soc. **65**, 112, (1909).
87. A. HOLMES, The Age of the Earth; London: Ernest Benn 1927.
88. J. BARRELL, Bull. geol. Soc. Amer. **28**, 745 (1917).
89. J. G. GOODCHILD, Proc. roy. Phys. Soc. Edinbourgh **13**, 259 (1897).
90. S. ARRHENIUS, Zbl. Min. 1909, 481.
91. B. B. BOLTWOOD, Philosophic. Mag. (6) **9**, 599 (1905).
92. R. J. STRUTT, Proc. roy. Soc. **76** (A), 88 (1905).
93. H. N. RUSSELL, Proc. roy. Soc. **99** (A), 84 (1921); Nature **107**, 125 (1921).
94. A. HOLMES, Nature **117**, 482 (1926).
95. A. HOLMES und R. W. LAWSON, Amer. J. Sci. (5) **13**, 327 (1927); Nature **118**, 478 (1926).
96. E. GLEDITSCH, Ark. f. Mat. og. Naturv. **36**, 1 (1919).
97. G. KIRSCH, Naturwiss. **11**, 372 (1923).
98. ST. MEYER und V. F. HESS, Mitt. Ra-Inst. Nr. 122, Wien. Ber. **128**, 909 (1919).
99. G. KIRSCH, Mitt. Ra-Inst. Nr. 127, Wien. Ber. **129**, 309 (1920).
100. A. S. RUSSELL, Philosophic. Mag. (6) **46**, 642 (1923); Nature **111**, 703 (1923).
101. O. HÖNIGSCHMID, Mitt. Ra-Inst. Nr. 56, Wien. Ber. **123**, 1635 (1914); O. HÖNIGSCHMID und ST. HOROVITZ, Mitt. Ra-Inst. Nr. 84, Wien. Ber. **124**, 1089 (1915).
102. O. HÖNIGSCHMID, Mitt. Ra-Inst. Nr. 8, Wien. Ber. **120**, 1617 (1911); Mitt. Ra-Inst. Nr. 29, Wien. Ber. **121**, 1973 (1912).
103. F. W. ASTON, Proc. roy. Soc. **115** (A), 487 (1927); Nature **120**, 956 (1927).
104. F. LOTZE, Z. anorg. und allg. Chem. **170**, 213 (1928).
105. F. W. ASTON, Nature **120**, 224 (1927).
106. O. HÖNIGSCHMID und ST. HOROVITZ, Bunsengesellschaft 23. Mai 1914; Z. Elektrochem. **20**, 319 (1914); Mitt. Ra-Inst. Nr. 73, Wien. Ber. **123**, 2407 (1914); C. R. **148**, 1797 (1914); Mh. Chem. **36**, 355 (1915).
107. BAXTER und GROVER, J. Amer. chem. Soc. **37**, 1027 (1915).
108. O. HÖNIGSCHMID und M. STEINHEIL, Ber. D. Chem. Ges. **56** B, 1831 (1923).
109. T. W. RICHARDS und M. E. LEMBERT, J. Amer. chem. Soc. **36**, 1329 (1914); Z. anorg. Chem. **88**, 429 (1914); Z. Elektrochem. **20**, 319, 449 (1914); C. R. **159**, 1978 (1914).
110. O. HÖNIGSCHMID und L. BIRKENBACH, Ber. D. chem. Ges. **56** B, 1837 (1923).
111. T. W. RICHARDS und P. PUTZEYS, J. Amer. chem. Soc. **45**, 2954 (1923).
112. T. W. RICHARDS und C. WADSWORTH, J. Amer. chem. Soc. **38**, 2613 (1916).
113. E. GLEDITSCH, D. HOLTAN und O. BERG, J. chim. phys. **22**, 253 (1925).
114. T. W. RICHARDS und L. P. HALL, J. Amer. chem. Soc. **48**, 704 (1926).
115. G. KIRSCH, Mitt. Ra-Inst. Nr. 150, Wien. Ber. **131**, 551 (1922); TCHERMAKS min.-petr. Mitt. **36**, 147 (1924); Mitt. geol. Ges. Wien **15**, (1922).
116. W. RISS, Mitt. Ra-Inst. Nr. 162, Wien. Ber. **133**, 91 (1924).

117. F. W. HILLEBRAND, Bull. Geol. Surv. U. S. **113**, 41 (1893); Z. anorg. Chem. **3**, 243 (1893).
118. V. M. GOLDSCHMIDT und L. THOMASSEN, Videnskaps Selsk. Skrifter, Oslo, I, 1923, Nr. 2.
119. F. W. HILLEBRAND, Bull. Geol. Surv. U. S. **113**, 39 (1893).
120. V. M. GOLDSCHMIDT, Videnskaps Selsk. Skrifter, Oslo, I, 1924, Nr. 5, Anhang S. 51 ff.
121. W. C. BRÖGGER, Z. Kryst. **16**, 1890; auch O. MÜGGE, Zbl. Min. usw. 1922, 721 u. 753.
122. W. ELSHOLZ, Über die Uranoxyde in den Pechblenden. Diss. Berlin 1916.
123. V. M. GOLDSCHMIDT und Mitarbeiter, Videnskaps Akad. Skrifter I, Oslo 1926, Nr. 1 u. 2.
124. H. V. ELLSWORTH, Pan-Americ. Geol. **42**, 273 (1924); Amer. J. Sci. **9**, 127 (1925).
125. G. KIRSCH, TSCHERMAKS min.-petr. Mitt. **38**, 223 (1925).
126. F. W. HILLEBRAND, Bull. Geol. Surv. U. S. Nr. 78, 90 u. 220; auch Amer. J. Sci (3) **42**, 390 (1891).
127. H. V. ELLSWORTH, Geol. Surv. Canada, Summary report 1921 D, 60.
128. H. V. ELLSWORTH, Geol. Surv. Canada, Summary report 1923 C 1, 20.
129. T. L. WALKER, Univ. Toronto studies, Geol. ser. Nr. **17**, 42 (1924).
130. C. W. BLOMSTRAND, J. prakt. Chem. **29**, 191 (1884).
131. K. A. HOFMANN und W. HEIDEPRIEM, B. B. **34**, 914 (1901).
132. C. W. DAVIS, Amer. J. Sci. (5) **11**, 201 (1926).
133. A. HOLMES, Philosophic. Mag. (7) **1**, 1055 (1926).
134. A. HOLMES, Proc. roy. Soc. **85** (A), 248 (1911).
135. A. HOLMES und R. W. LAWSON, Mitt. Ra-Inst. Nr. 70, Wien. Ber. 123, 1373 (1914); Philosophic. Mag. (6) **28**, 823 (1914); R. W. LAWSON, Nature **93**, 479 (1914).
136. A. HOLMES und R. W. LAWSON, Philosophic. Mag. (6) **29**, 673 (1915).
137. O. HÖNIGSCHMID, Z. Elektrochem. **25**, 91 (1919).
138. R. W. LAWSON, Mitt. Ra-Inst. Nr. 100, Wien. Ber. **126**, 721 (1917).
139. C. DÖLTERS Hdb. Mineralchemie III 1, 224.
140. O. HÖNIGSCHMID, Z. Elektrochem. **23**, 161 (1917).
141. K. FAJANS, Z. Elektrochem. **24**, 189 (1918).
142. F. SODDY und H. HYMAN, Trans. Chem. Soc. **105**, 1404 (1914).
143. T. H. HOLLAND, Mem. Geol. Surv. Ind. **34**, pt. 2, S. 20; H. V. ELLSWORTH, Geol. Surv. Canada, Summary report 1921 D, 58; T. L. WALKER, Univ. Toronto studies, Geol. Ser. Nr. **16**, 25 (1923).
144. T. L. WALKER, Univ. Toronto Studies, Geol. Ser. Nr. **17**, 51 (1924).
145. H. V. ELLSWORTH, Amer. Mineralogist **11**, 332 (1926).
146. W. BRÖGGER, Z. Kryst. **43**, 87 (1907).
147. B. SZILARD, Le Radium **6**, 233 (1909).
148. M. BAMBERGER, Wien. Ber. **117**, 1055 (1908).
149. J. W. WATERS, Philosophic. Mag. (6) **18**, 677 (1909); **19**, 903 (1910).
150. A. C. LANE, Annual Meeting Lake sup. Min. Inst. **24**, 106 (1925).
151. W. DUNSTAN und B. M. JONES, Proc. roy. Soc. **77** (A), 546 (1906).
152. W. RAMSAY, Nature **69**, 559 (1904).
153. E. H. BÜCHNER, Proc. roy. Soc. **78** (A), 385 (1906); Nature **75**, 165 (1906).
154. W. JAKOB und ST. TOLLOCZKO, Bull. Akad. Sci. Cracovie 1911, S. 558.
155. W. DUNSTAN und G. S. BLAKE, Proc. roy. Soc. **76** (A), 253 (1905).
156. OGAWA Sci. Rep. Tohoku Imp. Univ. Sendai, Japan **1**, 201 (1912); Neues Jb. Min. 1913 II, 12.

157. Coll. Rep., Misc. Nr. 74 Ceylon Cd. 5390, 1910.
158. P. KRUSCH, Z. prakt. Geol. **19**, 83 (1911).
159. W. MARCKWALD, Jb. Landwirtschaft **38**, Erg.-Bd. **5**, 424 (1909).
160. F. HECHT und E. KÖRNER Mh. Chemie **49**, 438, 444, 460 (1928).
161. W. STEINKUHLER, Bull. Soc. Min. Belg. **32**, 233 (1923).
162. A. SCHOEP, Bull. Soc. Chim. Belg. **32**, 274 (1923).
163. C. DÖLTERS Hdb. Mineralchemie IV, 920.
164. A. BECKER und P. JANNASCH, Jb. Rad. und El. **12**, 14 (1915).
165. C. RAMMELSBERG, Ber. Preuß. Akad. 1885, S. 97.
166. M. KRAUS, Das staatliche Uranpecherz-Bergbaurevier bei St. Joachimstal in Böhmen; k. k. Hof- und Staatsdruckerei, Wien 1916.
167. MAURICE CURIE, C. R. **158**, 1676 (1914)..
168. F. BECKE und J. STEP, Wien. Ber. **113**, 585 (1904).
169. O. HÖNIGSCHMID und ST. HOROVITZ, Mh. Chem. **35**, 1557 (1914).
170. O. FREE, Philosophic. Mag. (7) **1**, 950 (1926).
171. L. A. COTTON, Amer. J. Sci. (5) **12**, 41 (1926).
172. T. H. LABY, J. roy. Soc. New South Wales **43**, 28 (1909).
173. W. HIDDEN und D. MAC INTOSH, Amer. J. Sci. (3) **38**, 474 (1889).
174. H. V. ELLSWORTH, Pan-Americ. Geol. **43**, 99 (1925).
175. R. W. LAWSON, Naturwiss. **5**, 429, 452 (1917).
176. O. HAHN, Was lehrt uns die Radioaktivität über die Geschichte der Erde? Berlin: Julius Springer 1926.
177. A. HAMBERG, Geol. Förening. Förhandl. Stockholm **36**, 31 (1914).
178. A. MUGUET und J. SEROIN, C. R. **171**, 1005 (1920).
179. G. v. HEVESY, Nature **120**, 838 (1927); G. v. HEVESY und M. LÖGSTRUP, Z. anorg. Chemie **171**, 1, 1928; M. BILTZ und H. ZIEGERT, Phys. Z. **29**, 197 (1928).
180. R. J. STRUTT, Proc. roy. Soc. **80** (A), 572 (1908); **84** (A), 194 (1910).
181. R. J. STRUTT, Proc. roy. Soc. **81** (A), 278 (1908).
182. R. J. STRUTT, Proc. roy. Soc. **83** (A), 96 (1909); (**80** (A), 56 (1907).
183. R. J. STRUTT, Proc. roy. Soc. **83** (A), 298 (1909).
184. R. J. STRUTT, Proc. roy. Soc. **81** (A), 272 (1908).
185. R. J. STRUTT, Proc. roy. Soc. **84** (A), 379 (1910).
186. R. J. STRUTT, Proc. roy. Soc. **82** (A), 166 (1909).
187. J. A. GRAY, Proc. roy. Soc. **82** (A), 301 (1909); Moss, Proc. roy. Dublin Soc. (2) **8**, Nr. 12.
188. D. O. WOOD, Proc. roy. Soc. **84**, 70 (1910); TRAVERS, Proc. roy. Soc. **64**, 140 (1900).
189. JIRO SASAKI, Sci. Pap. Inst. Phys. Chem. Research **5**, 258 (1927); Bull. chem. Soc. Jap. **1**, Nr. 12 (1926).
190. F. PANETH und K. PETERS, Ber. D. Chem. Ges. **59**, 2039 (1926); Naturwiss. **14**, 956 (1926).
191. S. C. LIND, Proc. Amer. Nat. Acad. Sci. **11**, 772 (1925).
192. O. MÜGGE, Zbl. Min. usw. 1907, 397; 1909, 65, 113, 142.
193. J. JOLY, Philosophic. Mag. (6) **13**, 381 (1907).
194. E. RUTHERFORD, Philosophic. Mag. (6) **19**, 192 (1910).
195. J. JOLY, Philosophic. Mag. (6) **19**, 327 (1910).
196. J. JOLY und A. L. FLETCHER, Philosophic. Mag. (6) **19**, 630 (1910).
197. G. HÖVERMANN, Neues Jb. Min. **34**, 321 (1912).
198. B. GUDDEN, Pleochroitische Höfe, ihre Ausbildungsformen und ihre Verwendung zur geologischen Zeitmessung. Dissertation, Göttingen 1919.
199. A. PIUTTI, Gazz. chim. ital. **40** I, 435 (1910); Le Radium **7**, 142 (1910).
200. J. JOLY und E. RUTHERFORD, Philosophic. Mag. (6) **25**, 644 (1913).

201. J. H. J. POOLE, Philosophic. Mag. (7) **5**, 132, 444 (1928).
202. H. HIRSCHI, Vjschr. naturforsch. Ges. Zürich **64**, 65 (1919); **65**, 209, 545 (1920).
203. J. JOLY, Nature **97**, 455 (1916); (**99**, 456, 476, 1917); J. JOLY und J. H. J. POOLE, Nature **104**, 92 (1919).
204. J. JOLY, Proc. roy. Soc. **102**, 682 (1923); Naturwiss. **12**, 693 (1924); Nature **109**, 480, 517, 578 (1922); **114**, 160 (1924).
205. S. ROSSELAND, Nature **109**, 711 (1922).
206. J. STEPH. VAN DER LINGEN, Zbl. Min. usw. 1926 A, 177.
207. S. IIMORI und J. YOSHIMURA, Sci. Pap. Inst. Phys. Chem. Research **5**, 11 (1926).
208. C. MAHADEVAN, Ind. J. Phys. **1**, 444 (1927).
209. H. ZIEGERT, Z. Phys. **46**, 668 (1928).
210. H. HIRSCHI, B. GUDDEN, Naturwiss. **12**, 939 (1924).
211. B. GUDDEN, Z. Phys. **26**, 21 (1924); A. SCHILLING, Dissertation, Göttingen 1925.
212. O. MÜGGE, Göttinger Nachr. H. **1** (1923).
213. G. LAWRENCE, Philosophic. Mag. (7) **5**, 1027 (1928).

Sachverzeichnis.

(Im Inhalts- und Tabellenverzeichnis vorkommende Stichworte sind hier nicht enthalten.)

Was lehrt uns die Radioaktivität über die Geschichte der Erde? Von Professor Dr. **O. Hahn,** II. Direktor des Kaiser Wilhelm-Instituts für Chemie in Berlin-Dahlem. Mit 3 Abbildungen. VI, 64 Seiten. 1926. RM 3.—

Einführung in die Geophysik. Von Professor Dr. **A. Prey,** Prag, Prof. Dr. **C. Mainka,** Göttingen, und Prof. Dr. **E. Tams,** Hamburg. (Naturwissenschaftliche Monographien und Lehrbücher, Band IV.) Mit 82 Textabbildungen. VIII, 340 Seiten. 1922. RM 12.—

Die Bezieher der „Naturwissenschaften" erhalten die Monographien zu einem gegenüber dem Ladenpreis um 10% ermäßigten Vorzugspreis.

Isostasie und Schweremessung. Ihre Bedeutung für geologische Vorgänge. Von Dr. **A. Born,** a. o. Professor der Geologie an der Universität Frankfurt a. M. Mit 31 Abbildungen. III, 160 Seiten. 1923. RM 9.—

Entwicklungsgeschichte der mineralogischen Wissenschaften. Von **P. Groth.** Mit 5 Textfiguren. VI, 262 Seiten. 1926. RM 18.—; gebunden RM 19.50

Anleitung zur Bestimmung von Mineralien. Von **N. M. Fedorowski,** Professor an der Bergakademie in Moskau. Übersetzung der letzten (zweiten) russischen Auflage. Mit 15 Textabbildungen. VIII, 136 Seiten. 1926. RM 7.50

Mineralogisches Taschenbuch der Wiener Mineralogischen Gesellschaft. Zweite, vermehrte Auflage. Unter Mitwirkung von A. Himmelbauer, R. Koechlin, A. Marchet, H. Michel und O. Rotky redigiert von **J. E. Hibsch.** Mit einem Titelbild. X, 187 Seiten. 1928. Gebunden RM 10.80
(Verlag von Julius Springer, Wien.)

Elektronen, Atome, Moleküle. Bildet Band XXII vom „Handbuch der Physik", herausgegeben von **H. Geiger,** Kiel, und **Karl Scheel,** Berlin-Dahlem. Mit 148 Abbildungen. VIII, 568 Seiten. 1926. RM 42.—; gebunden RM 44.70

Aus dem Inhalt:

Elektronen. Von Professor Dr. Walther Gerlach, Tübingen. Die Ladung des Elektrons. — Die spezifische Ladung des Elektrons. — **Atomkerne:** Kernladung. Kernmasse. Von Dr. Kurt Philipp, Berlin-Dahlem. — Das α-Teilchen als Heliumkern. Von Professor Dr. Otto Hahn, Berlin-Dahlem. — Kernstruktur. Von Professor Dr. Lise Meitner, Berlin-Dahlem. — Atomzertrümmerung. Von Dr. Hans Pettersson, Göteborg und Dr. Gerhard Kirsch, Wien. — **Radioaktivität: Der radioaktive Zerfall.** Von Dr. W. Bothe, Charlottenburg. — **Die radioaktiven Stoffe.** Von Professor Dr. Stefan Meyer, Wien. — **Die Bedeutung der Radioaktivität für chemische Untersuchungsmethoden.** Von Professor Dr. Otto Hahn, Berlin-Dahlem. — **Die Bedeutung der Radioaktivität für die Geschichte der Erde.** Von Professor Dr. Otto Hahn, Berlin-Dahlem. — **Die Ionen in Gasen.** Von Professor Dr. Karl Przibram, Wien. — **Größe und Bau der Moleküle.** Von Professor Dr. K. F. Herzfeld, München und Professor Dr. H. G. Grimm, Würzburg. — **Das natürliche System der chemischen Elemente.** Von Professor Dr. Fritz Paneth, Berlin. — Sachverzeichnis.